第一次検定

# 土木
## 施工管理技士
# 出題分類別問題集

土木一般
専門土木
土木法規
共通工学
施工管理法
（知識・応用）

市ヶ谷出版社

# ま　え　が　き

　土木工事業は建設業法で定める「指定建設業」となっています。特定建設業の許可業者の場合，営業所の専任技術者，工事現場ごとの監理技術者は「1級土木施工管理技士」等の資格を取得した国家資格所有者に限定されております。

　「1級土木施工管理技士」の試験は，建設業法に基づき国土交通大臣が指定した試験機関である（一財）全国建設研修センターによって実施されます。試験は従来，学科試験と実地試験に分かれて実施され，資格を得るためにはその両方に合格しなければなりませんでしたが，2021（令和3）年4月の改正により，「第一次検定」および「第二次検定」のそれぞれ独立した試験として実施されることになりました。

　「1級土木施工管理技士」の資格取得は，本人のキャリアアップはもちろんですが，所属する企業も，経営事項審査において，1級資格取得者には5点が与えられ，技術力の評価につながり，公共工事の発注の際の目安とされるなど，この資格者の役割はますます重要になってきております。是非，本書を利用し，実戦的な知識を身につけることにより，第一次検定の合格を確実なものにしていただきたい。

　本書は，1級土木施工管理技士の第一次検定合格を目指す皆様が，**要領よく，短期間に実力を養成できる**よう，令和元年～令和5年（新試験制度）の最近5年間に出題された問題を中心に，約450問の問題を選定し，**その解答と解説を記述**し，ページの許す限り，**試験によく出る重要事項を掲載**しています。

　令和3年度の新試験制度の改正により，施工管理についての問題は従来31問出題されていましたが，施工管理法（基礎知識）16問と施工管理法（応用能力）15問に分割出題されるようになりました。

　試験制度改正後の令和3年と4年の施工管理法（応用能力）の出題形式は，4つの設問中の□□□にあてはまる語句を組合せた4選択肢から，**正しい組合せを選ぶ四肢一択方式**でしたが，令和5年度は，前年度までと同じ出題形式の四肢一択方式の出題は5問，4つの記述のうち**適当なもの（正しいもの）の数を問う問題が5問**，**適当なもののみを全てあげている組合せを問う問題が5問**となり，内容がむずかしくなりました。

　本書の姉妹版として，各専門分野ごとに体系的に要点を取りまとめた「1級土木施工管理技士　要点テキスト」を発行しておりますので，本書とあわせて，ご利用いただければ幸いです。

　本書を利用された皆様が，1級土木施工管理技士「第一次検定」の試験に，必ず合格されますことをお祈り申し上げます。

　令和5年12月　　　　　　　　　　　　　　　　　　　　　　　　　　　　著者一同

# 1級土木施工管理技術検定　令和3年度制度改正について

令和3年度より，施工管理技術検定は制度が大きく変わりました。

---

●試験の構成の変更　　　（旧制度）　　　　→　　　　　（新制度）

　　　　　　　　　　学科試験・実地試験　　　→　　　　第一次検定・第二次検定

●第一次検定合格者に『技士補』資格

　令和3年度以降の第一次検定合格者が生涯有効な資格となり，国家資格として『1級土木施工管理技士補』と称することになりました。

●試験内容の変更・・・以下を参照ください。

●受検手数料の変更・・第一次検定，第二次検定ともに受検手数料が10,500円に変更。

---

## 試験内容の変更

　学科・実地の両試験を経て，1級の技士となる現行制度から，施工管理のうち，施工管理を的確に行うに必要な知識・能力を判定する第一次検定，実務経験に基づいた監理技術者として施工管理，指導監督の知識・能力を判定する第二次検定に改められました。

　第一次検定の合格者には技士補，第二次検定の合格者には技士がそれぞれ付与されます。

### 第一次検定

　これまで学科試験で求められていた知識問題を基本に，実地試験で出題されていた施工管理法など能力問題が一部追加されることになりました。

　これに合わせ，合格基準も変更されます。従来の学科試験では全体の60％の得点で合格となりましたが，新制度では，第一次検定は全体の合格基準に加えて，施工管理法（応用能力）の設問部分の合格基準が設けられました。これにより，全体の60％の得点と施工管理法の設問部分の60％の得点の両方を満たすことで合格となります。

　第一次検定はマークシート式で，これまでの四肢一択方式で解答方法の変更はありません。

　なお，合格に求められる知識・能力の水準は，従来の検定と同程度となっています。

第一次検定の試験内容

| 検定区分 | 検定科目 | 検 定 基 準 |
|---|---|---|
| 第一次検定 | 土木工学等 | 1　土木一式工事の施工の管理を適確に行うために必要な土木工学，電気工学，電気通信工学，機械工学及び建築学に関する一般的な知識を有すること。<br>2　土木一式工事の施工の管理を適確に行うために必要な設計図書に関する一般的な知識を有すること。 |
| | 施工管理法 | 1　監理技術者補佐として，土木一式工事の施工の管理を適確に行うために必要な施工計画の作成方法及び工程管理，品質管理，安全管理等工事の施工の管理方法に関する知識を有すること。 |
| | | 2　監理技術者補佐として，土木一式工事の施工の管理を適確に行うために必要な応用能力を有すること。 |
| | 法　　規 | 建設工事の施工の管理を適確に行うために必要な法令に関する一般的な知識を有すること。 |

（1級土木施工管理技術検定　受検の手引より引用）

第一次検定の合格基準

・土木工学等（知識）
・施工管理法（知識）　　　　　　60％
・法規（知識）
・施工管理法（能力）————　60％

（国土交通省 不動産・建設経済局建設業課「技術検定制度の見直し等（建設業法の改正）」より）

**第二次検定**

第二次検定は，施工管理法についての試験で知識，応用能力を問う記述式の問題となります。

第二次検定の試験内容

| 検定区分 | 検定科目 | 検 定 基 準 |
|---|---|---|
| 第二次検定 | 施工管理法 | 1　監理技術者として，土木一式工事の施工の管理を適確に行うために必要な知識を有すること。 |
| | | 2　監理技術者として，土質試験及び土木材料の強度等の試験を正確に行うことができ，かつ，その試験の結果に基づいて工事の目的物に所要の強度を得る等のために必要な措置を行うことができる応用能力を有すること。 |
| | | 3　監理技術者として，設計図書に基づいて工事現場における施工計画を適切に作成すること，又は施工計画を実施することができる応用能力を有すること。 |

（1級土木施工管理技術検定　受検の手引より引用）

# 1級土木施工管理技術検定の概要

## 1. 試験日程

令和6年度の試験実施日程の公表が本年12月末のため，令和5年度の実施日程を参考として掲載しました。

### 令和5年度1級土木施工管理技術検定　実施日程

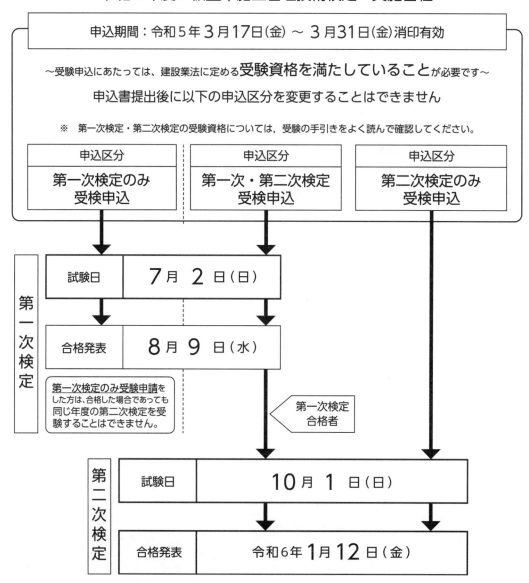

申込期間：令和5年3月17日(金) 〜 3月31日(金)消印有効

〜受験申込にあたっては、建設業法に定める**受験資格を満たしていること**が必要です〜

**申込書提出後に以下の申込区分を変更することはできません**

※　第一次検定・第二次検定の受験資格については，受験の手引きをよく読んで確認してください。

| 申込区分 | 申込区分 | 申込区分 |
|---|---|---|
| 第一次検定のみ受検申込 | 第一次・第二次検定受検申込 | 第二次検定のみ受検申込 |

**第一次検定**

| 試験日 | 7月2日(日) |
|---|---|
| 合格発表 | 8月9日(水) |

第一次検定のみ受験申請をした方は、合格した場合であっても同じ年度の第二次検定を受験することはできません。

第一次検定合格者

**第二次検定**

| 試験日 | 10月1日(日) |
|---|---|
| 合格発表 | 令和6年1月12日(金) |

## 2. 受検資格

受検資格に関する詳細については，必ず「受検の手引」をご確認ください。

### 第一次検定

●受験資格区分(イ)，(ロ)，(ハ)，(ニ)のいずれかに該当する者が受検できます。

**受検資格区分(イ)，(ロ)**

| 区分 | 学歴と資格 | | 土木施工管理に関する必要な実務経験年数 | |
|---|---|---|---|---|
| | | | 指定学科 | 指定学科以外 |
| (イ) | 学校教育法による<br>・大学<br>・専門学校の「高度専門士」*1 | | 卒業後3年以上<br>の実務経験年数<br><br>1年以上の指導監督的実務経験年数が含まれていること。 | 卒業後4年6ヵ月以上<br>の実務経験年数 |
| | 学校教育法による<br>・短期大学<br>・高等専門学校（5年制）<br>・専門学校の「専門士」*2 | | 卒業後5年以上<br>の実務経験年数<br><br>1年以上の指導監督的実務経験年数が含まれていること。 | 卒業後7年6ヵ月以上<br>の実務経験年数 |
| | 学校教育法による<br>・高等学校<br>・中等教育学校（中高一貫6年）<br>・専修学校の専門課程 | | 卒業後10年以上<br>の実務経験年数<br><br>1年以上の指導監督的実務経験年数が含まれていること。 | 卒業後11年6ヵ月以上<br>の実務経験年数 |
| | その他（学歴を問わず） | | 15年以上の実務経験年数<br>1年以上の指導監督的実務経験年数が含まれていること。 | |
| (ロ)<br>2級土木施工管理技術検定合格者 | 2級土木施工管理技術検定合格者<br>（合格後の実務経験が5年以上の者） | | 合格後5年以上の実務経験年数<br>（本年度該当者は平成27年度までの2級土木施工管理技術検定合格者）<br>1年以上の指導監督的実務経験年数が含まれていること。 | |
| | 2級土木施工管理技術検定合格後，実務経験が5年未満の者<br>「卒業後に通算で所定の実務経験を有する者」 | 学校教育法による<br>・高等学校<br>・中等教育学校（中高一貫6年）<br>・専修学校の専門課程 | 卒業後9年以上<br>の実務経験年数<br><br>1年以上の指導監督的実務経験年数が含まれていること。 | 卒業後10年6ヵ月以上<br>の実務経験年数 |
| | | その他<br>（学歴を問わず） | 14年以上の実務経験年数<br>1年以上の指導監督的実務経験年数が含まれていること。 | |

*1 「高度専門士」の要件
　　①修業年数が4年以上であること。
　　②全課程の修了に必要な総授業時間が3,400時間以上。又は単位制による学科の場合は，124単位以上。
　　③体系的に教育課程が編成されていること。
　　④試験等により成績評価を行い，その評価に基づいて課程修了の認定を行っていること。
*2 「専門士」の要件
　　①修業年数が2年以上であること。
　　②全課程の修了に必要な総授業時間が1,700時間以上。又は単位制による学科の場合は，62単位以上。
　　③試験等により成績評価を行い，その評価に基づいて課程修了の認定を行っていること。
　　④高度専門士と称することができる課程と認められたものでないこと。

**受検資格区分(ハ)　専任の主任技術者の実務経験が1年以上ある者**

| 区分 | 学歴と資格 | | 土木施工管理に関する必要な実務経験年数 | |
|---|---|---|---|---|
| | | | 指定学科 | 指定学科以外 |
| (ハ) | 2級土木施工管理技術検定合格者<br>(合格後の実務経験が3年以上の者) | | 合格後3年以上の実務経験年数<br>(本年度該当者は平成29年度までの，2級土木施工管理技術検定合格者) | |
| | 2級土木施工管理技術検定合格後，実務経験が3年未満の者<br>[卒業後に通算で所定の実務経験を有する者] | 学校教育法による<br>・短期大学<br>・高等専門学校（5年制）<br>・専門学校の「専門士」*2 | | 卒業後7年以上の実務経験年数 |
| | | 学校教育法による<br>・高等学校<br>・中等教育学校（中高一貫6年）<br>・専修学校の専門課程 | 卒業後7年以上の実務経験年数 | 卒業後8年6ヵ月以上の実務経験年数 |
| | | その他（学歴を問わず） | 12年以上の実務経験年数 | |
| | その他 | 学校教育法による<br>・高等学校<br>・中等教育学校（中高一貫6年）<br>・専修学校の専門課程 | 卒業後8年以上の実務経験年数 | 卒業後※9年6ヵ月以上の実務経験年数 |
| | | その他<br>（学歴を問わず） | 13年以上の実務経験年数 | |

※建設機械施工技士に限ります（合格証明書の写しが必要です）。建設機械施工技士の資格を取得していない場合は11年以上の実務経験年数が必要です。

**受検資格区分(ニ)　指導監督的実務経験年数が1年以上，主任技術者の資格要件成立後専任の監理技術者の指導のもとにおける実務経験が2年以上ある者**

| 区分 | 学歴と資格 | 土木施工管理に関する必要な実務経験年数 |
|---|---|---|
| (ニ) | 2級土木施工管理技術検定合格者<br>(合格後の実務経験が3年以上の者) | 合格後3年以上の実務経験年数<br>(本年度該当者は平成29年度までの，2級土木施工管理技術検定合格者)<br>※2級技術検定に合格した後，以下に示す内容の両方を含む3年以上の実務経験年数を有している者<br>・指導監督的実務経験年数を1年以上<br>・専任の監理技術者の配置が必要な工事に配置され，監理技術者の指導を受けた2年以上の実務経験年数 |
| | 学校教育法による<br>・高等学校<br>・中等教育学校（中高一貫6年）<br>・専修学校の専門課程 | 指定学科を卒業後8年以上の実務経験年数<br>※左記学校の指定学科を卒業した後，以下に示す内容の両方を含む8年以上の実務経験年数を有している者<br>・指導監督的実務経験年数を1年以上<br>・5年以上の実務経験の後に専任の監理技術者の設置が必要な工事において，監理技術者による指導を受けた2年以上の実務経験年数 |

第二次検定

[1]　令和3年度以降の「第一次検定・第二次検定」を受検し，第一次検定のみ合格した者【上記の区分（イ）から（ニ）の受験資格で受験したものに限る】

[2]　令和3年度以降の「第一次検定」のみを受検して合格し，所定の実務経験を満たした者

[3]　技術士試験の合格者（技術士法による第二次試験のうち指定の技術部門に合格した者（平成15年文部科学省令第36号による技術士法施行規則の一部改正前の第二次試験合格者を含む））で，所定の実務経験を満たした者

※上記の詳しい内容につきましては，「受検の手引」をご参照ください。

## 3. 試験地

札幌・釧路・青森・仙台・東京・新潟・名古屋・大阪・岡山・広島・高松・福岡・那覇

※試験会場は，受検票でお知らせします。

※試験会場の確保等の都合により，やむを得ず近郊の都市で実施する場合があります。

## 4. 試験の内容等

「1級土木施工管理技術検定　令和3年度制度改正について」をご参照ください。

受検資格や試験の詳細については受検の手引をよく確認してください。

不明点等は下記機関に問い合わせしてください。

## 5. 試験実施機関

国土交通大臣指定試験機関

**一般財団法人　全国建設研修センター　土木試験部**

〒187-8540　東京都小平市喜平町2-1-2

　　　　　　TEL　042-300-6860

　　　　　　ホームページアドレス　https://www.jctc.jp/

電話によるお問い合わせ応対時間　9：00 ～ 17：00

　　　土・日曜日・祝祭日は休業日です。

# 本書の利用のしかた

　本書は，試験問題の出題順にあわせ，次の6章に分類し，その中を専門分野ごとに細分化し，過去5年間の問題を中心に，体系的に取りまとめてあります。

　　第1章　土木一般　　　第2章　専門土木　　　第3章　土木法規
　　第4章　共通工学　　　第5章　施工管理法（基礎知識）
　　第6章　施工管理法（応用能力）

　試験問題のうち，**共通工学**（4問）と**施工管理法**（31問）は，**必須問題**ですので，第4章と第5章，第6章は，全体をくまなく，最も重点的に学習してください。

　特に施工管理法については，令和3年の試験制度の改正，「施工管理を的確に行うために必要な応用能力」を問う問題が出題されました。従来の施工管理は施工管理法と名称変更され，出題総数は31問と変更ありませんでしたが，基礎知識16問と応用能力15問に分割出題されました。解答方式の四肢一択方式は変更ありませんでしたが，応用能力の出題形式はまえがきに書いたように変更になりました。

　**土木一般**は，15問中12問，**専門土木**は34問中10問，**土木法規**は12問中8問の**選択問題**です。専門分野ごとに問題を取りまとめてありますので，総花的に解答にトライしようとせずに，自分の得意な分野に限定して確実に得点できるようにしてください。

　限られた時間ですので，取捨選択も大事な受験技術です。80点を取ることを目標に，効率的に学習してください。

　本書では，解説文の中で，試験によく出題される**重要な用語**は，**太字で記述しております**ので，最低限の知識として覚えてください。また，解説の記述は最小限にとどめましたので，詳しく学習される方は，「試験によく出る重要事項」を参照するか，本書の姉妹品「1級土木施工要点テキスト（令和6年度版）：市ヶ谷出版社刊」の該当箇所を合わせて学習してください。

　学習の成果を確認するため，試験日が近づきましたら，試験日の時間にあわせて，1回目は，試験問題の左ページに記載の上段から1問目，次回は2問目，その次は3問目と，3回，解答に取り組んで見てください。そうすると1回当たり115問くらい解答することになります（試験の出題数は96問，解答数は65問）。

　80％以上正解でしたら，自信をもって，試験会場にいざ出陣。

　それ以下であっても，あきらめずに，本書を再度学習してください。

# 目　次

## 第6章　施工管理法（応用能力）

# 1級土木施工管理技術検定試験　分野別の出題数と解答数

| 分野別 | | | 令和5年度 出題（解答）数 | 令和4年度 出題（解答）数 | 令和3年度 出題（解答）数 | 令和2年度 出題（解答）数 | 令和元年度 出題（解答）数 |
|---|---|---|---|---|---|---|---|
| 必須：全問解答 | 共通工学 | 測量 | 1 | 1 | 1 | 1 | 1 |
| | | 契約・設計 | 2 | 2 | 2 | 2 | 2 |
| | | 機械・電気 | 1 | 1 | 1 | 1 | 1 |
| | 施工管理法 基礎知識 | 施工計画 | 1 | 1 | 1 | 3 | 4 |
| | | 原価管理 | 0 | 0 | 0 | 1 | 0 |
| | | 建設機械 | 0 | 0 | 0 | 1 | 1 |
| | | 工程管理 | 1 | 1 | 1 | 4 | 4 |
| | | 安全管理 | 7 | 7 | 7 | 11 | 11 |
| | | 品質管理 | 3 | 3 | 3 | 7 | 7 |
| | | 環境保全 | 4 | 4 | 4 | 4 | 4 |
| | 応用能力 | 施工計画 | 4 | 4 | 4 | — | — |
| | | 工程管理 | 3 | 3 | 3 | — | — |
| | | 安全管理 | 4 | 4 | 4 | — | — |
| | | 品質管理 | 4 | 4 | 4 | — | — |
| 計 | | | 35 | 35 | 35 | 35 | 35 |

| 分野別 | | 令和5年度 出題数 | 令和5年度 解答数 | 令和4年度 出題数 | 令和4年度 解答数 | 令和3年度 出題数 | 令和3年度 解答数 | 令和2年度 出題数 | 令和2年度 解答数 | 令和元年度 出題数 | 令和元年度 解答数 |
|---|---|---|---|---|---|---|---|---|---|---|---|
| 選択：必要数解答 | 土木一般 | 15 | 12 | 15 | 12 | 15 | 12 | 15 | 12 | 15 | 12 |
| | 土工 | 5 | | 5 | | 5 | | 5 | | 5 | |
| | コンクリート工 | 6 | 12 | 6 | 12 | 6 | 12 | 6 | 12 | 6 | 12 |
| | 基礎工 | 4 | | 4 | | 4 | | 4 | | 4 | |
| | 専門土木 | 34 | 10 | 34 | 10 | 34 | 10 | 34 | 10 | 34 | 10 |
| | 構造物 | 5 | | 5 | | 5 | | 5 | | 5 | |
| | 河川・砂防 | 6 | | 6 | | 6 | | 6 | | 6 | |
| | 道路・舗装 | 6 | | 6 | | 6 | | 6 | | 6 | |
| | ダム・トンネル | 4 | 10 | 4 | 10 | 4 | 10 | 4 | 10 | 4 | 10 |
| | 海岸・港湾 | 4 | | 4 | | 4 | | 4 | | 4 | |
| | 塗装・鉄道・地下 | 5 | | 5 | | 5 | | 5 | | 5 | |
| | 上下水道・薬注 | 4 | | 4 | | 4 | | 4 | | 4 | |
| | 土木法規 | 12 | 8 | 12 | 8 | 12 | 8 | 12 | 8 | 12 | 8 |
| | 労働基準法 | 2 | | 2 | | 2 | | 2 | | 2 | |
| | 労働安全衛生法 | 2 | | 2 | | 2 | | 2 | | 2 | |
| | 建設業法 | 1 | | 1 | | 1 | | 1 | | 1 | |
| | 道路関係法 | 1 | | 1 | | 1 | | 1 | | 1 | |
| | 河川法 | 1 | 8 | 1 | 8 | 1 | 8 | 1 | 8 | 1 | 8 |
| | 建築基準法 | 1 | | 1 | | 1 | | 1 | | 1 | |
| | 火薬類取締法 | 1 | | 1 | | 1 | | 1 | | 1 | |
| | 公害防止規制法 | 2 | | 2 | | 2 | | 2 | | 2 | |
| | 港則法 | 1 | | 1 | | 1 | | 1 | | 1 | |
| 計 | | 61 | 30 | 61 | 30 | 61 | 30 | 61 | 30 | 61 | 30 |
| 必須・選択合計 | | 96 | 65 | 96 | 65 | 96 | 65 | 96 | 65 | 96 | 65 |

# 出 題 傾 向 分 析 表

| 分　　　類 | 令和５年度 | 令和４年度 | 令和３年度 | 令和２年度 | 令和元年度 |
|---|---|---|---|---|---|
| **土 木 一 般** | | | | | |
| 土　　　　工 | 1. 土質試験<br>2. 法面保護工<br>3. 盛土の情報化施工<br>4. 地下排水工<br>5. 軟弱地盤上の道路盛土の施工 | 1. 土質試験<br>2. 法面保護工<br>3. 盛土の情報化施工<br>4. ボックスカルバート周辺の裏込<br>5. 軟弱地盤対策工法 | 1. 土質試験<br>2. 法面保護工<br>3. 盛土の情報化施工<br>4. 建設発生土<br>5. 軟弱地盤対策工法 | 1. 原位置試験<br>2. 土量の変化率<br>3. 盛土の情報化施工<br>4. 建設発生土<br>5. 軟弱地盤対策工法 | 1. 土質試験<br>2. 土量の変化率<br>3. 盛土の情報化施工<br>4. 建設発生土<br>5. 軟弱地盤対策工法 |
| コンクリート工 | 6. 骨材<br>7. セメント<br>8. 混和材料<br>9. 寒中・暑中コンクリートの施工<br>10. 打込み・締固め<br>11. 鉄筋の継手 | 6. 細骨材の品質<br>7. コンクリートの品質<br>8. 養生<br>9. 配合<br>10. 暑中コンクリート<br>11. 型枠に作用する側圧 | 6. 粗骨材<br>7. 混和材<br>8. 打込み<br>9. 配合<br>10. 鉄筋の組立て・継手<br>11. 養生 | 6. 骨材<br>7. 混和材<br>8. コンクリートの打込み・締固め<br>9. 配合<br>10. 鉄筋の加工・組立<br>11. 養生 | 6. 骨材<br>7. 混和材<br>8. コンクリートの打込み<br>9. 暑中コンクリート<br>10. 鉄筋の重ね継手<br>11. 養生 |
| 基　　礎　　工 | 12. 道路橋の基礎形式<br>13. 既製杭の支持層の確認，打止め管理<br>14. 場所打ち杭の施工<br>15. 土留め支保工の施工 | 12. 直接基礎<br>13. 既製杭<br>14. 場所打ち杭工法<br>15. 各種土留め工の特徴 | 12. 道路橋の基礎形式とその特徴<br>13. 既製杭<br>14. 場所打ち杭工法<br>15. 土留め工 | 12. 構造物の基礎<br>13. 中掘り杭工法<br>14. 場所打ち杭工法<br>15. 土留め支保工 | 12. 道路橋で用いられる基礎形式<br>13. 既製杭<br>14. 場所打ち杭の鉄筋かご<br>15. 直接基礎 |
| **専 門 土 木** | | | | | |
| 構　　造　　物 | 16. 鋼道路橋の架設<br>17. 鉄筋コンクリート床版<br>18. 高力ボルトの施工<br>19. 塩害を受けた構造物への対策，補修<br>20. ひび割れ | 16. 鋼道路橋の架設<br>17. 耐候性鋼材<br>18. 溶接の留意点<br>19. アルカリシリカ反応の補修・補強<br>20. 中性化 | 16. 鋼橋の架設<br>17. 鋼道路橋の溶接<br>18. 高力ボルトの施工・検査<br>19. アルカリシリカ反応の抑制対策<br>20. コンクリート構造物の補強 | 16. 鋼道路橋の架設<br>17. 耐候性鋼材<br>18. 高力ボルトの締付け作業<br>19. コンクリート構造物の劣化<br>20. 鉄筋コンクリート構造物の補修 | 16. 鋼道路橋の架設<br>17. 鋼道路橋の溶接<br>18. 高力ボルトの締付け作業<br>19. アルカリシリカ反応抑制対策<br>20. コンクリート構造物の補修対策 |
| 河　　　　川 | 21. 堤防の盛土施工<br>22. 河川護岸<br>23. 堤防開削の仮締切工 | 21. 河川堤防<br>22. 河川護岸<br>23. 河川堤防の開削工事 | 21. 河川堤防<br>22. 河川護岸<br>23. 河川堤防の軟弱地盤対策 | 21. 河川堤防の施工<br>22. 河川堤防の軟弱地盤対策工法<br>23. 多自然川づくりにおける護岸 | 21. 掘削工事<br>22. 根固工<br>23. 柔構造樋門 |
| 砂　　　　防 | 24. 砂防堰堤の施工<br>25. 渓流保全工<br>26. 急傾斜地崩壊防止工 | 24. 不透過型砂防堰堤<br>25. 渓流保全工<br>26. 急傾斜地崩壊防止工 | 24. 砂防工事<br>25. 地すべり防止工<br>26. 急傾斜地崩壊防止工 | 24. 砂防えん堤の基礎<br>25. 地すべり防止工<br>26. 急傾斜地崩壊防止 | 24. 砂防えん堤<br>25. 渓流保全工<br>26. 急傾斜地崩壊防止工 |

| 分　類 | 令和５年度 | 令和４年度 | 令和３年度 | 令和２年度 | 令和元年度 |
|---|---|---|---|---|---|
| 道路・舗装 | 27．アスファルト舗装の路床の施工<br>28．アスファルト舗装の路盤の施工<br>29．アスファルト舗装の基層・表層の施工<br>30．アスファルト舗装の補修工法<br>31．各種アスファルト舗装<br>32．コンクリート舗装の補修工法 | 27．アスファルト舗装の路床の安定処理<br>28．アスファルト舗装の路盤の施工<br>29．アスファルト舗装の基層・表層の施工<br>30．アスファルト舗装の補修工法<br>31．排水性舗装<br>32．各種コンクリート舗装 | 27．アスファルト舗装の路床の施工<br>28．アスファルト舗装の路盤の施工<br>29．アスファルト舗装の基層・表層施工<br>30．アスファルト舗装の補修<br>31．アスファルト舗装の各種舗装<br>32．コンクリート舗装の補修工法 | 27．路床の施工<br>28．路盤の施工<br>29．表層・基層の施工<br>30．アスファルト舗装の補修<br>31．ポーラスアスファルト混合物の舗設<br>32．コンクリート舗装 | 27．路床<br>28．路盤の施工<br>29．加熱アスファルト混合物の施工<br>30．アスファルト舗装の補修工法<br>31．排水舗装<br>32．コンクリート舗装 |
| ダ　　　ム | 33．グラウチング<br>34．重力式コンクリートダム | 33．基礎処理グラウチング<br>34．ダムコンクリートの工法 | 33．基礎処理<br>34．RCDコンクリートの打込み | 33．基礎処理<br>34．重力式コンクリートダム | 33．RCD工法の施工手順<br>34．フィルダム |
| トンネル | 35．山岳工法の支保工<br>36．施工時の観察・計測 | 35．山岳工法の掘削工法<br>36．切羽安定対策 | 35．山岳工法の補助工法<br>36．山岳工法の支保工 | 35．山岳工法における掘削<br>36．山岳工法における覆工コンクリート | 35．支保工の施工<br>36．覆工の施工 |
| 海　　　岸 | 37．養浜<br>38．離岸堤 | 37．海岸堤防の根固工<br>38．海岸の潜堤・人工リーフ | 37．傾斜型護岸<br>38．養浜 | 37．潜堤・人工リーフの機能や特徴<br>38．海岸堤防の施工 | 37．海岸堤防<br>38．潜堤・人工リーフの機能や特徴 |
| 港　　　湾 | 39．浚渫工事の事前調査<br>40．水中コンクリート | 39．ケーソンの施工<br>40．防波堤の施工 | 39．基礎捨石<br>40．浚渫工事の事前調査 | 39．ケーソンの施工<br>40．浚渫船の特徴 | 39．防波堤の施工<br>40．浚渫工事の調査 |
| 鉄　　　道 | 41．コンクリート路盤<br>42．軌道の維持管理<br>43．営業線近接工事の保安対策 | 41．路床の施工<br>42．軌道の維持・管理<br>43．営業線近接工事の保安対策 | 41．砕石路盤<br>42．軌道の維持管理<br>43．営業線近接工事の保安対策 | 41．コンクリート路盤の施工<br>42．軌道の維持管理<br>43．営業線近接工事の保安対策 | 41．路盤<br>42．軌道の維持管理<br>43．営業線近接工事の保安対策 |
| 地下構造物 | 44．シールド工法の施工 | 44．シールド工法の施工管理 | 44．シールド工法のセグメント | 44．シールド工法の施工 | 44．シールド工事の施工管理 |
| 塗　　　装 | 45．鋼橋の防食法 | 45．鋼構造物の防食法 | 45．塗膜の劣化 | 45．鋼橋の防食 | 45．鋼橋の防食法 |
| 上下水道 | 46．上水道の排水管の埋設位置及び深さ<br>47．下水道管渠の更生工法<br>48．小口径管推進工法 | 46．上水道管の更新・更生工法<br>47．下水道管渠の更生工法<br>48．小口径管推進工法 | 46．配水管の埋設位置と深さ<br>47．下水道管きょの更生工法<br>48．小口径管推進工法 | 46．軟弱地盤での上水道管布設<br>47．剛性管きょの基礎<br>48．小口径管推進工法 | 46．上水道の管布設工<br>47．下水道管きょの更生工法<br>48．小口径管推進工法 |
| 薬液注入 | 49．薬液注入工事の施工管理 | 49．注入効果の確認方法 | 49．薬液注入工事の施工管理 | 49．注入効果の確認方法 | 49．薬液注入工事の施工 |
| 土　木　法　規 | | | | | |
| 労働基準法 | 50．賃金<br>51．災害補償 | 50．就業規則<br>51．労働時間・休憩 | 50．労働契約<br>51．労働時間・休暇・休日 | 50．就業規則<br>51．労働時間，休憩，年次有給休暇 | 50．賃金<br>51．年少者・女性の就業 |

| 分　類 | 令和５年度 | 令和４年度 | 令和３年度 | 令和２年度 | 令和元年度 |
|---|---|---|---|---|---|
| 労働安全衛生法 | 52. 作業主任者の選任<br>53. コンクリート構造物の解体作業 | 52. 作業主任者の選任<br>53. コンクリート構造物の解体作業 | 52. 統括安全衛生責任者<br>53. コンクリート構造の解体作業 | 52. 統括安全衛生責任者<br>53. コンクリート構造物の解体作業 | 52. 厚生労働大臣への届出<br>53. 解体等作業主任者 |
| 建　設　業　法 | 54. 元請負人の義務 | 54. 元請負人の義務 | 54. 技術者制度 | 54. 技術者制度 | 54. 技術者制度 |
| 火薬類取締法 | 55. 火薬類の取扱い | 55. 火薬類の取扱い | 55. 火薬類の取扱い | 55. 火薬類の取扱い | 55. 火薬類の取扱い |
| 道　路　関　係　法 | 56. 工事又は行為についての許可又は承認 | 56. 道路の掘削 | 56. 道路上の工事 | 56. 特殊な車両の通行 | 56. 道路上で行う工事の許可又は承認 |
| 河　　川　　法 | 57. 河川管理者以外の者が河川区域で工事を行う場合の許可 | 57. 河川管理者以外の者が河川区域内で行う行為の許可 | 57. 河川管理者以外の者の手続き | 57. 河川管理者以外の者が河川区域内で工事を行う場合の手続き | 57. 河川管理者の許可 |
| 建　築　基　準　法 | 58. 仮設の現場事務所 | 58. 45 m² の仮設現場事務所の設置 | 58. 仮設建築物の制限の緩和 | 58. 仮設建築物の制限の緩和 | 58. 60 m² の仮設建築物 |
| 騒音規制法・振動規制法 | 59. 特定建設作業<br>60. 特定建設作業 | 59. 特定建設作業<br>60. 特定建設作業 | 59. 特定建設作業<br>60. 特定建設作業 | 59. 特定建設作業<br>60. 届け出事項 | 59. 特定建設作業<br>60. 特定建設作業 |
| 港　　則　　法 | 61. 港長の許可又は届け出 | 61. 船舶の入出港及び停泊 | 61. 船舶の航行又は工事の許可 | 61. 船舶の航行又は港長の許可 | 61. 船舶の航行又は工事の許可 |
| **共　通　工　学** | | | | | |
| 測　　　　量 | 1. トータルステーション | 1. トータルステーション | 1. トータルステーション | 1. トータルステーション | 1. トータルステーション |
| 契約約款・設計図書 | 2. 公共工事標準請負契約約款<br>3. 擁壁の配筋図 | 2. 公共工事標準請負契約約款<br>3. ボックスカルバートの配筋図 | 2. 公共工事標準請負契約約款<br>3. コンクリート擁壁の配筋図 | 2. 公共工事標準請負契約約款<br>3. 土積曲線 | 2. 公共工事標準請負契約約款<br>3. ボックスカルバートの配筋 |
| 機　械・電　気 | 4. 締固め機械 | 4. 工事用電力設備 | 4. 電気設備 | 4. 建設機械用エンジンの特徴 | 4. 工事用電力設備 |
| **施工管理法（基礎知識）** | | | | | |
| 施　工　計　画 | 5. 事前調査 | 5. 施工計画立案 | 5. 関係機関への届出 | 5. 施工計画<br>6. 関係機関への届出・許可<br>7. 施工体制台帳 | 5. 事前調査<br>6. 資材・機械の調達計画<br>7. 施工体制台帳の作成<br>8. 仮設工事計画 |
| 原　価　管　理 | － | － | － | 8. 原価管理 | － |
| 建　設　機　械 | － | － | － | 9. 建設機械の選定 | 9. 施工計画における建設機械 |
| 工　程　管　理 | 6. ネットワーク式工程表 | 6. ネットワーク式工程表 | 6. ネットワーク式工程表 | 10. 工程管理<br>11. 工程表の種類と特徴<br>12. ネットワーク式工程表<br>13. バーチャート工程表 | 10. 工事の工程管理<br>11. 日程計画<br>12. ネットワーク式工程表<br>13. 工程管理曲線 |

| 分　類 | 令和5年度 | 令和4年度 | 令和3年度 | 令和2年度 | 令和元年度 |
|---|---|---|---|---|---|
| 安　全　管　理 | 7. 特定元方事業者が講ずべき措置<br>8. 安全衛生管理組織<br>9. 異常気象時の安全対策<br>10. 足場・作業床の組立<br>11. 明り掘削の作業<br>12. 墜落災害の防止<br>13. コンクリート構造物の解体作業 | 7. 元方事業者が講ずべき措置<br>8. 保護具の使用<br>9. 労働災害防止対策<br>10. 足場・作業床の組立<br>11. 安全ネット<br>12. 明り掘削の作業<br>13. コンクリート構造物の解体作業 | 7. 安全衛生管理体制<br>8. 異常気象時の安全対策<br>9. 労働災害防止対策<br>10. 型枠支保工<br>11. 安全ネット<br>12. 明り掘削作業<br>13. 橋梁下部工の解体作業 | 14. 元方事業者の講ずべき措置<br>15. 異常気象時の安全対策<br>16. 労働災害防止対策<br>17. 型枠支保工<br>18. 墜落災害の防止<br>19. 建設機械の災害防止<br>20. 移動式クレーンの安全確保<br>21. 明り掘削<br>22. 埋設物・架空線近接工事<br>23. 疾病予防及び健康管理<br>24. コンクリート構造物の解体作業 | 14. 作業足場の安全措置義務<br>15. 安全衛生管理体制<br>16. 保護具の使用<br>17. 悪天候の定義<br>18. 安全ネット<br>19. 車両系建設機械の災害防止<br>20. 明り掘削作業<br>21. ロープ高所作業<br>22. 埋設物ならびに架空線の防護<br>23. 労働者の健康管理<br>24. コンクリート構造物の解体作業 |
| 品　質　管　理 | 14. アスファルト舗装の品質管理<br>15. 路床や路盤の品質管理<br>16. レディーミクストコンクリートの受入れ検査 | 14. アスファルト舗装の品質管理<br>15. 路床や路盤の品質管理<br>16. レディーミクストコンクリートの受入れ検査 | 14. アスファルト舗装の品質管理<br>15. 建設工事の品質管理<br>16. レディーミクストコンクリートの受入れ検査 | 25. 品質管理<br>26. アスファルト舗装の品質管理<br>27. 盛土の締固め管理<br>28. 工種,品質特性,試験方法の組合せ<br>29. レディーミクストコンクリートの受入れ検査<br>30. 鉄筋の継手<br>31. コンクリート強度の推定方法 | 25. 品質管理<br>26. アスファルト舗装の品質管理<br>27. 情報化施工による締固め管理<br>28. 工種,品質特性,試験方法の組合せ<br>29. レディーミクストコンクリートの受入れ検査<br>30. 鉄筋の継手工法の検査<br>31. コンクリート構造物の品質や健全度を推定する試験 |
| 環　境　保　全 | 17. 濁水の処理<br>18. 近接施工での周辺環境対策<br>19. 建設副産物の有効利用及び廃棄物の適正処理<br>20. 廃棄物の処理及び清掃に関する法律 | 17. 騒音・振動対策<br>18. 土壌汚染対策<br>19. 資材の再資源化等に関する法律<br>20. 産業廃棄物の処分 | 17. 情報化施工と環境負荷の低減<br>18. 騒音・振動対策<br>19. 建設副産物<br>20. 産業廃棄物の処理 | 32. 騒音・振動対策<br>33. 水質汚濁対策<br>34. 建設リサイクル法<br>35. 廃棄物の処理及び清掃に関する法律 | 32. 騒音防止対策<br>33. 水質汚濁対策<br>34. 建設副産物の有効利用<br>35. 産業廃棄物の処理 |
| 施工管理法（応用能力） | | | | | |
| 施　工　計　画 | 21. 調達計画立案<br>22. 安全確保及び環境保全の施工計画<br>23. 施工管理体制<br>24. 工事原価管理 | 21. 仮設工事計画立案<br>22. 施工体制台帳<br>23. 掘削底面の破壊現象<br>24. 建設機械の選定 | 21. 施工計画の作成<br>22. 施工体制台帳<br>23. 原価管理<br>24. 建設機械の選定 | − | − |
| 工　程　管　理 | 25. 工程管理全般<br>26. 各工程表の特徴<br>27. 工程管理曲線（バナナ曲線） | 25. 工程管理全般<br>26. 各種工程表<br>27. 品質・工程・原価の関係 | 25. 工程管理全般<br>26. 各種工程表<br>27. バーチャート | − | − |

| 分　　類 | 令和5年度 | 令和4年度 | 令和3年度 | 令和2年度 | 令和元年度 |
|---|---|---|---|---|---|
| 安　全　管　理 | 28.　車両系建設機械の災害防止<br>29.　移動式クレーンの災害防止<br>30.　埋設物の損傷防止<br>31.　酸素欠乏のおそれのある工事の災害防止 | 28.　車両系建設機械の安全確保<br>29.　移動式クレーンの安全確保<br>30.　埋設物の損傷防止<br>31.　酸素欠乏の恐れのある工事 | 28.　建設機械の災害防止<br>29.　移動式クレーン<br>30.　埋設物・架空線の防護<br>31.　労働者の健康管理 | − | − |
| 品　質　管　理 | 32.　品質管理全般<br>33.　TS.GNSSを用いた盛土の品質管理<br>34.　鉄筋の組立ての検査<br>35.　プレキャスト部材の接合 | 32.　土木工事の品質管理全般<br>33.　情報化施工による盛土の締固め管理<br>34.鉄筋コンクリート構造物<br>35.　コンクリート施工全般 | 32.　品質管理全般<br>33.　盛土の締固め管理<br>34.　機械式鉄筋継手<br>35.　プレキャストコンクリート構造物の接合 | − | − |

# 第1章　土木一般

## ○過去6年間の出題内容と出題数○

| | 出題内容 | 年度 | 令和 | | | | | 平成 | 計 |
|---|---|---|---|---|---|---|---|---|---|
| | | | 5 | 4 | 3 | 2 | 元 | 30 | |
| 土<br><br>工 | 土質試験・現位置試験, 結果の利用, 試験方法 | | 1 | 1 | 1 | 1 | 1 | 1 | 6 |
| | 土量変化率・土量計算 | | | | | 1 | 1 | 1 | 3 |
| | 盛土施工の留意事項, 締固め, 材料, 裏込め | | | 1 | | | 1 | 1 | 3 |
| | 軟弱地盤工法・特徴, 特殊箇所の盛土 | | 1 | 1 | 1 | 1 | 1 | 1 | 6 |
| | 建設発生土の品質と利用上の注意点 | | | | 1 | 1 | 1 | 1 | 4 |
| | 切土法面保護, 自然斜面の特徴, 法面排水工 | | 2 | 1 | 1 | | | | 4 |
| | 情報化施工, 建設機械の損料 | | 1 | 1 | 1 | 1 | | | 4 |
| | 小計 | | 5 | 5 | 5 | 5 | 5 | 5 | |
| コ<br>ン<br>ク<br>リ<br>ー<br>ト<br>工 | 乾燥収縮：ひび割れの種類と特徴, 防止策・補修法 | | | | | | | 1 | 1 |
| | 骨材規格, 骨材の要件, 再生骨材・セメント・混和材 | | 3 | 1 | 2 | 2 | 2 | 2 | 12 |
| | 配合：W／C, s/a, 粗骨材最大寸法, 品質 | | | 2 | 1 | 1 | | | 4 |
| | 施工：打込み, 締固め, スランプ, 暑中・寒中コンクリート | | 2 | 1 | 1 | 1 | 2 | 2 | 9 |
| | 鉄筋の加工・組立：留意事項, 許容誤差, エポキシ鉄筋 | | 1 | | 1 | 1 | 1 | | 4 |
| | 養生：方法, 留意事項 | | | 1 | 1 | 1 | 1 | | 4 |
| | 型枠・支保工, 打継目の留意事項, 型枠の側圧 | | | 1 | | | | 1 | 2 |
| | 小計 | | 6 | 6 | 6 | 6 | 6 | 6 | |
| 基<br><br>礎<br><br>工 | 構造物の基礎 | | 1 | | 1 | 1 | | | 3 |
| | 埋込杭工法・プレボーリング工法・中掘杭工法の特徴 | | | 1 | | 1 | 1 | | 3 |
| | 場所打杭工法の概要・特徴・留意事項 | | 1 | 1 | 1 | 1 | 1 | 1 | 6 |
| | 既製杭の建込・打設, 現場溶接, 支持層確認, 施工の留意点 | | 1 | | 1 | | 1 | 1 | 4 |
| | ケーソン工法の留意事項, 直接基礎 | | | 1 | | | 1 | 1 | 3 |
| | 土留め工の特徴安全対策 | | 1 | 1 | 1 | 1 | 1 | | 5 |
| | 小計 | | 4 | 4 | 4 | 4 | 4 | 4 | |
| | 合　　計 | | 15 | 15 | 15 | 15 | 15 | 15 | |

＊令和3～5年度は, 新試験制度によるものである。

2 第 1 章 土木一般

# 1·1 土 工

## ● 1·1·1 土質調査

出題頻度 低■■■■■高

**1** 土質試験結果の活用に関する次の記述のうち，適当でないものはどれか。

(1) 土の含水比試験結果は，土粒子の質量に対する間隙に含まれる水の質量の割合を表したもので，土の乾燥密度との関係から締固め曲線を描くのに用いられる。

(2) CBR 試験結果は，供試体表面に貫入ピストンを一定量貫入させたときの荷重強さを標準荷重強さに対する百分率で表したもので，地盤の許容支持力の算定に用いられる。

(3) 土の圧密試験結果は，求められた圧密係数や体積圧縮係数等から，飽和粘性土地盤の沈下量と沈下時間の推定に用いられる。

(4) 土の一軸圧縮試験結果は，求められた自然地盤の非排水せん断強さから，地盤の土圧，斜面安定等の強度定数に用いられる。

《R5-1》

**2** 土質試験における「試験の名称」，「試験結果から求められるもの」及び「試験結果の利用」の組合せとして，次のうち適当なものはどれか。

| [試験の名称] | [試験結果から求められるもの] | [試験結果の利用] |
|---|---|---|
| (1) 土の粒度試験 | 粒径加積曲線 | 土の物理的性質の推定 |
| (2) 土の液性限界・塑性限界試験 | コンシステンシー限界 | 地盤の沈下量の推定 |
| (3) 突固めによる土の締固め試験 | 締固め曲線 | 盛土の締固め管理基準の決定 |
| (4) 土の一軸圧縮試験 | 最大圧縮応力 | 基礎工の施工法の決定 |

《R4-1》

**3** 土の原位置試験における「試験の名称」，「試験結果から求められるもの」及び「試験結果の利用」の組合せとして，次のうち適当なものはどれか。

| [試験の名称] | [試験結果から求められるもの] | [試験結果の利用] |
|---|---|---|
| (1) RI 計器による土の密度試験 | 土の含水比 | 地盤の許容支持力の算定 |
| (2) 平板載荷試験 | 地盤反力係数 | 地層の厚さの確認 |
| (3) ポータブルコーン貫入試験 | 貫入抵抗 | 建設機械のトラフィカビリティーの判定 |
| (4) 標準貫入試験 | N 値 | 盛土の締固め管理の判定 |

《R2-1》

> 最新の問題（令和4年，5年）は，太枠で示してあります。以下同じです。

---

**(注)** 問題の右下の表示《H30-1》は平成 30 年度の 1 番の問題を，《R5-1》は令和 5 年度の 1 番の問題を表している。

**4** 土質試験結果の活用に関する次の記述のうち，**適当でないもの**はどれか。

(1) 土の粒度試験結果は，粒径加積曲線で示され，粒径が広い範囲にわたって分布する特性を有するものを締固め特性が良い土として用いられる。

(2) 土の圧密試験結果は，求められた圧密係数や体積圧縮係数等から，飽和粘性土地盤の沈下量と沈下時間の推定に用いられる。

(3) 土の含水比試験結果は，土の間隙中に含まれる水の質量と土粒子の質量の比で示めされ，乾燥密度と含水比の関係から透水係数の算定に用いられる。

(4) 土の一軸圧縮試験結果は，求められた自然地盤の非排水せん断強さから，地盤の土圧，支持力，斜面安定等の強度定数に用いられる。

《R3-1》

---

**解説**

**1** (2) **路盤や舗装厚の決定，路盤材料としての適否の判定**に用いられる。

**2** (1) 土の粒度試験は，**盛土材料の判定**に用いる。

(2) 土の液性限界・塑性限界試験は，**細粒土の分類**に用いる。

(3) 組合せは，適当である。

(4) 土の一軸圧縮試験により求まるのは，**一軸圧縮強さ**である。

**3** (1) RI計器による土の**密度試験**は，締固めの施工管理に用いる。

(2) **平板載荷試験**は，締固めの施工管理に用いる。

(3) **ポータブルコーン貫入試験**の組合せは，適当である。

(4) **標準貫入試験**は，土の硬軟，締まり具合の判定に用いる。

**4** (3) 乾燥密度と含水比の関係から，土の**締固め管理**に用いる。

---

**試験によく出る重要事項**

## 原位置試験

| 試験の名称 | 試験結果から得られるもの | 試験結果の利用 |
|---|---|---|
| 単位体積質量試験<br>（砂置換法）（RI法） | 湿潤密度 $\rho_t$〔g/cm³〕<br>乾燥密度 $\rho_d$〔g/cm³〕 | 締固めの施工管理 |
| 標準貫入試験 | $N$ 値（打撃回数），試料採取 | 土の硬軟，締まり具合の判定 |
| スウェーデン式サウンディング試験 | $N_{sw}$ 値（半回転数） | 土の硬軟，締まり具合の判定 |
| コーン貫入試験 | コーン指数 $q_c$〔kN/m²〕 | トラフィカビリティの判定 |
| ベーン試験 | 粘着力 $c$〔N/mm²〕 | 細粒土の斜面や基礎地盤の安定計算 |
| 平板載荷試験 | 地盤係数 $K$〔kN/m³〕 | 締固めの施工管理 |
| 現場透水試験 | 透水係数 $k$〔cm/s〕 | 地盤改良工法の設計 |
| 現場CBR試験 | CBR値〔%〕 | 舗装厚さの設計 |

土木一般

## ●1・1・2 土の変化率と土量計算

出題頻度 低■■■□□□高

**5**

土工における土量の変化率に関する次の記述のうち，**適当でないもの**はどれか。

(1) 土の掘削・運搬中の損失及び基礎地盤の沈下による盛土量の増加は，原則として変化率に含まれない。

(2) 土量の変化率 C は，地山の土量と締め固めた土量の体積比を測定して求める。

(3) 土量の変化率は，実際の土工の結果から推定するのが最も的確な決め方で類似現場の実績の値を活用できる。

(4) 地山の密度と土量の変化率 L がわかっていれば，土の配分計画を立てることができる。

《R1-2》

**6**

土工における土量の変化率に関する次の記述のうち，**適当でないもの**はどれか。

(1) 土量の変化率 C は，土工の配分計画を立てる上で重要であり，地山の土量をほぐした土量の体積比を測定して求める。

(2) 土の掘削・運搬中の土量の損失及び基礎地盤の沈下による盛土量の増加は，原則として変化率に含まれない。

(3) 土量の変化率は，実際の土工の結果から推定するのが最も的確な決め方で類似現場の実績の値を活用できる。

(4) 土量の変化率 L は，土工の運搬計画を立てる上で重要であり，土の密度が大きい場合には積載重量によって運搬量が求められる。

《H30-2》

**7**

土工における土量の変化率に関する次の記述のうち，**適当でないもの**はどれか。

(1) 土量の変化率は，実際の土工の結果から推定するのが最も的確な決め方である。

(2) 土の掘削・運搬中の損失及び基礎地盤の沈下による盛土量の増加は，原則として変化率に含まれている。

(3) 土量の変化率 C は，地山の土量と締め固めた土量の体積比を測定して求める。

(4) 土量の変化率 L は，土工の運搬計画を立てる上で重要であり，土の密度が大きい場合には積載重量によって運搬量が定まる。

《R2-2》

**8**

土工における土量の変化率に関する次の記述のうち，**適当でないもの**はどれか。

(1) 土の掘削・運搬中の土量の損失及び基礎地盤の沈下による盛土量の増加は，原則として変化率に含まれない。

(2) 土量の変化率 C は，地山の土量と締め固めた土量の体積比を測定して求める。

(3) 土量の変化率は，実際の土工の結果から推定するのが最も的確な決め方である。

(4) 土量の変化率 L は，土工の配分計画を立てる上で重要であり，工事費算定の要素でもある。

《H29-2》

### 解説

**5** (4) **土量の変化率Cがわかっていれば**，土の配分計画を立てることができる。

**6** (1) 地山の土量を**締め固めた土量の体積比**を測定して求める。

**7** (2) 土の掘削・運搬中の損失および基礎地盤の沈下による盛土量の増加は，原則として**変化率に含まれない**。

**8** (4) **土量の変化率Lは**，土の運搬計画を立てる上で重要である。

### 試験によく出る重要事項

## 1. 土量の計算は地山を基準に行う

変化率 $L$, $C$ は，土の容積の状態変化を示すもので，地山を基準（1.0）とする。

① $L$(Loose)：掘削などでほぐした状態。

② $C$(Compact)：ほぐした土を締め固めた状態。ほぐした土を締め固めると，土粒子間が密になり，土量は地山の 0.85 ～ 0.95 倍と少なくなる。

$$ほぐし率 (L) = \frac{ほぐした土量の体積}{地山土量の体積} \qquad 締固め率 (C) = \frac{締め固めた土量の体積}{地山土量の体積}$$

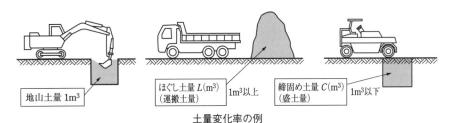

土量変化率の例

## 2. 地山処理土量

次式により1時間あたりの地山処理土量を計算し，施工量 $Q$ 〔m³/h〕を求める。ただし，$Q$ は地山土量，$L$ はほぐし率である。

$$Q = \frac{60 \cdot q \cdot E}{C_m \cdot L} \quad または \quad \frac{60 \cdot (k \cdot q) \cdot E}{C_m \cdot L}$$

ここに，$C_m$：サイクルタイム（分），$k$：バケット係数，$q$：1サイクルタイムあたりのほぐし土量〔m³/回〕，$E$：作業効率である。このほか $q$ に関しては，バケット係数 $k$ が与えられるときもある。

## ● 1・1・3　盛土の施工と締固め

出題頻度 低■■■■□高

**9**

TS（トータルステーション）・GNSS（全球測位衛星システム）を用いた盛土の情報化施工に関する次の記述のうち、**適当でないもの**はどれか。

(1)　盛土の締固め管理システムは、締固め判定・表示機能、施工範囲の分割機能等を有するものとしシステムを選定する段階でカタログその他によって確認する。

(2)　TS・GNSSを施工管理に用いる時は、現場内に設置している工事基準点等の座標既知点を複数箇所で観測し、既知座標とTS・GNSSの計測座標が合致していることを確認する。

(3)　まき出し厚さは、まき出しが完了した時点から締固め完了までに仕上り面の高さが下がる量を試験施工により確認し、これを基に決定する。

(4)　現場密度試験は、盛土材料の品質、まき出し厚及び締固め回数等が、いずれも規定通りとなっている場合においても、必ず実施する。　　　　　　　　　　《R5-3》

**10**

TS（トータルステーション）・GNSS（全球測位衛星システム）を用いた盛土の情報化施工に関する次の記述のうち、**適当でないもの**はどれか。

(1)　盛土に使用する材料が、事前の土質試験や試験施工で品質・施工仕様を確認したものと異なっている場合は、その材料について土質試験・試験施工を改めて実施し、品質や施工仕様を確認したうえで盛土に使用する。

(2)　盛土材料を締め固める際には、盛土施工範囲の全面にわたって、試験施工で決定した締固め回数を確保するよう、TS・GNSSを用いた盛土の締固め管理システムによって管理するものとする。

(3)　情報化施工による盛土の締固め管理技術は、事前の試験施工の仕様に基づき、まき出し厚の管理、締固め回数の管理を行う品質規定方式とすることで、品質の均一化や過転圧の防止に加え、締固め状況の早期把握による工期短縮が図られる。

(4)　情報化施工による盛土の施工管理にあっては、施工管理データの取得によりトレーサビリティが確保されるとともに、高精度の施工やデータ管理の簡略化・書類の作成に係る負荷の軽減等が可能となる。　　　　　　　　　　《R4-3》

**11**

TS（トータルステーション）・GNSS（衛星測位システム）を用いた盛土の情報化施工に関する次の記述のうち、**適当でないもの**はどれか。

(1)　盛土の締固め管理技術は、工法規定方式を品質規定方式にすることで、品質の均一化や過転圧の防止などに加え、締固め状況の早期把握による工程短縮がはかられるものである。

(2)　マシンガイダンス技術は、TSやGNSSの計測技術を用いて、施工機械の位置情報・施工情報及び施工状況と三次元設計データとの差分をオペレータに提供する技術である。

(3)　まき出し厚さは、試験施工で決定したまき出し厚さと締固め回数による施工結果である締固め層厚分布の記録をもって、間接的に管理をするものである。

(4)　盛土の締固め管理は、締固め機械の走行位置を追尾・記録することで、規定の締固め度が得られる締固め回数の管理を厳密に行うものである。　　　　　　　　　　《R2-3》

**12**  TS（トータルステーション）・GNSS（全球測位衛星システム）を用いた情報化施工による盛土工に関する次の記述のうち，**適当でないもの**はどれか。

(1) 盛土の締固め管理システムは，使用機械，施工現場の地形や立地条件，施工規模及び土質の変化等の条件を踏まえて適用可否を判断しなければならない。

(2) 盛土の締固め管理システムの位置把握に TS を採用するか，GNSS を採用するか検討し，双方の適用が困難な範囲では従来の品質管理方法を用いなければならない。

(3) 盛土材料は，目視による色の確認や手触り等による性状確認，その他の手段により，試験施工で品質・施工仕様を決定したものと同じ土質であることを確認しなければならない。

(4) 試験施工と同じ土質・含水比の盛土材料を使用し，試験施工で決定したまき出し厚・締固め回数で施工できたことを確認した場合でも，必ず現場密度試験を実施しなければならない。

《R3-3》

---

**解説**

**9** (4) 現場密度試験は，**省略できる**。

**10** (3) まき出し厚の管理，締固めの回数の管理を行うのは，**工法規定方式**である。

**11** (1) TS・GNSS を用いた盛土の**情報化施工**は，**工法規定方式**で採用する管理技術である。

**12** (4) 現場密度試験は，**実施しなくともよい**。

---

**試験によく出る重要事項**

**1. 盛土の締固めの管理**

① **土の締固めの目的**：土の空気間隙を少なくして透水性を小さくする。雨水の浸入による軟化，膨張を小さくする。荷重に対する支持力など，必要な強度を得る。完成後の圧縮・沈下などの変形を小さくする。

② **締固めの管理方法**：品質規定方式と工法規定方式とがある。

ア. **品質規定方式**：完成物の品質を仕様書に明示し，施工方法は施工者にまかせる。一般に，品質管理は締固め度で行う。

$$締固め度（\%）＝\frac{現場における締固め後の乾燥密度}{基準となる室内締固め試験における最大乾燥密度}×100$$

イ. **工法規定方式**：使用する締固め機械の機種や締固め回数，盛土材料の敷均し厚など，施工方法を仕様書で規定する。岩塊・玉石・砂利などの締固めに用いる。

③ **盛土材料**：敷均し，締固めが容易で，せん断強さが大きいもの。構造物の裏込め部は，雨水などによって土圧が増加しないよう，透水性の大きいものを用いる。

**2. 盛土施工の留意事項**

① 道路盛土の路体は，1層の締固め後の仕上り厚さが30 cm以下となるよう，敷均しは35〜45 cm以下とする。

② 道路盛土の路床は，1層の締固め後の仕上り厚さが20 cm以下となるよう，敷均しは25〜30 cm以下とする。

③ 構造物周辺は，薄く敷均し，偏圧とならないよう，左右均等に締め固める。

## ● 1・1・4　建設発生土の利用

出題
頻度　低 ■■■■□□ 高

**13**

建設発生土を盛土材料として利用する場合の留意点に関する次の記述のうち，**適当でないもの**はどれか。

(1)　セメント及びセメント系固化材を用いて土質改良を行う場合は，六価クロム溶出試験を実施し，六価クロム溶出量が土壌環境基準以下であることを確認する。

(2)　自然由来の重金属などが基準を超え溶出する発生土は，盛土の底部に用いることにより，調査や対策を行うことなく利用することができる。

(3)　ガラ混じり土は，土砂としてではなく全体を産業廃棄物として判断される可能性が高いため，都道府県などの環境部局などに相談して有効利用することが望ましい。

(4)　泥土は，土質改良を行うことにより十分利用が可能であるが，建設汚泥に該当するものを利用する場合は，「廃棄物の処理及び清掃に関する法律」に従った手続きが必要である。

《R1-4》

**14**

建設発生土の利用に関する次の記述のうち，**適当でないもの**はどれか。

(1)　建設発生土を工作物の埋戻し材に用いる場合は，供用開始後に工作物との間にすきまや段差が生じないように圧縮性の小さい材料を用いなければならない。

(2)　建設発生土を安定処理して裏込め材として利用する場合は，安定処理された土は一般的に透水性が高くなるので，裏面排水工は，十分な排水能力を有するものを設置する。

(3)　道路の路体盛土に第1種から第3種建設発生土を用いる場合は，巨礫などを取り除き粒度分布に留意すれば，一般的な場合そのまま利用が可能である。

(4)　道路の路床盛土に第3種及び第4種建設発生土を用いる場合は，締固めを行っても強度が不足するおそれがあるので，一般的にセメントや石灰などによる安定処理が行われる。

《H30-4》

**15**

建設発生土を盛土に利用する際の留意点に関する次の記述のうち，**適当でないもの**はどれか。

(1)　道路の路体盛土に用いる土は，敷均し・締固めの施工が容易で，かつ締め固めた後の強さが大きく，雨水などの侵食に対して強く，吸水による膨潤性が低いことなどが求められる。

(2)　締固めに対するトラフィカビリティーが確保できない場合は，水切り・天日乾燥，強制脱水，良質土混合などの土質改良を行うことが必要である。

(3)　道路の路床盛土に第3種及び第4種建設発生土を用いる場合は，締固めを行っても強度が不足するおそれがあるので一般的にセメントや石灰などによる安定処理が行われる。

(4)　道路の路床盛土に第1種及び第2a種建設発生土のような細粒分が多く含水比の高い土を用いる場合は，砂質系土などを混合することにより締固め特性を改善することができる。

《R2-4》

**16**
建設発生土を工作物の埋戻しに利用する際の留意点に関する次の記述のうち，**適当でないもの**はどれか。

ただし，「工作物の埋戻し」とは，道路その他の地表面下に埋設，又は構築した各種埋設物を埋め戻すことをいう。

(1) 埋戻しに用いる土は，道路の供用後に工作物との間に隙間や段差が生じないように圧縮性の小さい材料を用いなければならない。

(2) 建設発生土を安定処理して使う場合は，一般に原位置に改良材を敷き均しておいてから，スタビライザー等により対象土と改良材を混合しなければならない。

(3) 埋戻し材の最大粒径に関する基準は，所定の締固め度が得られるとともに，埋設物への損傷防止のための配慮も含まれているため，埋設物の種類によって異なる。

(4) 埋戻しに用いる土は，埋戻し材上部に路盤・路床と同等の支持力を要求される場合もあるので，使用場所に応じて材料を選定する。

《R3-4》

**解説**

**13** (2) 重金属などの基準を超え溶出する発生土は，**対策を行うことなく使用してはならない。**

**14** (2) **安定処理された土は，透水性が小さくなる**ので，裏面排水工は，排水能力を有するものを設置する。

**15** (4) **建設発生土の第1種は，砂質土，礫，第2種は，砂質土，礫質土及びこれに準ずるもの**で，含水比の高い土は含まれない。

**16** (2) **別な場所で対象土と改良材を混合し，性能を確認**して使用する。

**試験によく出る重要事項**

建設発生土の土質区分は原則としてコーン指数と土質材料の工学的分類体系（㈳地盤工学会）を指標とし，次表のように，**第1種～第4種および泥土**の5つに分類されている。

**土質区分基準**

| 区　　分 | コーン指数 $q_c$（kN/m²） | 土質材料の工学的分類 |
| --- | --- | --- |
| 第1種建設発生土 | — | 礫，砂質土 |
| 第2種建設発生土 | 800 以上 | 礫質土，砂質土 |
| 第3種建設発生土 | 400 以上 | 砂質土，粘性土，火山灰質粘性土 |
| 第4種建設発生土 | 200 以上 | 砂質土，粘性土，火山灰質粘性土，有機質土 |
| 泥土 | 200 未満 | 砂質土，粘性土，火山灰質粘性土，有機質土 |

土木一般

## ●1・1・5　土工機械

出題頻度 低 ■■□□□□ 高

**17**

道路の盛土に用いる締固め機械に関する次の記述のうち，**適当なもの**はどれか。

(1)　振動ローラは，締固めによっても容易に細粒化しない岩塊などの締固めに有効である。

(2)　ブルドーザは，細粒分は多いが鋭敏比の低い土や低含水比の関東ロームなどの締固めに有効である。

(3)　タイヤローラは，単粒度の砂や細粒度の欠けた切込砂利などの締固めに有効である。

(4)　ロードローラは，細粒分を適度に含み粒度が良く締固めが容易な土や山砂利などの締固めに有効である。

《H29-3》

**18**

トータルステーションを利用した情報化施工による盛土工に関する次の記述のうち，**適当でないもの**はどれか。

(1)　情報化施工による工法規定方式の施工管理では，使用する締固め機械の種類，締固め回数，走行軌跡が綿密に把握できるようになり，採用が増えている。

(2)　締固め管理システムは，トータルステーションと締固め機械との視通を遮るようなことが多い現場であっても広く適用できるというメリットがある。

(3)　情報化施工による盛土の締固め管理では，土質が変化した場合や締固め機械を変更した場合，改めて試験施工を実施し，所定の締固め回数を定めなければならない。

(4)　締固め機械の走行軌跡による締固め管理は，締固め機械の走行軌跡を自動追跡することによって，所定の締固め回数が確認でき，踏み残し箇所を大幅に削減できる。

《H28-4》

**19**

建設機械に関する次の記述のうち，**適当でないもの**はどれか。

(1)　機械施工における施工単価は，機械の運転1時間当たり機械経費と運転1時間当たりの作業量の比であり，運転時間当たりの作業量を増やすと安くなる。

(2)　機械損料は，通常その稼働状況に応じて，運転時間当たりの損料と供用日当たりの損料に分けて適用するのが合理的とされている。

(3)　機械損料に含まれる維持修理費は，機械の効用を持続するために必要な整備，修理の費用で，運転経費を含むものである。

(4)　機械損料に含まれる管理費は，機械を保有していくために必要な自賠責保険や車両保険などの保険料，自動車税や固定資産税などの租税公課などの経費で，機械の稼働に関係なく必要となる固定費である。

《H23-2》

**20** 土工作業に用いる建設機械に関する次の記述のうち，**適当でないもの**はどれか。

(1) ブルドーザは，運搬距離 60m 以下の掘削押土に適している。

(2) 自走式スクレーパやダンプトラックが一般に適応できる運搬路の勾配は，25％以下である。

(3) ダンプトラックの運搬走行が可能な地盤のコーン指数は，1,200kN/m² 以上である。

(4) ショベル系掘削機とダンプトラックの組合せは，一般に，運搬距離 100m 程度以上の運搬に有効である。

《H19-3》

<hr>

解説

**17** (1) 記述は，適当である。

(2) **ブルドーザ**は，水分を過剰に含んだ砂質土，関東ローム等，高含水比で鋭敏性の高い土の締固めに有効である。

(3) **タイヤローラ**は，砂質土，山砂利，まさ土などの締固めに有効である。

(4) **ロードローラ**は，粒度調整材料，切込砂利，礫混り砂などに適している。

**18** (2) **トータルステーション**と**締固め機械**の視通が遮るような場所では適用できない。

**19** (3) 機械の効用を維持するために必要な整備，修理費用で，**運転経費は含まない**。

**20** (2) **自走式スクレーパ**や**ダンプトラック**は，**10％以下**の作業に用いる。

━━━━ 試験によく出る重要事項 ━━━━

## 土工機械の主な特徴

① **ランマー・タンパ**：狭い場所，法肩などに用いる。人力で移動させる小型振動締固め機。

② **ロードローラ**：平滑な仕上り面を作る。2 軸 3 輪のマカダムローラと 2 軸 2 輪のタンデムローラとがある。

③ **タイヤローラ**：空気圧やバラストの調整で，タイヤの線圧を変化できる。

④ **タンピングローラ**：突起をつけたローラの締固め機。岩塊や粘性土の締固めに適している。

⑤ **モーターグレーダ**：整地・敷均し，のり面掘削（バンクカット）に用いる。

⑥ **振動ローラ**：ロードローラに比べ，小型でも，高い締固め効果が得られる。

⑦ **ブルドーザ**：掘削・運搬・締固め作業に用いる。押し土距離は 60 m 以下。

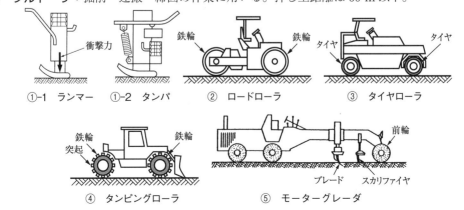

①-1 ランマー　　①-2 タンパ　　② ロードローラ　　③ タイヤローラ

④ タンピングローラ　　⑤ モーターグレーダ

土木一般

## ● 1・1・6　法面保護工，地下排水工

出題頻度　低 ■■■■□□ 高

**21**
法面保護工の施工に関する次の記述のうち，**適当でないもの**はどれか。
(1) 植生土のう工は，法枠工の中詰とする場合には，施工後の沈下やはらみ出しが起きないように，土のうの表面を平滑に仕上げる。
(2) 種子散布工は，各材料を計量した後，水，木質材料，浸食防止材，肥料，種子の順序でタンクへ投入し，十分攪拌して法面へムラなく散布する。
(3) モルタル吹付工は，吹付けに先立ち，法面の浮石，ほこり，泥等を清掃した後，一般に菱形金網を法面に張り付けてアンカーピンで固定する。
(4) ブロック積擁壁工は，原則として胴込めコンクリートを設けない空積で，水平方向の目地が直線とならない谷積で積み上げる。　　　　　　　　　　　　　　　《R5-2》

**22**
法面保護工の施工に関する次の記述のうち，**適当でないもの**はどれか。
(1) モルタル吹付工は，法面の浮石，ほこり，泥等を清掃し，モルタルを吹き付けた後，一般に菱形金網を法面に張り付けてアンカーピンで固定する。
(2) 植生マット工は，法面の凹凸が大きいと浮き上がったり風に飛ばされやすいので，あらかじめ凹凸をならして設置する。
(3) 植生土のう工は，法枠工の中詰とする場合には，施工後の沈下やはらみ出しが起きないように，土のうの表面を平滑に仕上げる。
(4) コンクリートブロック枠工は，枠の交点部分には，所定の長さのアンカーバー等を設置し，一般に枠内は良質土で埋め戻し，植生で保護する。　　　　　　　　《R4-2》

**23**
道路土工における地下排水工に関する次の記述のうち，**適当でないもの**はどれか。
(1) しゃ断排水層は，降雨による盛土内の浸透水を排水するため，路盤よりも下方に透水性の極めて高い荒目の砂利，砕石を用い，適切な厚さで施工する。
(2) 水平排水層は，盛土内部の間隙水圧を低下させて盛土の安定性を高めるため，透水性の良い材料を用い，適切な排水勾配及び層厚を確保し施工する。
(3) 基盤排水層は，地山から盛土への水の浸透を防止するため，地山の表面に砕石又は砂等の透水性が高く，せん断強さが大きい材料を用い，適切な厚さで施工する。
(4) 地下排水溝は，主に盛土内に浸透してくる地下水や地表面近くの浸透水を排水するため，山地部の沢部を埋めた盛土では，旧沢地形に沿って施工する。　　《R5-4》

**24**
法面保護工の施工に関する次の記述のうち，**適当でないもの**はどれか。
(1) 種子散布工は，各材料を計量した後，水，木質材料，侵食防止材，肥料，種子の順序でタンクへ投入し，十分攪拌して法面へムラなく散布する。
(2) 植生マット工は，法面が平滑だとマットが付着しにくくなるので，あらかじめ法面に凹凸を付けて設置する。

> (3) モルタル吹付工は，吹付けに先立ち，法面の浮石，ほこり，泥等を清掃した後，一般に菱形金網を法面に張り付けてアンカーピンで固定する。
>
> (4) コンクリートブロック枠工は，枠の交点部分に所定の長さのアンカーバー等を設置し，一般に枠内は良質土で埋め戻し，植生で保護する。

《R3-2》

### 解説

**21** (4) 原則として胴込めコンクリートを設ける**錬積み**とする。

**22** (1) モルタルの**吹付け前**に，一般に菱形金網を法面に張り付けてアンカーピンで固定する。

**23** (1) しゃ断排水層は，**地下水位が高い場合**に盛土内への浸透水を排水するため，路盤よりも下方に透水性の極めて高い荒目の砂利，砕石を用い，適切な厚さで施工する。

**24** (2) あらかじめ法面を**平滑に仕上げてから施工**する。

### 試験によく出る重要事項

#### 法面保護工の目的・特徴

① **植生による保護**：侵食防止，緑化，凍土崩落防止。張芝工・筋芝工・客土吹付工・植生マット工

② **構造物による保護**

　ア　風化・浸食，表面水の浸透防止：モルタル・コンクリート吹付工，ブロック張工。

　イ　ある程度の土圧対応：ブロック積み擁壁工，コンクリート擁壁工。

　ウ　すべり・滑動防止：補強土工，ロックボルト工，グラウンドアンカー工。

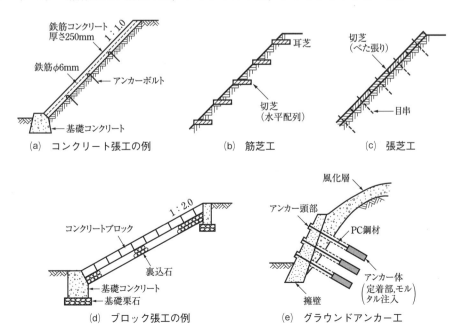

(a) コンクリート張工の例　　(b) 筋芝工　　(c) 張芝工

(d) ブロック張工の例　　(e) グラウンドアンカー工

土木一般

## ● 1・1・7　軟弱地盤対策工法

出題頻度 低■■■■■高

**25** 軟弱地盤上における道路盛土の施工に関する次の記述のうち，**適当でないもの**はどれか。

(1) 盛土荷重の載荷による軟弱地盤の変形は，非排水せん断変形による沈下及び隆起・側方変位と，圧密による沈下とからなる。

(2) 盛土は，現地条件等を把握したうえで，工事の進捗状況や地盤の挙動，土工構造物の品質，形状・寸法を確認しながら施工を行う必要がある。

(3) 盛土の施工中は，雨水の浸透を防止するため，施工面に数％の横断勾配をつけて，表面を平滑に仕上げる。

(4) サンドマット施工時や盛土高が低い間は，局部破壊を防止するため，盛土中央から法尻に向かって施工する。

《R5-5》

**26** 軟弱地盤対策工法に関する次の記述のうち，**適当でないもの**はどれか。

(1) サンドマット工法は，軟弱地盤上の表面に砕石を薄層に敷設することで，軟弱層の圧密のための上部排水の促進と，施工機械のトラフィカビリティーの確保を図るものである。

(2) 緩速載荷工法は，できるだけ軟弱地盤の処理を行わない代わりに，圧密の進行に合わせ時間をかけてゆっくり盛土することで，地盤の強度増加を進行させて安定を図るものである。

(3) サンドドレーン工法は，透水性の高い砂を用いた砂柱を地盤中に鉛直に造成し，水平方向の排水距離を短くして圧密を促進することで，地盤の強度増加を図るものである。

(4) 表層混合処理工法は，表層部分の軟弱なシルト・粘土とセメントや石灰等とを撹拌混合して改良することで，地盤の安定やトラフィカビリティーの改善等を図るものである。

《R4-5》

**27** 道路土工に用いられる軟弱地盤対策工法に関する次の記述のうち，**適当でないもの**はどれか。

(1) 締固め工法は，地盤に砂などを圧入又は動的な荷重を与え地盤を締め固めることにより，液状化の防止や支持力増加をはかるなどを目的とするもので，振動棒工法などがある。

(2) 固結工法は，セメントなどの固化材を土とかくはん混合し地盤を固結させることにより，変形の抑制，液状化防止などを目的とするもので，サンドコンパクションパイル工法などがある。

(3) 荷重軽減工法は，軽量な材料による荷重軽減や地盤の挙動に対応しうる構造体をつくることにより，全沈下量の低減，安定性確保などを目的とするもので，カルバート工法などがある。

(4) 圧密・排水工法は，地盤の排水や圧密促進によって地盤の強度を増加させることにより，道路供用後の残留沈下量の低減をはかるなどを目的とするもので，盛土載荷重工法などがある。

《R2-5》

**28** 軟弱地盤対策工法に関する次の記述のうち，**適当でないもの**はどれか。

(1) サンドコンパクションパイル工法は，地盤内に鋼管を貫入して管内に砂等を投入し，振動により締め固めた砂杭を地中に造成することにより，支持力の増加等を図るものである。

(2) ディープウェル工法は，地盤中の地下水位を低下させることにより，それまで受けていた浮力に相当する荷重を下層の軟弱層に載荷して，地盤の強度増加等を図るものである。

(3) 深層混合処理工法は，原位置の軟弱土と固化材を攪拌混合することにより，地中に強固な柱体状等の安定処理土を形成し，すべり抵抗の増加や沈下の低減を図るものである。

(4) 表層混合処理工法は，表層部分の軟弱なシルト・粘土と固化材とを攪拌混合して改良することにより，水平方向の排水距離を短くして圧密を促進し，地盤の強度増加を図るものである。

《R3-5》

---

### 解説

**25** (4) 盛土の法尻から盛土中央に向かって施工する。

**26** (1) サンドマット工法は，良質な砂を 0.5 ～ 1.2m 程度敷設することで，トラフィカビリティーを確保する。

**27** (2) 固結工法には，石灰パイル工法，深層混合処理工法などがある。

**28** (4) 施工機械のトラフィカビリティを確保することが目的である。

---

#### 試験によく出る重要事項

### 軟弱地盤対策工法

| 工法 | 工法の種類 | 説明 |
|---|---|---|
| 表層処理工法 | 敷設材工法<br>表層混合処理工法<br>表層排水工法<br>サンドマット工法 | 軟弱地盤の表面にジオテキスタイルなどを敷き広げる。地盤の表面を石灰やセメントで処理してトラフィカビリティを改善する。サンドマットはトラフィカビリティの改善，圧密促進の排水層としても用いる。 |
| 載荷重工法 | 押さえ盛土工法<br>プレローディング工法 | 盛土のすべり側に押さえの盛土を行う。予め，地盤に盛土などで荷重をかけ，圧密を促進させた後，荷重を除去し，構造物の基礎とする。 |
| 排水工法 | 地下水低下工法 | ウエルポイント工法・ディープウエル工法などで地下水を強制排水し，有効応力を増加させる。 |
| バーチカルドレーン工法 | サンドドレーン工法<br>ペーパードレーン工法 | 地盤に排水路として鉛直砂柱やカードボードを設置し，地中の圧密排水距離を短縮して圧密沈下を促進し，強度を増加させる。 |
| 固化工法 | 深層混合処理工法<br><br>薬液注入工法 | 軟弱地盤層の土をセメント・石灰などと混合攪拌し，強度を増加させる。<br>地盤中に薬液を注入し，透水性の減少と地盤強度の増加を図る。 |
| 置換工法 | 全面置換工法<br>部分置換工法 | 軟弱層を掘削除去し，良質土で置き換える。<br>軟弱層が比較的浅い場合に用いられる。 |
| 締固め | サンドコンパクションパイル工法<br><br>バイブロフローテーション工法，ロッドコンパクション工法 | 振動機を用いて地盤内に砂杭を造成して周辺地盤を締め固める。液状化抵抗を増大させる。<br>ゆるい砂地盤中に棒状の振動体を貫入し，砂地盤を締め固める。水噴射による水締めを併用する場合もある。 |

土木一般

## ● 1・1・8 補強土工法，液状化対策

出題頻度 低■□□□□□高

**29**

ジオテキスタイルを用いた補強盛土の施工に関する次の記述のうち，**適当でないもの**はどれか。

(1) 盛土に用いる材料は，含水比試験などを適宜行うほか，最大粒径を超える岩塊が混入しないように管理する。

(2) 補強盛土の基礎底面は，摩擦効果を高めるため尖った礫などを使用し不陸を残した仕上面とする。

(3) 盛土の施工中の表面排水処理は，盛土の安定性や施工性を向上させるため，一般に盛土の表面に排水溝に向かって数％の勾配をつける。

(4) 補強盛土のサンドイッチ工法は，低品質の盛土材とジオテキスタイルによる排水層とを交互に盛り立てる。

《H25-5》

**30**

補強盛土工法の中で，ジオテキスタイルを利用した工法の特長に関する次の記述のうち，**適当でないもの**はどれか。

(1) 軟弱地盤の盛土においては，ジオテキスタイルを利用することによりトラフィカビリティが確保され，機械転圧を行うことができる。

(2) 浸食を受けやすい土で築造される盛土においては，ジオテキスタイルを利用して盛土の浸食抵抗を高めることができる。

(3) 急勾配盛土においては，ジオテキスタイルを盛土中に敷設することにより盛土の安定性の向上を図ることができる。

(4) ジオテキスタイルを現場で敷設・縫合するためには，特殊な大型機械を必要とするが，養成などが不要で工期を短くすることができる。

《H22-5》

**31**

地盤の液状化の対策工法に関する次の記述のうち，**適当でないもの**はどれか。

(1) サンドコンパクションパイル工法は，振動機を用いて地盤内に砂杭を造成して周辺地盤を締め固めることにより，地盤全体として液状化に対する抵抗を増大させるものである。

(2) グラベルドレーン工法は，地盤に礫や人工材料を用いて壁状や円柱状のドレーンを設置し，地盤内の密度を増大させることにより液状化を防止するものである。

(3) ディープウェル工法は，地盤の地下水をポンプで排水し地下水位を低下させることにより，液状化の発生する可能性を軽減するものである。

(4) 深層混合処理工法は，地盤内に安定材をかくはん混合して化学的に改良し液状化に対する抵抗を増大させるものである。

《H24-5》

**解説**

**29**　(2)　補強盛土の基礎底面は，摩擦効果を高めるため，良質な砂質土を用いる。

**30**　(4)　**ジオテキスタイル**の施工には，特殊な**大型機械は必要としない**。

**31**　(2)　**グラベルドレーン工法**は，砕石のような透水性の優れた材料を砂地盤中に打設しその排水効果を利用して，地震時に生じる過剰間隙水圧を抑制するとともに消散を早め，地盤の液状化を防止する工法である。

**試験によく出る重要事項**

## 補強土工法の種類と特徴

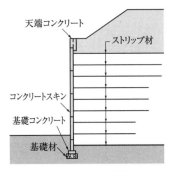

テールアルメ工法（例）

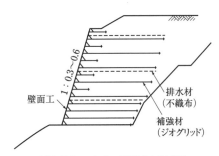

ジオテキスタイル補強土工法（例）

## 1・2　コンクリート工

### ● 1・2・1　各種セメントと混和材

出題頻度　低■■■■■□高

**1**

コンクリートに用いるセメントに関する次の記述のうち，**適当でないもの**はどれか。

(1)　普通ポルトランドセメントは，幅広い工事で使用されているセメントで，小規模工事や左官用モルタルでも使用される。

(2)　早強ポルトランドセメントは，初期強度を要するプレストレストコンクリート工事等に使用される。

(3)　中庸熱ポルトランドセメントは，水和熱を抑制することが求められるダムコンクリート工事等に使用される。

(4)　耐硫酸塩ポルトランドセメントは，製鉄所から出る高炉スラグの微粉末を混合したセメントで，海岸など塩分が飛来する環境に使用される。

《R5-7》

**2**

コンクリート用混和材料に関する次の記述のうち，**適当でないもの**はどれか。

(1)　フライアッシュを適切に用いると，コンクリートのワーカビリティーを改善し単位水量を減らすことができることや水和熱による温度上昇の低減等の効果を期待できる。

(2)　膨張材を適切に用いると，コンクリートの乾燥収縮や硬化収縮等に起因するひび割れ発生を低減できる。

(3)　石灰石微粉末を用いると，ブリーディングの抑制やアルカリシリカ反応を抑制する等の効果がある。

(4)　高性能AE減水剤を用いると，コンクリート温度や使用材料等の諸条件の変化に対して，ワーカビリティー等が影響を受けやすい傾向にある。

《R5-8》

**3**

混和材を用いたコンクリートの特徴に関する次の記述のうち，**適当なもの**はどれか。

(1)　普通ポルトランドセメントの一部を高炉スラグ微粉末で置換すると，コンクリートの湿潤養生期間を短くすることができ，アルカリシリカ反応の抑制効果が期待できる。

(2)　普通ポルトランドセメントの一部を良質のフライアッシュで置換すると，単位水量を大きくする必要があるが，長期強度の増進が期待できる。

(3)　膨張材を適切に用いると，コンクリートの乾燥収縮や硬化収縮等に起因するひび割れの発生を低減できる。

(4)　シリカフュームを適切に用いると，単位水量を減少させることができ，AE減水剤の使用量を減らすことができる。

《R3-7》

**4** 混和材を用いたコンクリートの特徴に関する次の記述のうち，**適当でないもの**はどれか。

(1) 普通ポルトランドセメントの一部をフライアッシュで置換すると，単位水量を減らすことができ長期強度の増進や乾燥収縮の低減が期待できる。

(2) 普通ポルトランドセメントの一部をシリカフュームで置換すると，水密性や化学抵抗性の向上が期待できる。

(3) 普通ポルトランドセメントの一部を膨張材で置換すると，コンクリートの温度ひび割れ抑制やアルカリシリカ反応の抑制効果が期待できる。

(4) 細骨材の一部を石灰石微粉末で置換すると，材料分離の低減やブリーディングの抑制が期待できる。

《R1-7》

土木一般

**解説**

**1** (4) 製鉄所から出る高炉スラグの微粉末を混合したセメントで，海岸など塩分が飛来する環境に使用されるのは，**高炉セメント**である。

**2** (3) 石灰石微粉を用いると，ブリーディングや材料分離を抑制する等の効果はあるが，**アルカリシリカ反応の抑制はできない。**

**3** (1) 湿潤養生期間を**長く**する必要がある。

(2) 単位水量を**大きくする必要はない。**

(3) 記述は，適当である。

(4) **AE 減水剤**を併用することにより所要の流動性を得る。

**4** (3) **膨張剤**は，アルカリシリカ反応の抑制効果は期待できない。

=========== 試験によく出る重要事項 ===========

**1. 混和材**

① **フライアッシュ**：ワーカビリティを改善する。

② **高炉スラグ微粉末**：潜在水硬性を利用。

③ **けい酸質微粉末**：オートクレーブ養生で高強度を生じさせる。

④ **石灰石微粉末**：材料分離やブリーディングを減少させる。

**2. 混和剤**

① **AE 剤**：凍結融解に対する抵抗性は増大するが，強度は低下する。

② **減水剤**：ワーカビリティを改善し，強度も増大する。単位水量を減少する。

③ **膨張剤**：ひび割れを防ぐため，水密性を要する構造物に使用する。

④ **防せい剤**：鉄筋の防せいのために用いる。

⑤ **流動化剤**：品質を変えずに，スランプを大きくする。

土木一般

## ● 1·2·2 コンクリート用骨材

出題頻度 低■■■■■■高

**5** コンクリート用骨材に関する次の記述のうち，**適当でないもの**はどれか。

(1) 異なる種類の細骨材を混合して用いる場合の吸水率については，混合後の試料で吸水率を測定し規定と比較する。

(2) 凍結融解の繰返しに対する骨材品質の適否の判定は，硫酸ナトリウムによる骨材の安定性試験方法によって行う。

(3) 砕石を用いた場合にワーカビリティーの良好なコンクリートを得るためには，砂利を用いた場合に比べて単位水量を大きくする必要がある。

(4) 粗骨材は，清浄，堅硬，劣化に対する抵抗性を持ったもので，耐火性を必要とする場合には，耐火的な粗骨材を用いる。

《R5-6》

**6** コンクリート用骨材に関する次の記述のうち，**適当でないもの**はどれか。

(1) 砂は，材料分離に対する抵抗性を持たせるため，粘土塊量が2.0％以上のものを用いなければならない。

(2) 同一種類の骨材を混合して使用する場合は，混合した後の絶乾密度の品質が満足されている場合でも，混合する前の各骨材について絶乾密度の品質を満足しなければならない。

(3) JIS A 5021 に規定されるコンクリート用再生粗骨材Hは，吸水率が3.0％以下でなければならない。

(4) 凍結融解の繰返しによる気象作用に対する骨材の安定性を判断するための試験は，硫酸ナトリウムの結晶圧による破壊作用を応用した試験方法により行われる。

《R2-6》

**7** コンクリート用細骨材の品質に関する次の記述のうち，**適当でないもの**はどれか。

(1) 砕砂は，粒形判定実積率試験により粒形の良否を判定し，角ばりの形状はできるだけ小さく，細長い粒や扁平な粒の少ないものを選定する。

(2) 砕砂に含まれる微粒分の石粉は，コンクリートの単位水量を増加させ，材料分離が顕著となるためできるだけ含まないようにする。

(3) 細骨材中に含まれる多孔質の粒子は，一般に密度が小さく骨材の吸水率が大きいため，コンクリートの耐凍害性を損なう原因となる。

(4) 異なる種類の細骨材を混合して用いる場合の塩化物量については，混合後の試料で塩化物量を測定し規定に適合すればよい。

《R4-6》

**8** コンクリート用粗骨材に関する次の記述のうち、**適当でないもの**はどれか。

(1) 砕石を用いた場合は、ワーカビリティーの良好なコンクリートを得るためには、砂利を用いた場合と比べて単位水量を小さくする必要がある。

(2) コンクリートの耐火性は、骨材の岩質による影響が大きく、石灰岩は耐火性に劣り、安山岩等の火山岩系のものは耐火性に優れる。

(3) 舗装コンクリートに用いる粗骨材の品質を評価する試験方法として、ロサンゼルス試験機による粗骨材のすりへり試験がある。

(4) 再生粗骨材Mの耐凍害性を評価する試験方法として、再生粗骨材Mの凍結融解試験方法がある。

《R3-6》

---

**解説**

**5** (1) それぞれの試料で吸水率を測定し規定と比較する。

**6** (1) 砂は、粘土塊量が1.0%以下のものを用いなければならない。

**7** (2) 砕砂に含まれる微粒分の石粉は、**材料分離を抑制する効果がある**ので、3～5%混入していることが望ましい。

**8** (1) 単位水量を大きくする必要がある。

---

**試験によく出る重要事項**

## コンクリート用骨材

① **骨材の基本的条件**：清浄・堅硬、適度な粒形・粒度をもち、**粘度塊**や有機不純物などを含まないこと。

② **細骨材**：5 mm 網ふるいを質量で85%以上通過する骨材

③ **粗骨材**：5 mm 網ふるいを質量で85%以上とどまる骨材

④ **粗骨材の最大寸法**：質量で、少なくとも骨材の90%が通過するときの、最小のふるい目の寸法

⑤ **粗骨材の粒径**：球形に近いものがよい。

⑥ **粒径実績判定率**：実績率の大きい骨材は、適度な粒径・粒度をもつ、よい骨材である。細骨材に砕砂を用いる場合は、54%以上、粗骨材に砕石を用いる場合は、56%以上でなければならない。

⑦ **再生骨材**：品質によりH、M、Lに区分され、JISにより制定されている。Hはレディーミクストコンクリート用、Mは杭、基礎梁など乾燥収縮や凍結融解の影響を受けない部分、Lは捨てコンクリートなどに使用する。

⑧ **骨材の試験**：安定性試験は、骨材の耐凍害性についての品質を調べる試験。骨材のアルカリシリカ反応性試験（化学法あるいはモルタルバー法）は、アルカリシリカ反応に対する骨材の無害を判定する試験。

土木一般

## ● 1・2・3　配合設計

**9**　コンクリートの品質に関する次の記述のうち，**適当でないもの**はどれか。

(1)　コンクリートポンプを用いる場合には，管内閉塞が生じないように，単位粉体量や細骨材率をできるだけ小さくする。

(2)　単位セメント量が増加しセメントの水和に起因するひび割れが問題となる場合には，セメントの種類の変更や，石灰石微粉末等の不活性な粉体を用いることを検討する。

(3)　所要の圧縮強度を満足するよう配合設計する場合は，セメント水比と圧縮強度の関係がある程度の範囲内で直線的になることを利用する。

(4)　所要の水密性を満足するよう配合設計する場合は，水セメント比を小さくし，単位水量を低減させる。

《R4-7》

**10**　コンクリートの配合に関する次の記述のうち，**適当でないもの**はどれか。

(1)　水セメント比は，コンクリートに要求される強度，耐久性等を考慮して，これらから定まる水セメント比のうちで，最も小さい値を設定する。

(2)　単位水量が大きくなると，材料分離抵抗性が低下するとともに，乾燥収縮が増加する等，コンクリートの品質が低下する。

(3)　スランプは，運搬，打込み，締固め等の作業に適する範囲内で，できるだけ大きくなるように設定する。

(4)　コンクリートの計画配合が配合条件を満足することを実績等から確認できる場合，試し練りを省略できる。

《R4-9》

**11**　コンクリートの配合に関する次の記述のうち，**適当でないもの**はどれか。

(1)　水セメント比は，コンクリートに要求される強度，耐久性及び水密性等を考慮して，これらから定まる水セメント比のうちで，最も大きい値を設定する。

(2)　単位水量が大きくなると，材料分離抵抗性が低下するとともに，乾燥収縮が増加する等コンクリートの品質が低下する。

(3)　スランプは，運搬，打込み，締固め等の作業に適する範囲内で，できるだけ小さくなるように設定する。

(4)　空気量が増すとコンクリートの強度は小さくなる傾向にあり，コンクリートの品質に影響することがある。

《R3-9》

**12**　コンクリートの配合に関する次の記述のうち，**適当でないもの**はどれか。

(1)　水セメント比は，コンクリートに要求される強度，耐久性及び水密性などを考慮して，これらから定まる水セメント比のうちで，最も小さい値を設定する。

(2)　空気量が増すとコンクリートの強度は大きくなるが，コンクリートの品質のばらつきも大きくなる傾向にある。

（3） スランプは，運搬，打込み，締固めなどの作業に適する範囲内で，できるだけ小さくなるように設定する。

（4） 単位水量が大きくなると，材料分離抵抗性が低下するとともに，乾燥収縮が増加するなどコンクリートの品質が低下する。

《R2-9》

**13** コンクリートの配合に関する次の記述のうち，**適当でないもの**はどれか。

（1） AE コンクリートは，微細な空気泡による所要の空気量を確保することにより耐凍害性の改善効果が期待できる。

（2） 細骨材率は，骨材全体の体積の中に占める細骨材の体積の割合で，所要のワーカビリティーが得られる範囲内で単位水量ができるだけ小さくなるように設定する。

（3） 水セメント比は，その値が小さくなるほど，強度，耐久性，水密性は高くなるが，その値をあまり小さくすると単位セメント量が大きくなり水和熱や自己収縮が増大する。

（4） 単位水量は，作業ができる範囲内でできるだけ小さくなるようにし，単位水量が大きくなると材料分離抵抗性が低下するとともに乾燥収縮が減少する。

《H28-7》

---

**解説**

**9** （1） 単位粉体量や細骨材率を**一定以上確保**する。

**10** （3） スランプは，作業に適する範囲内で，**できるだけ小さくなるように**設定する。

**11** （1） 水セメント比は，**最も小さい値**を設定する。

**12** （2） 空気量が増すとコンクリートの**強度は小さくなる**。

**13** （4） 単位水量は，大きくなると**乾燥収縮が増加する**。

---

**試験によく出る重要事項**

配合設計

① **粗骨材**：粗骨材の寸法が小さいほど，水の付着する骨材の表面積が多くなるので，単位水量は増加する。

② **空気量**：コンクリートの圧縮強度は，空気量の増加1％について，4 〜 6％減少する。

③ **水セメント比**：ワーカビリティが得られる範囲で，できるだけ小さくする。

④ **スランプ値**：打込み作業等に適する範囲内で，できるだけ小さくする。

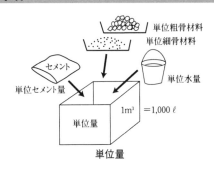
単位粗骨材料
単位細骨材料
セメント
単位水量
単位セメント量
1m³ ＝1,000ℓ
単位量
単位量

土木一般

## ●1·2·4　コンクリートの施工

**14**　コンクリートの打込みに関する次の記述のうち，**適当なもの**はどれか。

(1)　型枠内に打ち込んだコンクリートは，材料分離を防ぐため，棒状バイブレータを用いてコンクリートを横移動させながら充てんする。

(2)　コンクリート打込み時にシュートを用いる場合は，縦シュートではなく斜めシュートを標準とする。

(3)　コールドジョイントの発生を防ぐためのコンクリートの許容打重ね時間間隔は，外気温が高いほど長くなる。

(4)　コンクリートの打上がり面に帯水が認められた場合は，型枠に接する面が洗われ，砂すじや打上がり面近くにぜい弱な層を形成するおそれがあるので，スポンジやひしゃくなどで除去する。

《R1-8》

**15**　コンクリートの打込み・締固めに関する次の記述のうち，**適当なもの**はどれか。

(1)　コンクリート打込み時にシュートを用いる場合は，斜めシュートを標準とする。

(2)　打ち込んだコンクリートの粗骨材が分離してモルタル分が少ない部分があれば，その分離した粗骨材をすくい上げてモルタルの多いコンクリートの中に埋め込んで締め固める。

(3)　型枠内に打ち込んだコンクリートは，材料分離を防ぐため，棒状バイブレータを用いてコンクリートを横移動させながら充填する。

(4)　コールドジョイント発生を防ぐための許容打重ね時間間隔は，外気温が高いほど長くなる。

《R5-10》

**16**　コンクリートの打込み・締固めに関する次の記述のうち，**適当でないもの**はどれか。

(1)　打ち込むコンクリートと接する型枠面から水分が吸われると，コンクリート品質の低下などがあるので，吸水するおそれのあるところは，あらかじめ湿らせておく。

(2)　打ち込んだコンクリートの粗骨材が分離してモルタル分が少ない部分があれば，その分離した粗骨材をすくい上げてモルタルの多いコンクリートの中に埋め込んで締め固める。

(3)　コンクリートを打ち重ねる場合は，上層と下層が一体となるよう，棒状バイブレータを下層コンクリート中に10cm程度挿入して締め固める。

(4)　締固めを行う際は，あらかじめ棒状バイブレータの挿入間隔及び1箇所当たりの振動時間を定め，振動時間が経過した後は，棒状バイブレータをコンクリートから素早く引き抜く。

《R2-8》

**17** コンクリートの打込みに関する次の記述のうち，**適当でないもの**はどれか。

(1) コンクリートの打込み時にシュートを用いる場合は，縦シュートを標準とする。

(2) スラブのコンクリートが壁，又は柱のコンクリートと連続している場合には，壁，又は柱のコンクリートの沈下がほぼ終了してからスラブのコンクリートを打ち込むことを標準とする。

(3) コールドジョイントの発生を防ぐための許容打重ね時間間隔は，外気温が高いほど長くなる。

(4) 1回の打込み面積が大きく許容打重ね時間間隔の確保が困難な場合には，階段状にコンクリートを打ち込むことが有効である。

《R3-8》

**解説**

**14** (1) 打ち込んだコンクリートは，**横移動させてはならない。**

(2) シュートを用いる場合は，**縦シュートを標準**とする。

(3) 許容打重ね時間間隔は，**外気温が高いほど短く**なる。

(4) 記述は，適当である。

**15** (1) **縦シュートを標準**とする。

(2) 記述は，適当である。

(3) 棒状バイブレータを用いてコンクリートを**横移動させてはならない。**

(4) 許容打重ね時間間隔は，**外気温が高いほど短く**なる。

**16** (4) **棒状バイブレータ**は，コンクリートから**ゆっくり引き抜く。**

**17** (3) **外気温が高いほど短く**なる。（25℃以下で 2.5H，25℃超えるとき 2H）。

--- 試験によく出る重要事項 ---

## コンクリートの打込み

① **打込み時間**：練り始めから打込み完了までは，外気温が 25℃ を超えるときは 1.5 時間，25℃ 以下のときは 2.0 時間以内とする。許容打ち重ね時間は，これに 30 分を加えることができる。

② **1 層の打込み高さ**：40 ～ 50 cm。落下高は 1.5 m 以下とする。

③ **打上がり速度**：30 分で 1 ～ 1.5 m 程度以下とする。

④ **締固め**：棒状内部振動機を用いることを原則とする。

⑤ **振動機の差込み**：振動機は 50 cm 以下の間隔で鉛直に挿入し，5 ～ 10 秒振動させ，跡が残らないようゆっくりと引き抜く。2 層以上に分けて打ち込む場合は，振動機を下層のコンクリートに 10 cm 程度挿入して，一体化をはかる。

⑥ **再振動時期**：再振動はコンクリートの硬化前で，再振動のできる範囲でなるべく遅い時期とする。

⑦ **シュート**：シュートを使用する場合は，縦シュートを原則とする。

⑧ **水の排除**：浮き出た水はスポンジなどで排除する。コンクリート表面は水平になるよう打ち込む。

土木一般

## ● 1·2·5　養生

出題頻度　低■■■■■□高

**18**

コンクリートの養生に関する次の記述のうち，**適当でないもの**はどれか。

(1)　マスコンクリートの養生では，コンクリート部材内外の温度差が大きくならないようにコンクリート温度をできるだけ緩やかに外気温に近づけるため，断熱性の高い材料で保温する。

(2)　日平均気温が15℃以上の場合，コンクリートの湿潤養生期間の標準は，普通ポルトランドセメント使用時で5日，早強ポルトランドセメント使用時で3日である。

(3)　日平均気温が4℃以下になることが予想されるときは，初期凍害を防止できる強度が得られるまでコンクリート温度を5℃以上に保つ。

(4)　コンクリートに給熱養生を行う場合は，熱によりコンクリートからの水の蒸発を促進させ，コンクリートを乾燥させるようにする。

《R4-8》

**19**

コンクリートの養生に関する次の記述のうち，**適当なもの**はどれか。

(1)　膨張材を用いた収縮補償用コンクリートは，乾燥収縮ひび割れが発生しにくいので，一般的に早強ポルトランドセメントを用いたコンクリートと比べて湿潤養生期間を短縮することができる。

(2)　高流動コンクリートは，ブリーディングが通常のコンクリートに比べて少なく保水性に優れるため，打込み表面をシートや養生マットで覆わなくてもプラスティック収縮ひび割れは防止できる。

(3)　マスコンクリート部材では，型枠脱型時に十分な散水を行い，コンクリート表面の温度をできるだけ早く下げるのがよい。

(4)　寒中コンクリートにおいて設定する養生温度は，部材断面が薄い場合には，初期凍害防止の観点から，標準の養生温度よりも高く設定しておくのがよい。

《R1-11》

**20**

コンクリートの養生に関する次の記述のうち，**適当なもの**はどれか。

(1)　混合セメントB種を用いたコンクリートの湿潤養生期間の標準は，普通ポルトランドセメントを用いたコンクリートと同じ湿潤養生期間である。

(2)　日平均気温が4℃以下になることが予想されるときは，初期凍害を防止できる強度が得られるまでコンクリート温度を0℃以上に保つ。

(3)　コンクリートの露出面に対して，まだ固まらないうちに散水やシート養生などを行う場合には，コンクリート表面を荒らさないで作業ができる程度に硬化した後に開始する。

(4)　マスコンクリート構造物において，打込み後に実施するパイプクーリング通水用の水は，0℃を目処にできるだけ低温にする。

《R2-11》

**21** コンクリートの養生に関する次の記述のうち，適当でないものはどれか。

(1) 高流動コンクリートは，プラスティック収縮ひび割れが生じやすい傾向があり，表面の乾燥を防ぐ対策を行う。

(2) 膨張コンクリートは，所要の強度発現及び膨張力を得るために，打ち込み後，湿潤状態に保つことがきわめて重要である。

(3) マスコンクリート部材では，型枠脱型時に十分な散水を行い，コンクリート表面の温度をできるだけ早く下げるのがよい。

(4) 養生のため型枠を取り外した後にシートやフィルムによる被覆を行う場合は，できるだけ速やかに行う。

《R3-11》

土木一般

---

**解説**

**18** (4) 熱によるコンクリートからの蒸発を抑え，散水などで，コンクリートを乾燥させないようにする。

**19** (1) 膨張剤を用いたコンクリートは，湿潤養生期間を長くする。

(2) 高流動化コンクリートは，表面をシートや養生マットで覆ったり，水を噴霧するなどの対策をする。

(3) コンクリートの表面温度をできるだけ徐々に下げる必要がある。

(4) 記述は，適当である。

**20** (1) 普通ポルトランドセメントを用いたコンクリートより湿潤養生期間を長くする。

(2) 初期凍害の防止強度が得られるまで5℃以上を保ち，養生終了後においても2日間は0℃以上を保つ。

(3) 記述は，適当である。

(4) コンクリートの温度と通水温度の差は20℃程度以下とする。

**21** (3) コンクリートの表面の温度をゆっくり下げるのがよい。

---

**試験によく出る重要事項**

## 養生

(1) **養生期間の標準**

| 日平均気温 | 普通ポルトランドセメント | 混合セメントB種 | 早強ポルトランドセメント |
|---|---|---|---|
| 15℃以上 | 5日 | 7日 | 3日 |
| 10℃以上 | 7日 | 9日 | 4日 |
| 5℃以上 | 9日 | 12日 | 5日 |

(2) **養生方法**

① **湿潤養生**：露出面をマットや布で覆った上に散水して湿潤状態を保つ。

② **膜養生**：膜材料を散布し，表面に膜を形成させる。打継目や鉄筋に付着しないように注意して，均一に十分な量を散布する。

③ **高圧蒸気養生**：オートクレーブという高圧容器内において蒸気養生するもので，1日で所要の強度は得られるが，その後の強度の増進は，期待できない。主に工場製品に用いる。

土木一般

## ●1·2·6　特殊コンクリート・フレッシュコンクリート

**22** 暑中コンクリートに関する次の記述のうち，**適当なもの**はどれか。
(1) 暑中コンクリートでは，コールドジョイントの発生防止のため，減水剤，AE減水剤及び流動化剤について遅延形のものを用いる。
(2) 暑中コンクリートでは，練上がりコンクリートの温度を高くするために，なるべく高い温度の練混ぜ水を用いる。
(3) 暑中コンクリートでは，運搬中のスランプの低下や連行空気量の減少等の傾向があり，打込み時のコンクリート温度の上限は，40℃以下を標準とする。
(4) 暑中コンクリートでは，練混ぜ後できるだけ早い時期に打ち込まなければならないことから，練混ぜ開始から打ち終わるまでの時間は，2時間以内を原則とする。《R4-10》

**23** 暑中コンクリートに関する次の記述のうち，**適当でないもの**はどれか。
(1) 暑中コンクリートでは，運搬中のスランプの低下や連行空気量の増加などの傾向があり，打込み時のコンクリート温度の上限は，35℃以下を標準とする。
(2) 暑中コンクリートでは，練上がり温度の10℃の上昇に対し，所要のスランプを得るために単位水量が2〜5％増加する傾向がある。
(3) 暑中コンクリートでは，コールドジョイントの発生防止のため，減水剤，AE減水剤及び流動化剤について遅延形のものを用いる。
(4) 暑中コンクリートでは，練上がりコンクリートの温度を低くするために，なるべく低い温度の練混ぜ水を用いる。《R1-9》

**24** 寒中コンクリート及び暑中コンクリートの施工に関する次の記述のうち，**適当でないもの**はどれか。
(1) コンクリートの施工時，日平均気温が，4℃以下になることが予想される場合は，寒中コンクリートとしての施工を行わなければならない。
(2) 寒中コンクリートでは，保温養生あるいは給熱養生終了後に急に寒気にさらすと，表面にひび割れが生じるおそれがあるので，適当な方法で保護し表面の急冷を防止する。
(3) 日平均気温が25℃を超える時期にコンクリートを施工することが想定される場合には，暑中コンクリートとしての施工を行うことを標準とする。
(4) 暑中コンクリートでは，コールドジョイントの発生防止のため，減水剤，AE減水剤については，促進形のものを用いる。《R5-9》

**25** 施工条件が同じ場合に，型枠に作用するフレッシュコンクリートの側圧に関する次の記述のうち，**適当でないもの**はどれか。
(1) コンクリートの温度が高いほど，側圧は小さく作用する。
(2) コンクリートの単位重量が大きいほど，側圧は大きく作用する。

　(3)　コンクリートの打上がり速度が大きいほど，側圧は大きく作用する。
　(4)　コンクリートのスランプが大きいほど，側圧は小さく作用する。

《R4-11》

**解説**

**22**　(1)　記述は，適当である。
　(2)　練上がりコンクリートの温度を**低くするため，温度の低い練混ぜ水を用いる。**
　(3)　打込み時のコンクリート温度の上限は，**35℃以下を標準**とする。
　(4)　練混ぜ開始から打ち終わるまでの時間は，**1.5 時間以内**とする。

**23**　(1)　連行空気量の減少などの傾向があり，**温度の上限は，35℃以下を標準**とする。

**24**　(4)　減水剤，ＡＥ減水剤については，**遅延形のものを用いる。**

**25**　(4)　コンクリートのスランプが大きいほど，**側圧は大きく作用**する。

---

**試験によく出る重要事項**

**1．暑中コンクリート**

①　**日平均気温が 25℃を超えるとき**は，暑中コンクリートとする。
②　AE 減水剤遅延型を用いる。
③　コンクリートの練始めから打込みの終了まで 1.5 時間以内とする。
④　コンクリートの打込み温度は，35℃以下とする。
⑤　24 時間は連続湿潤養生し，5 日間常時散水養生して乾燥を防止する。

**2．寒中コンクリート**

①　**日平均気温が 4℃以下**と予想されるときは，寒中コンクリートとする。
②　普通ポルトランドセメントまたは早強ポルトランドセメントを用いる。
③　打込み温度は 5 ～ 20℃の範囲とし，一般に 10℃を標準とする。
④　コンクリート打込み後，初期凍結を防止するため防風する。
⑤　所定強度 5 N/mm² が得られるまで 5℃以上を保ち，さらに，養生終了後においても 2 日間は 0℃以上を保つ。

**3．マスコンクリート**

①　フライアッシュセメント，中庸熱ポルトランドセメント，高炉セメントを用いる。
②　AE 減水剤遅延型を用いる。
③　温度ひび割れを防止するため，スチレンボードや発泡スチロールで覆う。
④　単位セメント量，単位水量をできるだけ少なくする。

## ● 1・2・7 コンクリートのひび割れ

**26**

コンクリート構造物の温度ひび割れの抑制に関する次の記述のうち，**適当なもの**はどれか。

(1) マスコンクリートの養生では，コンクリート温度をできるだけ緩やかに外気温に近づけるようにし，必要以上の散水は避ける。

(2) コンクリートの練上がり温度を下げるためには，骨材の温度を下げるよりも，練混ぜ水の温度を下げる方が効果は大きい。

(3) マスコンクリートのパイプクーリングにおいて通水する水は，冷却効果を高めるためにできるだけ温度を下げておくことが望ましい。

(4) ひび割れ誘発目地を設ける場合は，目地部のひび割れ幅が過大とならぬよう，断面欠損率をできるだけ小さく設定することが望ましい。

《H30-10》

**27**

コンクリートの乾燥収縮に関する次の記述のうち，**適当でないもの**はどれか。

(1) 骨材に付着している粘土の量が多い場合には，コンクリートの単位水量が増加し乾燥収縮は大きくなる。

(2) 一般に所要のワーカビリティを得るために必要な単位水量は，最大寸法の大きい粗骨材を用いれば少なくでき，乾燥収縮を小さくできる。

(3) 同一単位水量の AE コンクリートでは，空気量が多いほど乾燥収縮は小さい。

(4) 同一水セメント比のコンクリートでは，単位水量が大きいほど乾燥収縮は大きい。

《H24-8》

**28**

下図の「図−a」「図−b」は，コンクリートに発生したひび割れ状況を示したものである。それぞれのひび割れの原因の組合せとして次のうち，**適当なもの**はどれか。

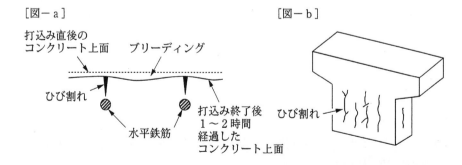

[図−a] 打込み直後のコンクリート上面　ブリーディング　ひび割れ　水平鉄筋　打込み終了後 1〜2時間経過したコンクリート上面

[図−b] ひび割れ

| | ［図−a］ ひび割れの原因 | ［図−b］ ひび割れの原因 |
|---|---|---|
| (1) | コンクリートの乾燥収縮 | 凍結融解の繰返し |
| (2) | コンクリートの沈下 | 凍結融解の繰返し |
| (3) | コンクリートの乾燥収縮 | セメントの水和熱 |
| (4) | コンクリートの沈下 | セメントの水和熱 |

《H21-6》

**29**

コンクリートの収縮及びひび割れ防止に関する次の記述のうち，**適当でないもの**はどれか。

(1) 温度ひび割れを防止するためには，単位セメント量をできるだけ少なくするのがよい。

(2) 沈下ひび割れを防止するためには，単位水量の少ない配合とすることが有効である。

(3) 自己収縮ひずみは，水セメント比の大きい範囲で大きくなるので，低強度コンクリートにおいて自己収縮ひずみによるひび割れに注意が必要である。

(4) ブリーディングの少ない高強度コンクリートでは，プラスティック収縮ひび割れを防止するため，打込み後の水分逸散防止に心がけるのがよい。

《H22-6》

**解説**

**26** (1) 記述は，適当である。

(2) 骨材の温度を下げる方が，練混ぜ水の温度を下げるより効果が大きい。

(3) コンクリートの温度と通水温度の差は **20℃程度以下** とする。

(4) **断面欠損率**をできるだけ大きく設定することが望ましい。

**27** (3) **空気量が多いほど乾燥収縮は大きい。**

**28** (4) 図−aは**沈みひび割れ**で，図−bはセメントの**水和熱によるひび割れ**と推定される。

**29** (3) 高強度コンクリートにおいて，**自己収縮ひずみによるひび割れ**に注意を要する。

**試験によく出る重要事項**

## コンクリートの主なひび割れ要因と対策

① **温度ひび割れ**：セメントの水和作用に伴う発熱によってコンクリート温度が上昇し，初期においては，コンクリート表面と内部との温度差による拘束（**内部拘束**），その後，コンクリートの温度降下時に地盤や既設コンクリートによって受ける拘束（**外部拘束**）などにより発生するひび割れ。

**対策**：熱の発生を抑えるため，単位セメント量を減らす。水和熱の小さいセメントを使用する。

② **乾燥収縮によるひび割れ**：コンクリート中のセメントペーストが乾燥によって収縮する過程で，内部または外部から拘束を受けることにより発生するひび割れ。

③ **沈下ひび割れ**：打設時に，コンクリートの沈降が鉄筋や異形部などで留められ，沈み込みの続く部分に引っ張られ，引張り力の働くところからひび割れが発生する現象。

**対策**：単位水量を小さくして，ブリーディングを少なくする。打設後，再振動やタンピングを行う。

④ **自己収縮によるひび割れ**：硬化の初期段階で，コンクリートの水和反応の進行に伴い，コンクリート・モルタル・セメントペーストの体積が減少し，収縮する現象によるひび割れ。水セメント比の小さい範囲で大きくなるので，水セメント比の小さい高強度コンクリートは，自己収縮ひずみによるひび割れに注意。

⑤ **プラスティック収縮ひび割れ**：打込み直後の，まだ固まっていないプラスティック（可塑）状態のコンクリートにおいて，急激な水分蒸発によってコンクリート表面がこわばり，収縮することで発生するひび割れ。

**対策**：打込み後は，速やかにシートや養生マットでコンクリートの表面を覆い，水分の逸散を防止し，散水養生や膜養生を行う。

土木一般

土木一般

## ●1・2・8　鉄筋の加工

出題頻度　低■■■■□□高

**30**

鉄筋の継手に関する次の記述のうち，**適当でないもの**はどれか。

(1)　重ね継手は，所定の長さを重ね合せて，直径 0.8 mm 以上の焼なまし鉄線で数箇所緊結する。

(2)　重ね継手の重ね合わせ長さは，鉄筋直径の 20 倍以上とする。

(3)　ガス圧接継手における鉄筋の圧接端面は，軸線に傾斜させて切断する。

(4)　手動ガス圧接の場合，直近の異なる径の鉄筋の接合は，可能である。

《R5-11》

**31**

鉄筋の加工・組立に関する次の記述のうち，**適当なもの**はどれか。

(1)　鉄筋を組み立ててからコンクリートを打ち込む前に生じた浮きさびは，除去する必要がある。

(2)　鉄筋を保持するために用いるスペーサーの数は必要最小限とし，1 m² 当たり 1 個以下を目安に配置するのが一般的である。

(3)　型枠に接するスペーサーは，防錆処理が施された鋼製スペーサーとする。

(4)　施工継目において一時的に曲げた鉄筋は，所定の位置に曲げ戻す必要が生じた場合，600℃ 程度で加熱加工する。

《R2-10》

**32**

鉄筋の重ね継手に関する次の記述のうち，**適当でないもの**はどれか。

(1)　横方向鉄筋の継手は，鉄筋を直接接合する継手を用いることとし，原則として重ね継手を用いてはならない。

(2)　重ね継手を設ける場合は，コンクリートのゆきわたりをよくするために，できるだけ同一断面に集中して配置する。

(3)　重ね継手部分を焼なまし鉄線で緊結する際の焼なまし鉄線を巻く長さは，コンクリートと鉄筋の付着強度が低下しないよう，適切な長さとし，必要以上に長くしない。

(4)　継足しのために構造物から露出させておく鉄筋は，セメントペーストを塗ったり，高分子材料の皮膜で包んだりして，損傷，腐食などから保護しなければならない。

《R1-10》

**33**

鉄筋の組立て・継手に関する次の記述のうち，**適当でないもの**はどれか。

(1)　鉄筋を組み立ててから長時間経過した場合には，コンクリートを打ち込む前に，付着を害するおそれのある浮き錆等を取り除かなければならない。

(2)　エポキシ樹脂塗装鉄筋は，腐食が生じにくいため，加工及び組立てで損傷が生じても補修を行わなくてよい。

(3)　重ね継手における重ね合わせ長さは，鉄筋径が大きい場合は，鉄筋径が小さい場合より長い。

土木一般

(4) 型枠に接するスペーサは，本体コンクリートと同等程度以上の品質を有するモルタル製あるいはコンクリート製とすることを原則とする。

《R3-10》

**解説**

**30** (3) ガス圧接継手における鉄筋の圧接端面は，**軸線に直角**に切断する。

**31** (1) 記述は，適当である。

(2) はり，床版等で 1 m² 当たり 4 個以上，壁・柱で 1 m² 当たり 2 〜 4 個程度とする。

(3) **型枠に接するスペーサは，モルタルまたはコンクリート製**とする。

(4) **鉄筋は，曲げ戻しは行わないことを原則**とするが，どうしても曲げ戻すときは，900 〜 1000 ℃程度で加熱加工する。

**32** (2) **重ね継手**を設ける場合は，**できるだけ同一断面に集めてはならない**。

**33** (2) 損傷が生じた場合は，**補修を行わなければならない**。

**━━ 試験によく出る重要事項 ━━**

## 1. 鉄筋加工の留意点

① 鉄筋の曲げ加工は，**常温で行う**ことを原則とする。

② 溶接した鉄筋の曲げ加工は，溶接個所から 10 φ以上離れた位置で行う。

③ 一度，曲げ加工した鉄筋は，**曲げ戻しをしない**。

④ 鉄筋加工後の全長 $L$ は，± 20 mm 以内であること。

## 2. エポキシ樹脂塗装鉄筋

① 保護対策なしで，3 ヶ月以上放置してはならない。

② **1 mm² 以上の損傷**は，**補修をしなければならない**。

③ 補修方法には，塗料の塗布，ホットメルト，防食テープ巻きつけなどがある。

④ コンクリートとの付着強度は，無塗装鉄筋の 85％程度である。

## 1·3　基礎工

### ● 1·3·1　基礎形式の種類・直接基礎

出題頻度　低■■■■□□高

**1**　道路橋で用いられる基礎形式の種類とその特徴に関する次の記述のうち，**適当でない**ものはどれか。

(1)　ケーソン基礎の場合，鉛直荷重に対しては，基礎底面地盤の鉛直地盤反力のみで抵抗させることを原則とする。

(2)　支持杭基礎の場合，水平荷重は杭のみで抵抗させ，鉛直荷重は杭とフーチング根入れ部分で抵抗させることを原則とする。

(3)　鋼管矢板基礎の場合，圧密沈下が生じると考えられる地盤への打設は，負の周面摩擦力等による影響を考慮して検討しなければならない。

(4)　直接基礎の場合，通常，フーチング周面の摩擦抵抗はあまり期待できないので，鉛直荷重は基礎底面地盤の鉛直地盤反力のみで抵抗させなければならない。　《R5-12》

**2**　道路橋下部工における直接基礎の施工に関する次の記述のうち，**適当でない**ものはどれか。

(1)　直接基礎のフーチング底面は，支持地盤に密着させ，せん断抵抗を発生させないように処理を行う。

(2)　直接基礎のフーチング底面に突起をつける場合は，均しコンクリート等で処理した層を貫いて十分に支持層に貫入させる。

(3)　基礎地盤が砂地盤の場合は，基礎底面地盤を整地したうえで，その上に栗石や砕石を配置するのが一般的である。

(4)　基礎地盤が岩盤の場合は，基礎底面地盤にはある程度の不陸を残して，平滑な面としないようにしたうえで均しコンクリートを用いる。　《R4-12》

**3**　構造物の基礎に関する次の記述のうち，**適当でない**ものはどれか。

(1)　橋梁下部の直接基礎の支持層は，砂層及び砂礫層では十分な強度が，粘性土層では圧密のおそれのない良質な層が，それぞれ必要とされるため，沖積世の新しい表層に支持させるとよい。

(2)　橋梁下部の杭基礎は，支持杭基礎と摩擦杭基礎に区分され，長期的な基礎の変位を防止するためには一般に支持杭基礎とするとよい。

(3)　斜面上や傾斜した支持層などに擁壁の直接基礎を設ける場合は，基礎地盤として不適な地盤を掘削し，コンクリートで置き換えて施工することができる。

(4)　表層は軟弱であるが，比較的浅い位置に良質な支持層がある地盤を擁壁の基礎とする場合は，良質土による置換えを行い，改良地盤を形成してこれを基礎地盤とすることができる。　《R2-12》

土木一般

**4** 道路橋の直接基礎の施工に関する次の記述のうち，**適当でないもの**はどれか。

(1) 直接基礎の底面は，支持地盤に密着させることで，滑動抵抗を十分に期待できるように処理しなければならない。

(2) 基礎地盤が砂地盤の場合は，基礎底面地盤を整地し，その上に栗石や砕石を配置するのが一般的である。

(3) 基礎地盤が岩盤の場合は，均しコンクリートと地盤が十分にかみ合うよう，基礎底面地盤にはある程度の不陸を残し，平滑な面としないように配慮する。

(4) 岩盤を切り込んで直接基礎を施工する場合は，水平抵抗を期待するためには，掘削したずりで埋め戻さなければならない。

《R1-15》

---

**解説**

**1** (2) 支持杭基礎の場合，**鉛直荷重は杭のみで抵抗**させ，**水平荷重は杭とフーチング根入れ部分で抵抗**させることを原則とする。

---

**2** (1) フーチング底面は，せん断抵抗を**発生させるように処理**する。

---

**3** (1) 直接基礎の支持層は，粘性土の場合は**洪積世**に支持させる。

---

**4** (4) 岩盤を切り込んで施工する場合は，**掘削したずりで埋め戻してはならない**。

---

**試験によく出る重要事項**

**直接基礎**

① 直接基礎は，深さ5mより浅い部分に支持地盤がある場合に採用する。

② 支持地盤となるのは，**岩盤・砂地盤では N 値 30 以上**，**粘性土地盤は N 値 20 以上**とする。支持層の厚さは，直接基礎の幅以上あるものとする。

③ 直接基礎のすべりは，底面直下の地盤のせん断破壊である。

　　底面の摩擦力だけでは，地震時の水平力に抵抗できないときは，突起を設ける。

④ 床付け面の最終掘削は，人力で行う。一般に支持層面は平坦にする。普通地盤では割栗石をたたき込み，摩擦力を確保する。岩盤面は，粗にし，貧配合の均しコンクリートを打つ。

⑤ 掘削終了後は，支持層面の風化や緩みを防止するため，速やかに均しコンクリートを打つ。できない場合は，シートなどで覆いをしておく。

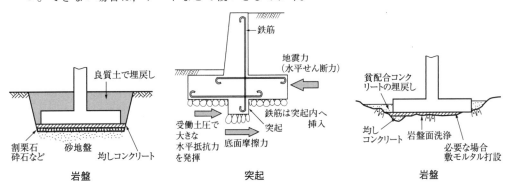

岩盤　　　　　　　　　突起　　　　　　　　　岩盤

土木一般

## ● 1·3·2 既製杭

出題頻度 低■■■■■■高

**5** 中掘り杭工法の施工に関する次の記述のうち，**適当なもの**はどれか。

(1) 杭の沈設後，スパイラルオーガや掘削用ヘッドを引上げる場合は，負圧の発生によるボイリングを引き起こさないために急速に引上げるのがよい。

(2) コンクリート打設方式による杭先端処理を行う場合は，コンクリート打設前に杭内面をブラシや高圧水などで清掃・洗浄し，土質などに応じた適切な方法でスライムを処理するとよい。

(3) 最終打撃方式により杭先端処理を行う場合，中掘りから打込みへの切替えは，時間を空けて杭を安定させてから行うのがよい。

(4) 中間層が比較的硬質で沈設が困難な場合は，一般に杭先端部にフリクションカッターを取り付けるとともに，杭径程度以上の拡大掘りを行い，周面摩擦力を低減させるとよい。

《R2-13》

**6** 既製杭の支持層の確認，及び打止め管理に関する次の記述のうち，**適当でないもの**はどれか。

(1) 打撃工法では，支持杭基礎の場合，打止め時一打当たりの貫入量及びリバウンド量等が，試験杭と同程度であることを確認する。

(2) 中掘り杭工法のセメントミルク噴出攪拌方式では，支持層付近で掘削速度を極力一定に保ち，掘削抵抗値を測定・記録することにより確認する。

(3) プレボーリング杭工法では，積分電流値の変化が試験杭とは異なる場合，駆動電流値の変化，採取された土の状態，事前の土質調査の結果や他の杭の施工状況等により確認する。

(4) 回転杭工法では，回転速度，付加する押込み力を一定に保ち，回転トルク（回転抵抗値）とN値の変化を対比し，支持層上部よりも回転トルクが減少していることにより確認する。

《R5-13》

**7** 既製杭の施工に関する次の記述のうち，**適当でないもの**はどれか。

(1) プレボーリング杭工法の掘削速度は，硬い地盤ではロッドの破損等が生じないように，軟弱地盤では周りの地盤への影響を考慮し，試験杭により判断する。

(2) 中掘り杭工法の先端処理方法のセメントミルク噴出攪拌方式は，所定深度まで杭を沈設した後に，セメントミルクを噴出して根固部を築造する。

(3) プレボーリング杭工法の掘削は，掘削液を掘削ヘッドの先端から吐出して地盤の掘削抵抗を増大させるとともに孔内を泥土化し，孔壁を軟化させながら行う。

(4) 中掘り杭工法の先端処理方法の最終打撃方式は，途中まで杭の沈設を中掘り工法で行い，途中から打撃に切り替えて打止めを行う。

《R4-13》

〈p.34～35の解答〉 **正解** **1** (2)，**2** (1)，**3** (1)，**4** (4)

**8**  既製杭の施工に関する次の記述のうち，適当なものはどれか。

(1) プレボーリング杭工法では，あらかじめ推定した支持層にオーガ先端が近づいたら，オーガ回転数やオーガ推進速度をできるだけ速くして施工することが必要である。

(2) 中掘り杭工法では，先端部にフリクションカッターを取り付けて掘削・沈設するが，中間層が比較的硬質で沈設が困難な場合は，杭径以上の拡大掘りを行う。

(3) プレボーリング杭工法では，杭を埋設する際，孔壁を削ることのないように確実に行い，ソイルセメントが杭頭部からあふれ出ることを確認する必要がある。

(4) 中掘り杭工法では，杭先端処理を最終打撃方式で行う際，中掘りから打込みへの切替えは，時間を空けて断続的に行う。

《R3-13》

**解説**

**5** (1) スパイラルオーガや掘削用ヘッドの引き上げは，**ゆっくり引き上げる**。

(2) 記述は，適当である。

(3) **最終打撃方式**により杭先端処理を行う場合は，中掘りから打込みへの切替えは，**すみやかに行う**。

(4) **拡大掘り**は，極力行わない。

**6** (4) 回転トルクとN値の変化を対比し，支持層上部よりも**回転トルクが増加**していることにより確認する。

**7** (3) 地盤の掘削抵抗を**減少させ，孔壁の崩壊を防止**させながら行う。

**8** (1) オーガ回転数や推進速度を**できるだけゆっくりにして施工する**。

(2) 杭径以上の**拡大掘りで行ってはならない**。

(3) 記述は，適当である。

(4) 中掘りから打込みへの**切替**は，**すみやかに行う**。

**試験によく出る重要事項**

**1. 既製杭の施工管理**

① 既製杭の建込み間隔は2.5D以上とし，セオドライト2台で直角方向から杭の鉛直性を確認し軸線をあわせる。

② 打込み順序は，既設構造物のあるときは，構造物に近い方から遠ざかる方向に，ないときは中央から端部に向けて打設する。

③ 現場アーク溶接は，気温5℃以下，風速10 m /s以上のときは作業を中止する。

④ 打止めは，1打当たりの貫入量が2～10 mmを目安とする。

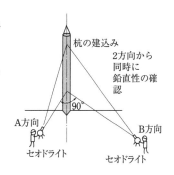

杭の建込み

**2. 埋込み杭工法**

① プレボーリング工法，中掘り工法，ジェット工法などがある。

② 最終的には，打撃，根固めコンクリート，根固めモルタルなどの処置をする。

## ●1・3・3　場所打ち杭

**9** 場所打ち杭工法の施工に関する次の記述のうち，**適当でないもの**はどれか。

(1)　オールケーシング工法の掘削では，孔壁の崩壊防止等のために，ケーシングチューブの先端が常に掘削底面より上方にあるようにする。

(2)　オールケーシング工法では，鉄筋かごの最下端には軸方向鉄筋が自重により孔底に貫入することを防ぐため，井桁状に組んだ底部鉄筋を配置するのが一般的である。

(3)　リバース工法では，トレミーによる孔底処理を行うことから，鉄筋かごを吊った状態でコンクリートを打ち込むのが一般的である。

(4)　リバース工法では，安定液のように粘性があるものを使用しないため，一次孔底処理により泥水中のスライムはほとんど処理できる。

《R5-14》

**10** 場所打ち杭工法の施工に関する次の記述のうち，**適当なもの**はどれか。

(1)　アースドリル工法では，掘削土で満杯になったドリリングバケットを孔底からゆっくり引き上げると，地盤との間にバキューム現象が発生する。

(2)　場所打ち杭工法のコンクリート打込みは，一般に泥水中等で打込みが行われるので，水中コンクリートを使用し，トレミーを用いて打ち込む。

(3)　アースドリル工法の支持層確認は，掘削速度や掘削抵抗等の施工データを参考とし，ハンマグラブを一定高さから落下させたときの土砂のつかみ量も判断基準とする。

(4)　場所打ち杭工法の鉄筋かごの組立ては，一般に鉄筋かご径が小さくなるほど変形しやすくなるので，補強材は剛性の大きいものを使用する。

《R4-14》

**11** 場所打ち杭工法の施工に関する次の記述のうち，**適当でないもの**はどれか。

(1)　オールケーシング工法では，コンクリート打込み時に，一般にケーシングチューブの先端をコンクリートの上面から所定の深さ以上に挿入する。

(2)　オールケーシング工法では，コンクリート打込み完了後，ケーシングチューブを引き抜く際にコンクリートの天端が下がるので，あらかじめ下がり量を考慮する。

(3)　リバース工法では，安定液のように粘性があるものを使用しないため，泥水循環時においては粗粒子の沈降が期待でき，一次孔底処理により泥水中のスライムはほとんど処理できる。

(4)　リバース工法では，ハンマグラブによる中掘りをスタンドパイプより先行させ，地盤を緩めたり，崩壊するのを防ぐ。

《R2-14》

**12**
場所打ち杭工法における支持層の確認及び支持層への根入れに関する次の記述のうち，**適当なもの**はどれか。

(1) リバース工法の場合は，ハンマグラブにより掘削した土の土質と深度を設計図書及び土質調査試料等と比較し，支持層を確認する。

(2) アースドリル工法の場合は，一般にホースから排出される循環水に含まれた土砂を採取し，設計図書及び土質調査試料等と比較して，支持層を確認する。

(3) オールケーシング工法の根入れ長さの確認は，支持層を確認したのち，地盤を緩めたり破壊しないように掘削し，掘削完了後に深度を測定して行う。

(4) 深礎工法の支持層への根入れは，支持層を確認したのち基準面を設定したうえで必要な根入れ長さをマーキングし，その位置まで掘削機が下がれば掘削完了とする。

《R3-14》

---

**解説**

**9** (1) ケーシングチューブの先端が常に**掘削底面より下方**にあるようにする。

**10** (1) バケットを**急速に引き上げる**と，バキューム現象が発生する。

(2) 記述は，適当である。

(3) アースドリル工法では，**回転バケットを使用**し，ハンマグラブは使用しない。

(4) 鉄筋かご径が**大きいほど変形**するので，補強材は剛性の大きいものを使用する。

**11** (4) **回転ビット**により掘削を行う。

**12** (1) **リバース工法**は，**回転ビット**で掘削を行う。

(2) **アースドリル工法**は，**回転バケット**で採取した土を柱状図等と照合し支持層への到達を確認する。

(3) 記述は，適当である。

(4) **深礎工法**は，平板載荷試験などで支持力を確認する。

---

### 試験によく出る重要事項

#### 場所打ち杭工法の特徴

| 工 法 名 | オールケーシング工法 | リバースサーキュレーション工法 | アースドリル工法 | 深 礎 工 法 |
|---|---|---|---|---|
| 掘削・排土方式の概要 | ケーシングを振動，圧入させながらハンマグラブで掘削・排土する。 | ドリルパイプ先端のビットを回転させて掘削し，自然泥水の逆環流によって排土する。 | 掘削孔内に安定液を満たしながら，回転バケットで掘削・排土する。 | ライナープレートやナマコ板などをせき板とし，人力等で掘削・排土する。 |
| 掘 削 方 式 | ハンマグラブ | 回転ビット | 回転バケット | 人力等 |
| 孔 壁 保 護 方 式 | ケーシングチューブ | スタンドパイプ 自然泥水 | 安定液 （表層ケーシング） | せき板と土留めリング |
| 付 帯 設 備 | ———— | 自然泥水関係の設備 （スラッシュタンク） | 安定液関係の設備 | やぐら・バケット巻上用ウインチ |

土木一般

## ●1·3·4　ケーソン基礎

出題頻度　低■■■■■高

**13**

ニューマチックケーソン基礎の施工に関する次の記述のうち，**適当でないもの**はどれか。

(1)　ニューマチックケーソンの作業室部のコンクリートは，水密かつ気密な構造となるよう，原則として連続して打ち込まなければならない。

(2)　一般に，ニューマチックケーソンは，1リフトから2リフトくらいの比較的根入れが浅い時期の場合，周面摩擦抵抗や刃口部の支持抵抗力が大きいので，急激な沈下は生じにくい。

(3)　作業気圧 0.1 N/mm² 以上のニューマチックケーソンを施工するにあたっては，ホスピタルロックの設置が必要である。

(4)　中埋めコンクリート施工中は，コンクリートの打込みに伴って気圧が上昇するため，気圧を調節する必要がある。

《H20-14》

**14**

ケーソン基礎の施工に関する次の記述のうち，**適当でないもの**はどれか。

(1)　ニューマチックケーソンでは，刃口下端面より下方は掘り起こさないのが原則であるが，地盤によって掘削しないと沈設が困難な場合には，高気圧作業安全衛生規則では刃口下端面から 1.0 メートルまで掘り下げることができる。

(2)　作業気圧 0.1 メガパスカル以上のニューマチックケーソンを施工する場合には，ホスピタルロックの設置が義務づけられている。

(3)　オープンケーソンの場合，水中掘削を行う際には，ケーソン内の湛水位を地下水位と同程度に保っておかなければならない。

(4)　オープンケーソンの最終沈下直前の掘削にあたっては，中央部の深掘りはできるだけ避けるようにするのがよい。

《H17-13》

**15**

オープンケーソン基礎の施工に関する次の記述のうち，**適当でないもの**はどれか。

(1)　オープンケーソン基礎が沈設時に傾いたときには，ニューマチックケーソンに比べケーソン底部で容易に修正作業ができる。

(2)　沈設完了時の地盤が掘削土から判断して設計時のものと異なり，支持力に不安があると考えられる場合は，ケーソン位置でボーリング等を行い，支持力の確認を行う。

(3)　最終沈下直前の掘削にあたっては，中央部の深掘りは避けるようにするのがよい。

(4)　水中掘削を行う際には，ケーソン内の湛水位を地下水位と同程度に保っておかなければならない。

《H21-14》

**16** 道路橋で用いられる基礎形式の種類とその特徴に関する次の記述のうち，**適当でない**ものはどれか。

(1) 支持杭基礎における杭先端の支持層への根入れの深さは，杭工法によっても異なるものの，設計では少なくとも杭径程度確保することが基本となる。

(2) 鋼管矢板基礎は，打込み工法，又は中掘り工法による先端支持とし，また井筒部の下端拘束を地盤により期待する構造体であるため，支持層への根入れが必要となる。

(3) 摩擦杭基礎は，長期的な鉛直変位について十分な検討を行い，周面摩擦力により所要の支持力が得られるように根入れ深さを確保する必要がある。

(4) ケーソン基礎は，沈設時に基礎周面の摩擦抵抗を大きくできるように構造的な配慮等が行われることから，基礎周面のみで支持することを原則としている。

《R3-12》

土木一般

---

**解説**

**13** (2) ケーソンの移動や**沈下の修正**は，**根入れが浅い時期に実施**する。

**14** (1) 刃口の下方は **50 cm 以上掘り下げてはならない**。

**15** (1) **ニューマチックケーソン**は，基礎底部を人力により掘削し，傾き修正が容易である。

**16** (4) **基礎底面のみで支持することを原則としている。**

---

**試験によく出る重要事項**

**ケーソン工法の比較**

| 項 目 | オープンケーソン | ニューマチックケーソン |
|---|---|---|
| 仮設備 | 割安 | 割高 |
| 安全性 | 問題なし | 高圧下作業（健康障害） |
| 公 害 | 静か | 圧縮空気，排気音 |
| 周辺地盤 | 地下水位低下，地盤緩み | 影響なし |
| 工 期 | 地盤の形状により異なる | 定められる |
| 支持力 | 確認できない | 直接，確認できる |
| 転石処理 | 困難 | 容易 |
| 深 さ | 60 m 程度まで | 地下水位下30m程度まで（大深度工法を除く） |

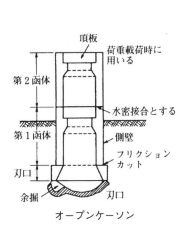

オープンケーソン

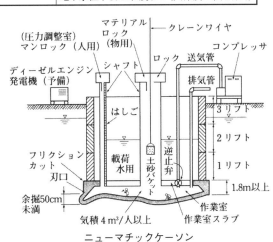

ニューマチックケーソン

## ● 1·3·5　土留め工

**17** 各種土留め工の特徴と施工に関する次の記述のうち，**適当でないもの**はどれか。

(1) アンカー式土留めは，土留めアンカーの定着のみで土留め壁を支持する工法で，掘削周辺にアンカーの打設が可能な敷地が必要である。

(2) 控え杭タイロッド式土留めは，鋼矢板等の控え杭を設置し土留め壁とタイロッドでつなげる工法で，掘削面内に切梁がないので機械掘削が容易である。

(3) 自立式土留めは，切梁，腹起し等の支保工を用いずに土留め壁を支持する工法で，支保工がないため土留め壁の変形が大きくなる。

(4) 切梁式土留めは，切梁，腹起し等の支保工により土留め壁を支持する工法で，現場の状況に応じて支保工の数，配置等の変更が可能である。

《R4-15》

**18** 土留め支保工の施工に関する次の記述のうち，**適当なもの**はどれか。

(1) ヒービングに対する安定性が不足すると予測された場合には，掘削底面下の地盤改良を行い，強度の増加をはかる。

(2) 盤ぶくれに対する安定性が不足すると予測された場合には，地盤改良により不透水層の層厚を薄くするとよい。

(3) ボイリングに対する安定性が不足すると予測された場合には，水頭差を大きくするため，背面側の地下水位を上昇させる。

(4) 土留め壁又は支保工の応力度，変形が許容値を超えると予測された場合には，切ばりのプレロードを解除するとよい。

《R5-15》

**19** 土留め支保工の施工に関する次の記述のうち，**適当なもの**はどれか。

(1) 切ばりは，一般に引張部材として設計されているため，引張応力以外の応力が作用しないように腹起しと垂直にかつ，密着して取り付ける。

(2) 切ばりに継手を設ける場合の継手の位置は，中間杭付近を避けるとともに，継手部にはジョイントプレートなどを取り付けて補強し，十分な強度を確保する。

(3) 腹起しと土留め壁との間は，すきまが生じやすく密着しない場合が多いため，土留め壁と腹起しの間にモルタルやコンクリートを裏込めするなど，壁面と腹起しを密着させる。

(4) 腹起し材の継手部は，弱点となりやすいため，継手位置は応力的に余裕のある切ばりや火打ちの支点から離れた箇所に設ける。

《R2-15》

**20** 土留め工の施工に関する次の記述のうち，**適当でないもの**はどれか。

(1) 腹起し材の継手部は弱点となりやすいため，ジョイントプレートを取り付けて補強し，継手位置は切ばりや火打ちの支点から遠い箇所とする。

(2) 中間杭の位置精度や鉛直精度が低いと，切ばりの設置や本体構造物の施工に支障となるため，精度管理を十分に行う。

(3) タイロッドの施工は，水平，又は所定の角度で，原則として土留め壁に直角になるように正確に取り付ける。

(4) 数段の切ばりがある場合には，掘削に伴って設置済みの切ばりに軸力が増加し，ボルトに緩みが生じることがあるため，必要に応じ増締めを行う。

《R3-15》

### 解説

**17** (1) アンカー式土留めは，周辺地盤に定着させた土留めアンカーと掘削側の地盤の抵抗で土留め壁を支持する。

**18** (1) 記述は，適当である。

(2) 地盤改良により**不透水層の層厚を厚く**する。

(3) 水頭差を**小さく**するため，**背面側の地下水圧を低下**させる。

(4) 切ばりの**プレロードを導入**する。

**19** (1) 切ばりは，一般に**圧縮部材として設計**されている。

(2) 継手の位置は，**中間杭付近に近づける**。

(3) 記述は，適当である。

(4) 腹起し材の継手位置は，**切ばりや火打ちの支点に近い箇所**に設ける。

**20** (1) 腹起し材の**継手位置**は，**切ばりや火打ちの支点に近い箇所**に設ける。

### 試験によく出る重要事項

**土留めの破壊要因と安全対策**

① **ボイリング**：掘削底面の砂が浸透水流とともに流され，掘削底面に噴出する現象。

**対策**：(ア) 土留め壁の根入れ深さを長くし，浸透経路の抵抗を大きくする。(イ) 地下水位を下げ，水頭差を小さくする。(ウ) 地盤改良で，地下水の回り込みを遮断する。

② **ヒービング**：軟弱な粘性土の掘削において，掘削背面の土の重量や荷重ですべり破壊が生じ，掘削底面が破壊し盛り上がる現象。

**対策**：(ア) 背面地盤の土をすき取り，荷重を減らす。(イ) 土留め壁の根入れを長くし，剛性を増す。(ウ) 地盤改良で土のせん断力を増す。

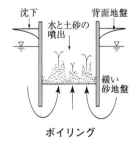

ボイリング

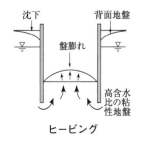

ヒービング

| 出題内容 | | 年度 | 令和 | | | | 平成 | 計 |
|---|---|---|---|---|---|---|---|---|
| | | | 5 | 4 | 3 | 2 | 元 | 30 | |
| 海岸・港湾 | 海岸堤防施工の概要, 施工の留意事項, 傾斜護岸 | | | | 1 | 1 | 1 | | 3 |
| | 養浜・離岸堤・潜堤・人工リーフの機能・特徴 | | 2 | 1 | 1 | 1 | 1 | 2 | 8 |
| | 基礎捨石・根固工・消波工・防波堤の種類等 | | | | 1 | 1 | | 1 | 3 |
| | 鋼矢板式係船岸・防波堤施工 | | | 1 | | | | | 1 |
| | 浚渫工事の調査, 浚渫船 | | 1 | | 1 | 1 | 1 | 1 | 5 |
| | ケーソン製作, 据付け, 水中コンクリート | | 1 | 1 | | 1 | | 1 | 4 |
| | 小計 | | 4 | 4 | 4 | 4 | 4 | 4 | |
| 鉄道・地下構造物・塗装 | 鉄道盛土・路床・路盤の工法, 施工の留意点 | | 1 | 1 | 1 | 1 | 1 | 1 | 6 |
| | カント, 軌道工事維持管理, 営業線地下横断工事 | | 1 | 1 | 1 | 1 | 1 | 1 | 6 |
| | 営業線近接工事 | | 1 | 1 | 1 | 1 | 1 | 1 | 6 |
| | シールド工法の種類と特徴, 施工上の留意点 | | 1 | 1 | 1 | 1 | 1 | 1 | 6 |
| | 塗料の特徴・管理, 塗膜欠陥・劣化, 鋼橋の腐食 | | 1 | 1 | 1 | 1 | 1 | 1 | 6 |
| | 小計 | | 5 | 5 | 5 | 5 | 5 | 5 | |
| 上下水道・薬注 | 上水道管布設の留意事項, 付属設備, 更新工法 | | 1 | 1 | 1 | 1 | 1 | 1 | 6 |
| | 下水管改築工法, 接合方式・基礎方式, 管路施設 | | 1 | 1 | 1 | 1 | 1 | 1 | 6 |
| | 小口径管推進工法の種類と特徴, 留意事項 | | 1 | 1 | 1 | 1 | 1 | 1 | 6 |
| | 薬液注入計画工事, 材料, 注入施設の留意事項 | | 1 | 1 | 1 | 1 | 1 | 1 | 6 |
| | 小計 | | 4 | 4 | 4 | 4 | 4 | 4 | |
| 合　　　計 | | | 34 | 34 | 34 | 34 | 34 | 34 | |

〈p.42 ～ 43 の解答〉　正解　**17** (1)，**18** (1)，**19** (3)，**20** (1)

# 第2章 専門土木

○過去6年間の出題内容と出題数○

| | 出題内容 | 年度 | 令和 5 | 令和 4 | 令和 3 | 令和 2 | 令和 元 | 平成 30 | 計 |
|---|---|---|---|---|---|---|---|---|---|
| 鋼・コンクリート構造物 | 橋梁の架設 | | 1 | 1 | 1 | 1 | 1 | | 5 |
| | 高力ボルトの検査・確認，締付け方法 | | 1 | | 1 | 1 | 1 | 1 | 5 |
| | 鋼材加工の留意事項，耐候性鋼材の特徴・取扱い | | | 1 | | 1 | | 1 | 3 |
| | 鋼材溶接：施工の留意事項，溶接検査 | | | 1 | 1 | | 1 | 1 | 4 |
| | コンクリート構造物の劣化機構・劣化診断・劣化予防・補修工法，ひび割れ | | 3 | 2 | 2 | 2 | 2 | 2 | 13 |
| | 小計 | | 5 | 5 | 5 | 5 | 5 | 5 | |
| 河川・砂防 | 堤防施工・盛土の留意事項，軟弱対策の種類と特徴 | | 1 | 1 | 2 | 2 | | | 7 |
| | 河川護岸の形式・構造，各部の名称，役割機能 | | 1 | 1 | 1 | 1 | 1 | 1 | 6 |
| | 河川掘削，堤防開削，樋門 | | 1 | 1 | | 2 | 1 | | 5 |
| | 砂防えん堤の機能，各部の名称，施工の留意事項 | | 1 | 1 | 1 | 1 | 1 | 1 | 6 |
| | 渓流保全の概要，設計施工 | | 1 | 1 | 1 | 1 | | | 4 |
| | 地すべり防止工・がけ崩れ防止工の種類と概要・特徴 | | | 1 | 1 | | | | 2 |
| | 急傾斜地崩壊防止工の種類と特徴 | | 1 | 1 | 1 | 1 | 1 | 1 | 6 |
| | 小計 | | 6 | 6 | 6 | 6 | 6 | 6 | |
| 道路・舗装 | 路床：道路安定処理工法の種類，締固め施工の留意事項 | | 1 | 1 | 1 | 1 | 1 | 1 | 6 |
| | 上層・下層路盤：材料，製造工法，施工の留意事項 | | 1 | 1 | 1 | 1 | 1 | 1 | 6 |
| | 表層・基層：混合物の温度，敷均し・締固め，コート | | 1 | 1 | 1 | 1 | 1 | 1 | 6 |
| | 各種舗装の特徴，橋面舗装，寒冷期施工，プルーフローリング試験 | | 1 | 1 | | 1 | 1 | 1 | 5 |
| | アスファルト舗装の補修・修繕方法，特徴 | | 1 | 1 | 2 | 1 | 1 | 1 | 7 |
| | コンクリート舗装の種類と特徴，施工方法，補修 | | 1 | 1 | 1 | 1 | 1 | 1 | 6 |
| | 小計 | | 6 | 6 | 6 | 6 | 6 | 6 | |
| ダム・トンネル | コンクリートダム工法，RCD工法 | | 1 | 1 | 1 | 1 | 1 | 1 | 6 |
| | フィルダム | | | | | | 1 | | 1 |
| | ダム基礎掘削，グラウチング | | 1 | 1 | 1 | 1 | | 1 | 5 |
| | トンネル掘削・施工，施工時の観察・計測 | | 1 | 1 | 1 | | 1 | | 4 |
| | トンネル覆工・支保工，測量 | | 1 | | 1 | 1 | 2 | | 6 |
| | 地山挙動・内空変位，切羽天端の安定，補助工法 | | | 1 | 1 | | | | 2 |
| | 小計 | | 4 | 4 | 4 | 4 | 4 | 4 | |

# 2·1 鋼・コンクリート構造物

## ● 2·1·1 鋼材

出題頻度　低■■□□□□高

**1**

鋼橋に用いる耐候性鋼材に関する次の記述のうち，**適当でないもの**はどれか。

(1) 耐候性鋼材の利用にあたっては，鋼材表面の塩分付着が少ないこと等が条件となるが，近年，塩分に対する耐食性を向上させた耐候性鋼材も使用されている。

(2) 桁の端部等の局部環境の悪い箇所に耐候性鋼材を適用する場合には，橋全体の耐久性を確保するため，塗装等の防食法の併用等も検討することが必要である。

(3) 耐候性鋼材で緻密なさび層が形成されるには，雨水の滞留等で長い時間湿潤環境が継続しないこと，大気中において乾湿の繰返しを受けないこと等の条件が要求される。

(4) 耐候性鋼材には，耐候性に有効な銅やクロム等の合金元素が添加されており，鋼材表面を保護し腐食を抑制するという性質を有する。

《R4-17》

**2**

鋼道路橋に用いる耐候性鋼材に関する次の記述のうち，**適当なもの**はどれか。

(1) 耐候性鋼材の箱桁などの内面は，閉鎖された空間であり結露も生じやすいことなどから，普通鋼材と同様に外面塗装仕様の塗料を塗布する場合がある。

(2) 耐候性鋼材の表面の黒皮は，その防せい機能により製作過程などにおける鋼材表面のさびむらを防ぐため，架設終了後に除去する。

(3) 耐候性鋼材は，緻密なさびの発生による腐食の抑制を目的として開発されたもので，裸使用とする場合と表面処理剤を塗布する場合がある。

(4) 耐候性鋼用表面処理剤は，塩分過多な地域でも耐候性鋼材を使用できるよう防食機能を向上させるために使用する。

《H28-17》

**3**

鋼道路橋に用いる耐候性鋼材に関する次の記述のうち，**適当でないもの**はどれか。

(1) 耐候性鋼用表面処理剤は，耐候性鋼材表面の緻密なさび層の形成を助け，架設当初のさびむらの発生やさび汁の流出を防ぐことを目的に使用される。

(2) 耐候性鋼材の箱桁の内面は，気密ではなく結露や雨水の浸入によって湿潤になりやすいと考えられていることから，通常の塗装橋と同様の塗装をするのがよい。

(3) 耐候性鋼材は，普通鋼材に適量の合金元素を添加することにより，鋼材表面に緻密なさび層を形成させ，これが鋼材表面を保護することで鋼材の腐食による板厚減少を抑制する。

(4) 耐候性鋼橋に用いるフィラー板は，肌隙などの不確実な連結を防ぐためのもので，主要構造部材ではないことから，普通鋼材が使用される。

《R2-17》

専門土木

**4** 鋼道路橋に用いる耐候性鋼材に関する次の記述のうち，**適当でないもの**はどれか。

(1) 耐候性鋼材の箱桁や鋼製橋脚などの内面は，閉鎖された空間であり結露が生じやすく，耐候性鋼材の適用可能な環境とならない場合には，普通鋼材と同様に内面用塗装仕様を適用する。

(2) 耐候性鋼用表面処理剤は，塩分過多な地域でも耐候性鋼材を使用できるように防食機能を向上させるために使用する。

(3) 耐候性鋼材は，普通鋼材に適量の合金元素を添加することにより，鋼材表面に緻密なさび層を形成させ，これが鋼材表面を保護することで鋼材の腐食による板厚減少を抑制する。

(4) 耐候性鋼橋に用いる高力ボルトは，主要構造部材と同等以上の耐候性能を有する耐候性高力ボルトを使用する。

《H30-16》

### 解説

**1** (3) 大気中において乾湿の繰返しを受ける等の条件が**要求される**。

**2** (1) 箱桁などの内面は，耐水性の優れた**タールエポキシ樹脂塗料**を用いる。
(2) 表面の黒皮は，**架設前に除去**する。
(3) 記述は，適当である。
(4) 表面処理剤は，**緻密なさびをすみやかに形成**させるために使用する。

**3** (4) フィラー板は，**主要構造物と同種の耐候性鋼材**を使用する。

**4** (2) 耐候性鋼用表面処理剤は，**保護性さびの促進生成**のために使用する。

### 試験によく出る重要事項

**鋼材の性質・特性**

① **低炭素鋼**：橋梁・建築等の一般鋼材。冷間加工性，溶接性がよい。

② **高炭素鋼**：高強度，低靭性。焼入れで硬化性がさらに大きくなる。

③ **ステンレス鋼**：さびにくくするために，鉄・クロム・ニッケルを混合した合金鋼。

④ **耐候性鋼**：表面に緻密なさび（保護性さび・安定さび）を形成させ，塗装せずにそのまま使用できるようにした合金鋼。

⑤ **応力—ひずみ曲線**：比例限度→弾性限度→上降伏点→下降伏点→引張強さ→破断　の順に変化する。

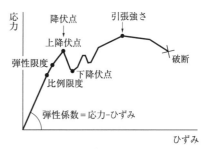

応力-ひずみ曲線（軟鋼）

## ● 2·1·2　鋼材の溶接接合

出題頻度　低■■■■□□高

**5** 鋼橋の溶接における施工上の留意点に関する次の記述のうち，**適当なもの**はどれか。

(1) 開先溶接の余盛は，特に仕上げの指定のある場合を除きビード幅を基準にした余盛高さが規定の範囲内であっても，仕上げをしなければならない。

(2) ビード表面のピットは，異物や水分の存在によって発生したガスの抜け穴であり，部分溶込み開先溶接継手及びすみ肉溶接継手においては，ビード表面にピットがあってはならない。

(3) すみ肉溶接の脚長を等脚とすると，不等脚と比較してアンダーカット等の欠陥を生じる原因になりやすい。

(4) 組立溶接は，本溶接と同様の管理が必要なため，組立終了時までにスラグを除去し，溶接部表面に割れがないことを確認しなければならない。

《R4-18》

**6** 鋼道路橋における溶接施工上の留意事項に関する次の記述のうち，**適当でないもの**はどれか。

(1) 組立溶接は，本溶接と同様の管理が必要ない仮付け溶接のため，組立溶接終了後ただちに本溶接を施工しなければならない。

(2) 開先溶接及び主桁のフランジと腹板のすみ肉溶接は，原則としてエンドタブを取り付け，溶接の始端及び終端が溶接する部材上に入らないようにしなければならない。

(3) 溶接を行う部分は，溶接に有害な黒皮，さび，塗料，油などは除去したうえで，溶接線近傍は十分に乾燥させなければならない。

(4) 開先形状は，完全溶込み開先溶接からすみ肉溶接に変化するなど溶接線内で開先形状が変化する場合，遷移区間を設けなければならない。

《R1-17》

**7** 鋼道路橋における溶接に関する次の記述のうち，**適当でないもの**はどれか。

(1) 外観検査の結果が不合格となったスタッドジベルは全数ハンマー打撃による曲げ検査を行い，曲げても割れ等の欠陥が生じないものを合格とし，元に戻さず，曲げたままにしておく。

(2) 現場溶接において，被覆アーク溶接法による手溶接を行う場合には，溶接施工試験を行う必要がある。

(3) エンドタブは，溶接端部において所定の品質が確保できる寸法形状の材片を使用し，溶接終了後は，ガス切断法によって除去し，その跡をグラインダ仕上げする。

(4) 溶接割れの検査は，溶接線全体を対象として肉眼で行うのを原則とし，判定が困難な場合には，磁粉探傷試験，又は浸透探傷試験を行う。

《R3-17》

**8** 鋼道路橋の溶接の施工に関する次の記述のうち，**適当なもの**はどれか。

(1) 溶接を行う部分は，溶接に有害な黒皮，さび，塗料，油などを取り除いた後，溶接線近傍を十分に湿らせる必要がある。

(2) エンドタブは，部材の溶接端部の品質を確保できる材片を使用するものとし，溶接終了後，除去しやすいように，エンドタブ取付け範囲の母材を小さくしておく方法がある。

(3) 組立溶接は，組立終了時までにスラグを除去し溶接部表面に割れがある場合には，割れの両端までガウジングをし，舟底形に整形して補修溶接をする。

(4) 部材を組み立てる場合の材片の組合せ精度は，継手部の応力伝達が円滑に行われ，かつ継手性能を満足するものでなければならない。

《H30-17》

### 解説

**5** (1) 規定の範囲内であれば，**指定がなければ仕上げをしなくともよい。**

(2) 1継手につき3個または，継手長さ1mにつき3個まで，**ピットは許容される。**

(3) 等脚の方が不等脚に比べて，アンダーカット等の**欠陥が生じにくい。**

(4) 記述は，適当である。

**6** (1) **組立溶接**は，**本溶接と同様な管理が必要**なので，組立溶接終了後検査を行い，品質が確保されていることを確認後，**本溶接**を行う。

**7** (2) 溶接施工試験は行う必要はない。

**8** (1) 溶接線近傍を**十分乾燥**させておく必要がある。

(2) **エンドタブ**として使用するため，母材の一部を大きくする方法もある。

(3) **割れの生じた部分をすべて除去**し，原因を究明し適当な対策を講じる。

(4) 記述は，適当である。

### 試験によく出る重要事項

## 1. 溶接

① **開先溶接**（グルーブ溶接）：溶接する部分にすきま（開先）をつくり，溶接する。

② **被覆アーク溶接棒**：乾燥・吸湿しないように保管・管理する。

③ **溶接姿勢**：下向き姿勢で行うと，溶接中の溶融プールが流れ落ちる危険性が少ない。

④ **溶接部の強さ**：のど厚と有効長によって決まる。

## 2. エンドタブとスカラップ

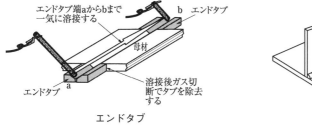

エンドタブ

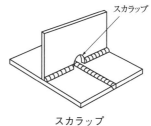

スカラップ

## ● 2·1·3 鋼材の高力ボルト接合

出題頻度 低■■■■□高

**9** 鋼道路橋における高力ボルトの施工に関する次の記述のうち，**適当なもの**はどれか。

(1) ボルト，ナットについては，原則として現場搬入時にその特性及び品質を保証する試験，検査を行い，規格に合格していることを確認する。

(2) 継手の中央部からボルトを締め付けると，連結版が浮き上がり，密着性が悪くなる傾向があるため，外側から中央に向かって締め付け，2度締めを行う。

(3) 回転法又は耐力点法によって締め付けたボルトに対しては，全数についてマーキングによって所要の回転角があるか否かを検査する。

(4) ボルトの軸力の導入は，ボルトの頭部を回して行うのを原則とし，やむを得ずナットを回して行う場合は，トルク係数値の変化を確認する。

《R5-18》

**10** 鋼道路橋における高力ボルトの締付け作業に関する次の記述のうち，**適当なもの**はどれか。

(1) 曲げモーメントを主として受ける部材のフランジ部と腹板部とで，溶接と高力ボルト摩擦接合をそれぞれ用いるような場合には，高力ボルトの締付け完了後に溶接する。

(2) トルシア形高力ボルトの締付けは，予備締めには電動インパクトレンチを使用してもよいが，本締めには専用締付け機を使用する。

(3) 高力ボルトの締付けは，継手の外側のボルトから順次中央のボルトに向かって行い，2度締めを行うものとする。

(4) 高力ボルトの締付けをトルク法によって行う場合には，軸力の導入は，ボルト頭を回して行うのを原則とし，やむを得ずナットを回す場合にはトルク計数値の変化を確認する。

《R1-18》

**11** 鋼道路橋における高力ボルトの締付け作業に関する次の記述のうち，**適当なもの**はどれか。

(1) トルク法によって締め付けたトルシア形高力ボルトは，各ボルト群の半分のボルト本数を標準として，ピンテールの切断の確認とマーキングによる外観検査を行う。

(2) ボルト軸力の導入は，ナットを回して行うのを原則とするが，やむを得ずボルトの頭部を回して締め付ける場合は，トルク係数値の変化を確認する。

(3) 回転法によって締め付けた高力ボルトは，全数についてマーキングによる外観検査を行い，回転角が過大なものについては，一度緩めてから締め直し所定の範囲内であることを確認する。

(4) 摩擦接合において接合される材片の接触面を塗装しない場合は，所定のすべり係数が得られるよう黒皮をそのまま残して粗面とする。

《R2-18》

**12**

鋼道路橋における高力ボルトの施工及び検査に関する次の記述のうち，適当でないものはどれか。

(1) 溶接と高力ボルトを併用する継手は，それぞれが適切に応力を分担するよう設計を行い，応力に直角なすみ肉溶接と高力ボルト摩擦接合とは併用してはならない。

(2) フィラーは，継手部の母材に板厚差がある場合に用いるが，肌隙等の不確実な連結を防ぐため2枚以上を重ねて用いてはならない。

(3) トルク法による締付け検査において，締付けトルク値がキャリブレーション時に設定したトルク値の10%を超えたものは，設定トルク値を下回らない範囲で緩めなければならない。

(4) トルシア形高力ボルトの締付け検査は，全数についてピンテールの切断の確認とマーキングによる外観検査を行わなければならない。

《R3-18》

---

**解説**

**9** (1) **現場搬入前**にその特性及び品質を保証する試験，検査を行い，規格に合格していることを確認する。

(2) **中央から外側**に向かって締め付ける。

(3) 記述は，適当である。

(4) ボルト軸力の導入は，**ボルトのナットを回して行う**のを原則とする。

---

**10** (1) **溶接と高力ボルト摩擦接合**を併用する場合は，**溶接を先に行う**。

(2) 記述は，適当である。

(3) **継手の中央のボルトから，順次継手の外側**に向かって締め付ける。

(4) **軸力の導入は，ナットを回して行う**。

---

**11** (1) ボルト全数を**ピンテールの破断とマーキング**で確認する。

(2) 記述は，適当である。

(3) 回転角が過大なものについては，**新しいボルトに取り替える**。

(4) 所定のすべり係数が得られるよう，**黒皮を残さない**。

---

**12** (3) **設定トルクの10%増**で本締めを行う。過大なものは，**新しいボルトに取り替える**。

専門土木

## ● 2·1·4　鋼道路橋の架設

出題頻度　低■■■■■■高

**13**

鋼道路橋の架設上の留意事項に関する次の記述のうち，**適当でないもの**はどれか。

(1)　供用中の道路に近接するベントと架設橋桁は，架設橋桁受け点位置でズレが生じないよう，ワイヤーロープや固定治具で固定するのが有効である。

(2)　箱形断面の桁は，重量が重く吊りにくいので，吊り状態における安全性を確認するため，吊り金具や補強材は現場で取り付ける必要がある。

(3)　曲線桁橋の桁を，横取り，ジャッキによるこう上又は降下等，移動する作業を行う場合は，必要に応じてカウンターウエイト等を用いて重心位置の調整を行う。

(4)　トラス橋の架設においては，最終段階でのそりの調整は部材と継手の数が多く難しいため，架設の各段階における上げ越し量の確認を入念に行う必要がある。

《R5-16》

**14**

鋼道路橋の架設上の留意事項に関する次の記述のうち，**適当でないもの**はどれか。

(1)　同一の構造物では，ベント工法で架設する場合と片持ち式工法で架設する場合で，鋼自重による死荷重応力は変わらない。

(2)　箱桁断面の桁は，重量が重く吊りにくいので，事前に吊り状態における安全性を確認し，吊金具や補強材を取り付ける場合には工場で取り付ける。

(3)　連続桁をベント工法で架設する場合においては，ジャッキにより支点部を強制変位させて桁の変形及び応力調整を行う方法を用いてもよい。

(4)　曲線桁橋は，架設中の各段階において，ねじれ，傾き及び転倒等が生じないように重心位置を把握し，ベント等の反力を検討する。

《R4-16》

**15**

鋼道路橋の架設上の留意事項に関する次の記述のうち，**適当でないもの**はどれか。

(1)　Ⅰ形断面部材を仮置きする場合は，転倒ならびに横倒れ座屈に対して十分に注意し，汚れや腐食などに対する養生として地面より 50 mm 以上離すものとする。

(2)　連続桁の架設において，側径間をカウンターウエイトとして中央径間で閉合する場合には，設計時に架設応力や変形を検討し，安全性を確認しておく必要がある。

(3)　部材の組立に使用する仮締めボルトとドリフトピンの合計は，架設応力に十分耐えるだけの本数を用いるものとし，その箇所の連結ボルト数の 1/3 程度を標準とする。

(4)　箱形断面の桁は一般に剛性が高いため，架設時のキャンバー調整を行う場合には，ベントに大きな反力がかかるので，ベントの基礎及びベント自体の強度について十分検討する必要がある。

《R2-16》

専門土木

**16** 鋼橋 における架設の施工に関する次の記述のうち，**適当でないもの**はどれか。

(1) 部材の組立てに用いるドリフトピンは，仮締めボルトとドリフトピンの合計本数の 1/3 以上 使用するのがよい。

(2) 吊り金具は，本体自重のほかに，2 点吊りの場合には本体自重の 100%，4 点吊りの場合には 50%の不均等荷重を考慮しなければならない。

(3) ジャッキをサンドル材で組み上げた架台上にセットする場合は，鉛直荷重の 10% 以上の水平荷重がジャッキの頭部に作用するものとして照査しなければならない。

(4) I 形断面部材を仮置きする場合は，風等の横荷重による転倒防止に十分配慮し，汚れや腐食に対する養生を行い，地面から 15 cm 以上離すものとする。

《R3-16》

---

**解説**

**13** (2) 吊り金具や補強材は，**工場で取り付ける**。

**14** (1) 同一の構造物では，ベント工法と片持ち式工法で架設する場合は，鋼自重による死荷重応力は，**片持ち式工法のほうが大きい**。

**15** (1) I 形断面部材の仮置きは，**地面より 10 cm 以上離す**ものとする。

**16** (2) **2 点吊りの場合は 50%，4 点吊りの場合は 100%の不均等荷重を考慮する**。

---

=== 試験によく出る重要事項 ===

## 鋼橋架設工法

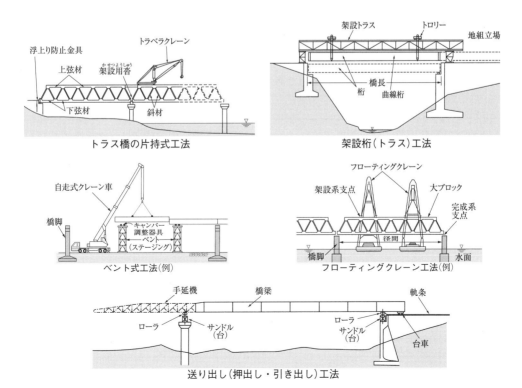

トラス橋の片持式工法

架設桁（トラス）工法

ベント式工法（例）

フローティングクレーン工法（例）

送り出し（押出し・引き出し）工法

## ● 2・1・5　鉄筋コンクリート

出題頻度　低■■■■■高

**17**

鋼道路橋の鉄筋コンクリート床版におけるコンクリート打込みに関する次の記述のうち，**適当でないもの**はどれか。

(1)　打継目は，一般に，床版の主応力が橋軸方向に作用し，打継目の完全な一体化が困難なことから，橋軸方向に設けた方がよい。

(2)　片持部床版の張出し量が大きくなると，コンクリート打込み時の振動による影響や型枠のたわみが大きくなるので，十分に堅固な型枠支保工を組み立てることが重要である。

(3)　床版に縦断勾配及び横断勾配が設けられている場合は，コンクリートが低い方に流動することを防ぐため，低い方から高い方へ向かって打ち込むのがよい。

(4)　連続桁では，ある径間に打ち込まれたコンクリート重量により桁がたわむことで，他径間が持ち上げられることがあるので，床版への引張力が小さくなるよう打込み順序を検討する。

《R5-17》

**18**

鉄筋コンクリート構造物の鉄筋組立に関する次の記述のうち，**適当でないもの**はどれか。

(1)　継足しのために構造物から長時間大気にさらされ露出させておく鉄筋は，セメントペーストや高分子材料の皮膜で包み保護を行う。

(2)　いったん曲げ加工した鉄筋の曲げ戻しは行わないことを原則とし，やむを得ず曲げ戻しを行う場合は，曲げ及び曲げ戻しをできるだけ大きな半径で行うか，加工部の鉄筋温度が900〜1000℃で加熱加工する。

(3)　鉄筋のかぶりを確保するための型枠に接するスペーサは，鉄筋と同等以上の品質を有する鋼製スペーサを使用することを原則とする。

(4)　床版で$1\,m^2$当たり4個のスペーサを使用する場合は，スペーサの配置位置は$50\,cm$間隔で千鳥に配置するのが一般的である。

《H26-18》

**19**

下図は3径間連続非合成鋼板桁におけるコンクリート床版の打設ブロック〜を示したものである。一般的なブロックごとのコンクリートの打設順序として，**適当なもの**は次のうちどれか。

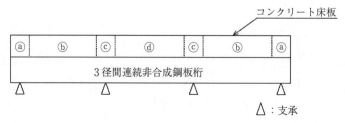

(1)　ⓑ→ⓒ→ⓐ→ⓓ　　　　(3)　ⓓ→ⓑ→ⓒ→ⓐ

(2)　ⓑ→ⓐ→ⓓ→ⓒ　　　　(4)　ⓓ→ⓒ→ⓐ→ⓑ

《H27-18》

**20** 現場打ちコンクリート橋の工事で使用する型枠の組立，取りはずしに関する次の記述のうち，**適当でないもの**はどれか。

(1)　面取り材を付けてかどを面取りすることは，型枠取りはずしの際や工事の完成後の衝撃などによってコンクリートのかどが破損するのを防ぐために有効である。

(2)　型枠のはらみや目違いは，コンクリートの不陸や型枠継目からのモルタル分の流出などの要因となるので，組立時には十分注意し，コンクリート打込み前にも確認を行う。

(3)　塩害の影響を受ける地域では，型枠緊結材のセパレータや型枠組立に用いた補助鋼材をかぶり内から除去しなければならない。

(4)　型枠を取りはずす順序は，スラブ，梁などの水平部材の型枠の方を柱，壁などの鉛直部材の型枠より先に取りはずすのが原則である。

《H25-17》

専門土木

**解説**

**17**　(1)　打継目は，**橋軸直角方向**に設けた方がよい。

**18**　(3)　打設するコンクリートと同等以上の強度を有する**コンクリート又はモルタル製のスペーサ**を使用する。

**19**　(3)　まず変形の大きい中央支間の⒟を打設し，次に端部スパンの⒝を打設する。その後，中間支点上⒞，続いて端支点の⒜を打設する。

**20**　(4)　柱・壁などの**鉛直部材の型枠**のほうを**先に取りはずす**。

―――――――――――― **試験によく出る重要事項** ――――――――――――

**1.　床版コンクリートの配筋**

①　所要の**かぶり**を鉄筋の直径以上に確保する。

②　鉄筋の**継手位置**は，継手の長さに鉄筋径の 25 倍か，断面高さのどちらか大きい方を加えた長さをずらして配置する。

③　鉄筋の重ね長さは，**鉄筋の直径の 25 倍以上**とする。

④　鉄筋と鉄筋の交点は，**0.8 mm 以上の焼なまし鉄線**，またはクリップで緊結する。

**2.　型枠の取外し**

①　取外しを容易にするため，せき板の内面に**はくり剤を塗布**する。

②　柱・壁等の鉛直部材の型枠を，スラブ・はり等の水平部材の型枠よりも早く取外すのが原則である。

**3.　締付け材の処置**

①　表面から 2.5 cm の間にある**セパレータ**（ボルト・棒鋼）は，穴をあけて取り去り，高品質のモルタルを詰める。

**4.　曲線桁の床版コンクリートの打込み**

①　曲線桁はカーブしているため，床版が傾斜しているので，コンクリートは，**低い方から高い方に向かって打設**する。

## ● 2·1·6　コンクリート構造物の劣化・ひび割れ　出題頻度　低■■■■■■高

**21**

下図に示す(1)～(4)のコンクリート構造物のひび割れのうち，水和熱に起因する温度応力により**施工後の比較的早い時期に発生すると考えられるもの**は，次のうちどれか。

(1)　800 mm

(2)　セパレータ　800 mm

(3)　800 mm

(4)　800 mm

《R5-20》

**22**

コンクリート構造物の中性化による劣化とその特徴に関する次の記述のうち，**適当でないもの**はどれか。

(1)　大気中の二酸化炭素による中性化は，乾燥・湿潤が繰り返される場合と比べて常時乾燥している場合の方が中性化速度は速い。

(2)　中性化と水の浸透に伴う鉄筋腐食は，乾燥・湿潤が繰り返される場合と比べて常時滞水している場合の方が腐食速度は速い。

(3)　コンクリート中に塩化物が含まれている場合，中性化の進行により，セメント水和物に固定化されていた塩化物イオンが解離し，未中性化領域に濃縮するため腐食の開始が早まる。

(4)　コンクリートの中性化深さを調査する場合は，フェノールフタレイン溶液を噴霧し，コンクリート表面から，発色が認められない範囲までの深さを測定する。　《R4-20》

**23**

コンクリート構造物の劣化に関する次の記述のうち，**適当なもの**はどれか。

(1)　中性化と水の浸透にともなう鋼材腐食は，乾燥・湿潤が繰り返される場合と比べて常時滞水している場合の方が腐食速度は速い。

(2)　塩害環境下においては，一般に構造物の供用中における鉄筋の鋼材腐食による鉄筋断面の減少量を考慮した設計を行う。

(3)　凍結防止剤として塩化ナトリウムの散布が行われる道路用コンクリート構造物では，塩化物イオンの影響によりスケーリングによる表面の劣化が著しくなる。

(4)　アルカリ骨材反応を抑制する方法は，骨材のアルカリシリカ反応性試験で区分A「無害」と判定された骨材を用いる方法に限定されている。　《R2-19》

**24**

コンクリートのアルカリシリカ反応の抑制対策に関する次の記述のうち，**適当でないも**

**の**はどれか。

(1) 細骨材はアルカリシリカ反応による膨張を生じさせないので，アルカリシリカ反応

性試験を省略することができる。

(2) アルカリシリカ反応では，有害な骨材を無害な骨材と混合した場合，コンクリートの

膨張量は，有害な骨材を単独で用いるよりも大きくなることがある。

(3) アルカリシリカ反応抑制対策として，高炉セメントB種を使用する場合は，スラグ

混合率40％以上とする。

(4) 海洋環境や凍結防止剤の影響を受ける地域で，無害でないと判定された骨材を用い

る場合は，外部からのアルカリ金属イオンや水分の侵入を抑制する対策を行うのが効

果的である。

《R3-19》

---

**解説**

**21** (1) 水和熱に起因する温度応力によるひび割れで，**施工後の比較的早い時期に発生**する。

(2) 沈みひび割れである。

(3) コールドジョイントによるひび割れである。

(4) 乾燥によるひび割れである。

---

**22** (2) 常時滞水している場合の方が，**腐食速度は遅い**。

---

**23** (1) 乾燥・湿潤が繰り返される場合に比べて，**常時滞水**している方が**腐食速度は遅い**。

(2) 塩害が発生しない各種の対策を行う。

(3) 記述は，適当である。

(4) **アルカリ総量**を酸化ナトリウム換算で，**3.0 kg/m³ 以下**とする対策もある。

---

**24** (1) 細骨材も**アルカリシリカ反応性試験を行ってから使用**する。

---

専門土木

---

**════════════ 試験によく出る重要事項 ════════════**

**コンクリート構造物の劣化機構**

① **塩害**：コンクリート中に存在する塩化物イオンの作用により鋼材が腐食し，コンクリート構

造物に損傷を与える現象。

② **アルカリシリカ反応**：骨材中のシリカ分とセメント中のアルカリ性分が反応し，骨材が膨張

して表面にひび割れが生じる現象。

③ **凍害**：コンクリート中に含まれている水分が凍結し，膨張することにより生じた水圧が，コ

ンクリートを破壊する現象。

④ **中性化**：空気中の二酸化炭素がセメント中の水酸化カルシウムと反応し，コンクリートのア

ルカリ性が低下し，鉄筋を腐食させる現象。

⑤ **化学的腐食**：強酸，強アルカリなどの腐食性物質がコンクリートと接触することにより，コ

ンクリートに溶解，劣化，体積膨張などが発生する現象。

## ● 2·1·7　コンクリート構造物の補修

出題頻度 低■■■■■■高

**25**　塩害を受けた鉄筋コンクリート構造物への対策や補修に関する次の記述のうち，**適当でないもの**はどれか。

(1)　劣化が顕在化した箇所に部分的に断面修復工法を適用すると，断面修復箇所と断面修復しない箇所の境界部付近においては腐食電流により防食される。

(2)　表面処理工法の適用後からの残存予定供用期間が長い場合には，表面処理材の再塗布を計画しておく必要がある。

(3)　電気防食工法を適用する場合には，陽極システムの劣化や電流供給の安定性について考慮しておく必要がある。

(4)　脱塩工法では，工法適用後に残存する塩化物イオンの挙動が，補修効果の持続期間に大きく影響する。

《R5-19》

**26**　アルカリシリカ反応を生じたコンクリート構造物の補修・補強に関する次の記述のうち，**適当でないもの**はどれか。

(1)　塩害とアルカリシリカ反応による複合劣化が生じ，鉄筋の防食のために電気防食工法を適用する場合は，アルカリシリカ反応を促進させないように配慮するとよい。

(2)　予想されるコンクリート膨張量が大きい場合には，プレストレス導入やFRP巻立て等の対策は適していないので，他の対策工法を検討するとよい。

(3)　アルカリシリカ反応によるひび割れが顕著になると，鉄筋の曲げ加工部に亀裂や破断が生じるおそれがあるので，補修・補強対策を検討するとよい。

(4)　アルカリシリカ反応の補修・補強の時には，できるだけ水分を遮断しコンクリートを乾燥させる対策を講じるとよい。

《R4-19》

**27**　損傷を生じた鉄筋コンクリート構造物の補修に関する次の記述のうち，**適当でないもの**はどれか。

(1)　有機系表面被覆工法による補修には塗装工法とシート工法があり，塗装工法はコンクリート表面を十分吸水させた状態で塗布する。

(2)　無機系表面被覆工法による補修を行う場合には，コンクリート表面の局所的なぜい弱部は除去し，また空げきはパテにより充てんし，段差や不陸もパテにより解消する。

(3)　断面修復による補修を行う場合は，補修範囲の端部にはカッターを入れるなどによりフェザーエッジを回避する。

(4)　外部電源方式の電気防食工法は，防食電流の供給システムの性能とその耐久性などを把握し，適切なシステム全体の維持管理を行う必要がある。

《R2-20》

**28**
コンクリート構造物の補強工法に関する次の記述のうち，**適当でないもの**はどれか。
(1) 道路橋の床版に対する接着工法では，死荷重等に対する既設部材の負担を減らす効果は期待できず，接着された補強材は補強後に作用する車両荷重に対してのみ効果を発揮する。
(2) 橋梁の耐震補強では，地震後の点検や修復作業の容易さを考慮し，橋脚の曲げ耐力を基礎の曲げ耐力より大きくする。
(3) 耐震補強のために装置を後付けする場合には，装置本来の機能を発揮させるために，その装置が発現する最大の強度と，それを支える取付け部や既存部材との耐力の差を考慮する。
(4) 連続繊維の接着により補強を行う場合は，既設部材の表面状態が直接確認できなくなるため，帯状に補強部材を配置する等点検への配慮を行う。

《R3-20》

---

**解説**

**25** (1) 断面修復箇所と断面修復しない箇所の境界部付近においては，**腐食される**。

**26** (2) プレストレス導入やFRP巻立て等の対策は**適している**。

**27** (1) コンクリート表面を**十分乾燥させた状態**で塗布する。

**28** (2) 橋脚の曲げ耐力と基礎の曲げ耐力を**同等**にする。

---

**━━━━━ 試験によく出る重要事項 ━━━━━**

## コンクリート構造物の主な補修工法

| 工　法 | 概　　要 |
|---|---|
| 断面修復工法 | コンクリートの劣化部分をハツリ，新たに断面修復材でコンクリート断面を復元する。補修材料は，ポリマーセメントモルタル系材料を使用する。型枠を用いた充填工法・吹付け工法・左官工法などがある。 |
| 巻立て工法 | **FRP巻立て工法**：シート状に編まれたカーボンやガラス繊維を既設の鉄筋コンクリート柱や橋脚等に巻き付け，地震力に抵抗させるもの。<br>**鋼板巻立て工法**：コンクリート部材の外面を鋼板で巻き立て，鉄筋量を補う工法。曲げとせん断耐力の回復を図る。<br>**RC巻立て工法**：既設のRC橋脚に鉄筋コンクリートを巻き立て打設し，新旧のコンクリートが一体化して外力に抵抗できるようにする。 |
| 電気防食工法 | コンクリート表面に陽極材を設置して，防食電流を供給し，塩化物イオンによる，鉄筋表面のアノード反応を停止させる。電流の供給方法は，外部電源方式と流電陽極方式(犠牲陽極法)とがある。 |
| 脱塩工法 | コンクリート内部から，劣化因子である塩分を電気化学的に外部へ排出させる工法。コンクリート表面に電極を設置し，コンクリート中の鋼材を陰極として直流電流を流すことで，塩分を表面へ排出する。 |
| 表面処理(保護)工法 | **表面被覆工法**：既設のコンクリート表面に，塗装材料を用いて新たな保護層を設ける。<br>**表面含浸工法**：コンクリート表面に，含浸材を塗布する。 |
| 再アルカリ化工法 | 中性化により，pHの低下したコンクリートのアルカリ度を回復させ，鋼材の防食効果を向上させる。コンクリートの表面にアルカリ性溶液と電極(+)を置き，内部の鉄筋(−)との間に通電することにより，アルカリ性溶液を鉄筋周辺まで電気浸透させる電気化学的補修工法である。 |

# 2·2 河川・砂防

## ● 2·2·1 河川堤防

出題頻度 低■■■■■高

**1** 河川堤防の盛土施工に関する次の記述のうち，**適当でないもの**はどれか。
(1) 築堤盛土の締固めは，堤防法線に平行に行うことが望ましく，締固めに際しては締固め幅が重複するように常に留意して施工する必要がある。
(2) 築堤盛土の施工中は，法面の一部に雨水が集中して流下すると法面侵食の主要因となるため，堤防横断方向に3～5%程度の勾配を設けながら施工する。
(3) 既設の堤防に腹付けを行う場合は，新旧法面をなじませるため段切りを行い，一般にその大きさは堤防締固め1層仕上り厚の倍の20～30cm程度とすることが多い。
(4) 高含水比粘性土を盛土材料として使用する際は，わだち掘れ防止のために接地圧の小さいブルドーザによる盛土箇所までの二次運搬を行う。

《R5-21》

**2** 河川堤防の盛土施工に関する次の記述のうち，**適当なもの**はどれか。
(1) 築堤盛土の施工では，降雨による法面侵食の防止のため適当な間隔で仮排水溝を設けて降雨を流下させたり，降水の集中を防ぐため堤防縦断方向に排水勾配を設ける。
(2) 築堤盛土の施工開始にあたっては，基礎地盤と盛土の一体性を確保するために地盤の表面を乱さないようにして盛土材料の締固めを行う。
(3) 既設の堤防に腹付けを行う場合は，新旧法面をなじませるため段切りを行い，一般にその大きさは堤防締固め一層仕上り厚程度とすることが多い。
(4) 築堤盛土の締固めは，堤防縦断方向に行うことが望ましく，締固めに際しては締固め幅が重複するように常に留意して施工する。

《R4-21》

**3** 河川堤防の施工に関する次の記述のうち，**適当でないもの**はどれか。
(1) 築堤土は，粒子のかみ合せにより強度を発揮させる粗粒分と，透水係数を小さくする細粒分が，適当に配合されていることが望ましい。
(2) トラフィカビリティーが確保できない土は，地山でのトレンチによる排水，仮置きによる曝気乾燥等により改良することで，堤体材料として使用が可能になる。
(3) 石灰を用いた土質安定処理工法は，石灰が土中水と反応して，吸水，発熱作用を生じて周辺の土から脱水することを主要因とするが，反応時間はセメントに比較して長時間が必要である。
(4) 嵩上げや拡幅に用いる堤体材料は，表腹付けには既設堤防より透水性の大きい材料を，裏腹付けには既設堤防より透水性の小さい材料を使用するのが原則である。

《R3-21》

**4** 河川堤防における軟弱地盤対策工に関する次の記述のうち，**適当なもの**はどれか。

(1)　表層混合処理工法では，一般に，改良強度を確認する場合は，サンプリング試料を一軸圧縮試験により行い，CBR値の場合はCBR試験により実施する。

(2)　緩速盛土工法で軟弱地盤上に盛土する際の基礎地盤の強度を確認する場合は，強度増加の精度が把握しやすい動的コーン貫入試験が多く使用されている。

(3)　堤体材料自体に人工的な材料を加えて盛土自体を軽くする軽量盛土工法は，圧密沈下量の減少等の効果が得られることから，河川堤防の定規断面内に多く使用されている。

(4)　軟弱な粘性土で構成されている基礎地盤上において，堤防の拡幅工事中に亀裂が発生した場合は，シート等で亀裂を覆い，亀裂の進行が終了する前に堤体を切り返して締固めを行う。

《R3-23》

---

**解説**

**1**　(3)　一般に**段切の大きさ**は，堤防締固め1層仕上り厚の倍の**50 cm以上**とする。

**2**　(1)　**横断方向**に排水勾配を設ける。

　　(2)　地盤の表面を**平坦**にかき均して盛土材料の締固めを行う。

　　(3)　段切りの大きさは，**一般に高さ50 cm以上，幅1 m以上**とすることが多い。

　　(4)　記述は，適当である。

**3**　(4)　**表腹付け**には**透水性の小さい材料**を，**裏腹付け**には**透水性の大きい材料**を使用する。

**4**　(1)　記述は，適当である。

　　(2)　**標準貫入試験**が多く使用されている。

　　(3)　河川堤防の定期断面内には**あまり使用されていない。**

　　(4)　基礎地盤を改良するか，良質土で置き換える。

---

**試験によく出る重要事項**

### 河川築堤

① **盛土材料**：表法面に不透水性の土，裏法先に透水性の大きな砂礫を入れる。

② **1層の敷均し厚さ**：締固め後の仕上り厚が30 cm以下になるように行う。

③ **施工中の盛土表面**：横断方向に3～5％の排水勾配をつける。

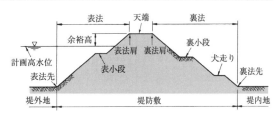

堤防断面の名称

④ **盛土高さ**：計画高水位＋余裕高＋余盛（堤体の沈下＋基礎地盤の圧密沈下＋風雨などの損傷）で計画する。法面および小段も余盛りを行う。

⑤ **引堤工事**：新堤防が安定するまで3年間は新旧を併存させ，その後に旧堤防を取り壊す。

⑥ **腹付け**：安定している法面を生かし，川幅を狭くしないためにも裏腹付けとする。

⑦ **法面仕上げ**：丁張りを法肩・法先に10 m以下の間隔に設置し，これを基準に施工する。

専門土木

専門土木

## ● 2·2·2 河川護岸

出題頻度 低■■■■■□高

**5**

多自然川づくりにおける護岸に関する次の記述のうち，**適当でないもの**はどれか。

(1) 石系護岸の材料を現地採取で行う場合は，採取箇所の河床に点在する径の大きい材料を選択的に採取すると，河床の土砂が移動しやすくなり，河床低下の原因となるので注意が必要である。

(2) 石系護岸は，石と石のかみ合わせが重要であり，空積みの石積みや石張りでは，石のかみ合わせ方に不備があると構造的に安定しないので注意が必要である。

(3) かご系護岸は，屈とう性があり，かつ空げきがある構造のため生物に対して優しいが，かごの上に現場発生土を覆土しても植生の復元が期待できないので注意が必要である。

(4) コンクリート系護岸は，通常，彩度は問題にならないことが多いが，明度は高いため周辺環境との明度差が大きくならないよう注意が必要である。

《R2-23》

**6**

河川護岸に関する次の記述のうち，**適当でないもの**はどれか。

(1) 法覆工に連節ブロック等の透過構造を採用する場合は，裏込め材の設置は不要となるが，背面土砂の吸出しを防ぐため，吸出し防止材の布設が代わりに必要となる。

(2) 石張り又は石積みの護岸工の施工方法には，谷積みと布積みがあるが，一般には強度の強い谷積みが用いられる。

(3) かごマット工では，底面に接する地盤で土砂の吸出し現象が発生するため，これを防止する目的で吸出し防止材を施工する。

(4) コンクリートブロック張工では，平板ブロックと控えのある間知ブロックが多く使われており，平板ブロックは，流速が大きいところに使用される。

《R5-22》

**7**

河川護岸の施工に関する次の記述のうち，**適当でないもの**はどれか。

(1) かごマットは，かごを工場で完成に近い状態まで加工し，これまで熟練工の手作業に頼っていた詰め石作業を機械化するため，蓋編み構造としている。

(2) 透過構造の法覆工である連節ブロックは，裏込め材の設置は不要となるが，背面土砂の吸出しを防ぐため，吸出し防止材の設置が代わりに必要である。

(3) 練積の石積み構造物は，裏込めコンクリート等によって固定することで，石と石のかみ合わせを配慮しなくても構造的に安定している。

(4) すり付け護岸は，屈撓性があり，かつ，表面形状に凹凸のある連節ブロックやかご工等が適しているが，局部洗掘や上流端からのめくれ等への対策が必要である。

《R4-22》

**8** 河川護岸に関する次の記述のうち，**適当でないもの**はどれか。

(1) 護岸には，一般に水抜きは設けないが，掘込河道等で残留水圧が大きくなる場合には，必要に応じて水抜きを設けるものとする。

(2) 縦帯工は，護岸の法肩部の破損を防ぐために施工され，横帯工は，護岸の変位や破損が他に波及しないよう絶縁するために施工する。

(3) 現地の残土や土砂等を利用して植生の回復を図るかご系の護岸では，水締め等による空隙の充填を行い，背面土砂の流出を防ぐために遮水シートを設置する。

(4) 河床が低下傾向の河川において，護岸の基礎を埋め戻す際は，可能な限り大径の材料で寄石等により，護岸近傍の流速を低減する等の工夫を行う。

《R3-22》

---

**解説**

**5** (3) **かご系護岸**は，植生の復元が期待できる。

**6** (4) **平板ブロック**は，**流速の小さいところに使用**される。

**7** (3) 石と石のかみ合わせに**配慮しないもの**は，**構造的に安定しない**。

**8** (3) **かご系の護岸**では，水締めは行わない。

---

**試験によく出る重要事項**

**護岸構造**

① **法覆工**：堤防や河岸法面を保護する。表面は粗面とし，河水の流速を低下させる。

② **基礎工**：法覆工の基礎部に設け，法覆工を支持し，法尻を保護する。

③ **根固工**：護岸前面の洗掘を防止し，基礎部からの破壊を防止する。

④ **天端保護工**：低水護岸が流水により裏側から破壊しないよう保護する。

⑤ **帯工**：法覆工の延長方向に，法肩の天端工との境に設け，法肩部の破壊を保護するもので，**縦帯工**ともいう。

⑥ **巻止工**：低水護岸の天端工の外側に施工して，低水護岸が流水により裏側から浸食されて破壊しないよう保護するものである。

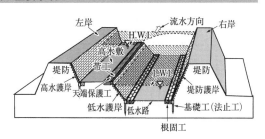

護岸の種類

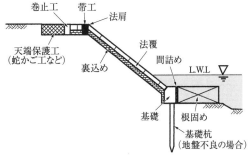

低水護岸の構造

## ● 2·2·3　堤防の開削・河川の掘削

出題頻度 低■■■■□□高

**9**

堤防を開削する場合の仮締切工の施工に関する次の記述のうち，**適当でないもの**はどれか。

(1)　堤防の開削は，仮締切工が完成する以前に開始してはならず，また，仮締切工の撤去は，堤防の復旧が完了，又はゲート等代替機能の構造物ができた後に行う。

(2)　鋼矢板の二重仮締切内の掘削は，鋼矢板の変形，中埋め土の流出，ボイリング・ヒービングの兆候の有無を監視しながら行う必要がある。

(3)　仮締切工の撤去は，構造物の構築後，締切り内と外との土圧，水圧をバランスさせつつ撤去する必要があり，流水の影響がある場合は，上流側，下流側，流水側の順で撤去する。

(4)　鋼矢板の二重仮締切工に用いる中埋め土は，壁体の剛性を増す目的と鋼矢板等の壁体に作用する土圧を低減するために，良質の砂質土とする。

《R5-23》

**10**

河川堤防の開削工事に関する次の記述のうち，**適当でないもの**はどれか。

(1)　鋼矢板の二重締切りに使用する中埋め土は，壁体の剛性を増す目的と，鋼矢板等の壁体に作用する土圧を低減するという目的のため，良質の砂質土を用いることを原則とする。

(2)　仮締切り工は，開削する堤防と同等の機能が要求されるものであり，流水による越流や越波への対策は不要で，天端高さや堤体の強度を確保すればよい。

(3)　仮締切り工の平面形状は，河道に対しての影響を最小にするとともに，流水による洗掘，堆砂等の異常現象を発生させない形状とする。

(4)　樋門工事を行う場合の床付け面は，堤防開削による荷重の除去に伴って緩むことが多いので，乱さないで施工するとともに転圧によって締め固めることが望ましい。

《R4-23》

**11**

堤防を開削する場合の仮締切り工の施工に関する次の記述のうち，**適当でないもの**はどれか。

(1)　堤防の開削は，仮締切り工が完成する以前に開始してはならず，また，仮締切り工の撤去は，堤防の復旧が完了，又はゲートなど代替機能の構造物ができた後に行う。

(2)　鋼矢板の二重仮締切り内の掘削は，鋼矢板の変形，中埋め土の流出，ボイリング・ヒービングの兆候の有無を監視しながら行う必要がある。

(3)　仮締切り工は，開削する堤防と同等の機能が要求されるものであり，天端高さ，堤体の強度の確保はもとより，法面や河床の洗掘対策を行うことが必要である。

(4)　鋼矢板の二重仮締切り工に用いる中埋め土は，壁体の剛性を増す目的と鋼矢板に作用する土圧をできるだけ低減するために，粘性土とする。

《H30-23》

**12** 河川の掘削工事に関する次の記述のうち，**適当でないもの**はどれか。

(1)　河道内の掘削工事では，掘削深さが河川水位より低い場合や地下水位が高い場合，数層に分けて掘削するなど，土質や水位条件などを総合的に検討して掘削方法を決める必要がある。

(2)　河道内の掘削工事では，出水時に掘削機械が迅速に安全な場所に退避できるように，あらかじめ退避場所を設けておく必要がある。

(3)　低水路部の一連区間の掘削では，流水が乱流を起こして部分的に深掘れなどの影響が生じないよう，原則として上流から下流に向かって掘削する。

(4)　低水路の掘削土を築堤土に利用する場合は，地下水位や河川水位を低下させるための瀬替えや仮締切り，排水溝を設けた釜場での排水などにより含水比の低下をはかる。

《R1-21》

**解説**

**9** (3)　流水の影響がある場合は，**下流側，上流側，流水側の順**で撤去する。

**10** (2)　流水や越波への**対策を行い**，天端高さや堤体の強度を確保する。

**11** (4)　鋼矢板の**二重仮締切り工**に用いる**中埋め土**は，**砂質土**とする。

**12** (3)　低水路部の一連区間の掘削では，**下流から上流に向かって掘削**する。

─────────────── **試験によく出る重要事項** ───────────────

**1．仮締切り**

①　仮締切り天端高は，施工期間の既往最高水位か，過去10年程度の最高水位を対象に，余裕を取って施工する。

②　過去10年間の既往最高水位を許容洪水量とする。

③　鋼矢板の二重締切りに使用する中埋め土は，良質な砂質土を用いる。

④　仮締切の撤去で出流水の影響がある場合は，下流側→上流側→流水側の順に行う。

⑤　仮締切り部分は川幅が狭くなるため，原則として洪水時の施工は許可されない。

⑥　堤防開削で樋門工事を行う場合は，開削による荷重の除去により，床付け面が緩むことが多いので，乱さないように施工し，転圧によって締め固める。

**2．掘削工事**

①　河道内の掘削工事では，掘削深さが河川水位より低い場所や地下水位が高い場合，数層に分けて掘削する。

②　出水時に掘削機械が迅速に退避できるよう，退避場所を定めておく。

③　掘削は，下流から上流に向かって行う。

④　掘削幅が横断方向に広い場合，流れに平行に数ブロックに分け，流心側から掘削する。

⑤　低水路の掘削土を盛土に利用する場合，一時仮置きなどにより含水比の低下をはかる。

## ● 2·2·4　渓流保全工

出題頻度　低■■■■□□高

**13** 渓流保全工に関する次の記述のうち，**適当でないもの**はどれか。

(1) 渓流保全工は，山間部の平地や扇状地を流下する渓流等において，縦断勾配の規制により渓床や渓岸の侵食等を防止することを目的とした施設である。

(2) 渓流保全工は，多様な渓流空間，生態系の保全及び自然の土砂調節機能の観点から，拡幅部や狭窄部等の自然の地形を活かして計画することが求められる。

(3) 護岸工は，渓岸の侵食や崩壊の防止，山脚の固定等を目的に設置され，湾曲部外湾側では河床変動が大きいことから，根固工を併用する等の検討が求められる。

(4) 床固工は，渓床の縦侵食防止，河床堆積物の再移動防止により河床を安定させるとともに，護岸工等の工作物の上流に設置することにより，工作物の基礎を保護する機能も有する。

《R5-25》

**14** 渓流保全工に関する次の記述のうち，**適当なもの**はどれか。

(1) 床固工は，渓床の縦侵食及び渓床堆積物の流出を防止又は軽減することにより渓床の安定を図ることを目的に設置される。

(2) 護岸工は，床固工の袖部を保護する目的では設置せず，渓岸の侵食や崩壊を防止するために設置される。

(3) 渓流保全工は，洪水流の乱流や渓床高の変動を抑制するための縦工及び側岸侵食を防止するための横工を組み合わせて設置される。

(4) 帯工は，渓床の変動の抑制を目的としており，床固工の間隔が広い場合において天端高と計画渓床高に落差を設けて設置される。

《R4-25》

**15** 渓流保全工に関する次の記述のうち，**適当でないもの**はどれか。

(1) 床固め工は，縦侵食を防止し河床の安定をはかり，河床堆積物の流出を抑制するとともに，護岸などの工作物の基礎を保護するために設けられる。

(2) 水制工は，流水や流送土砂をはねて渓岸構造物の保護や渓岸侵食の防止をはかるものと，流水や流送土砂の流速を減少させて横侵食の防止をはかるものがある。

(3) 護岸工は，山脚の固定，渓岸崩壊防止，横侵食の防止などを目的に設置される場合が多く，法勾配は河床勾配，地形，地質，対象流量を考慮して定める。

(4) 帯工は，床固め工間隔が大きい場合，局所的洗掘により河岸に悪影響が及ぶことから計画河床を維持するための構造物として設けられる。

《H29-25》

**16** 渓流保全工の各構造に関する次の記述のうち，**適当なもの**はどれか。

(1) 床固め工は，コンクリートを打ち込むことにより構築される場合が多いが，地すべり地などのように柔軟性の必要なところでは，枠工や蛇かごによる床固め工が設置される。

(2) 帯工は，渓床の固定をはかるために設置されるものであり，天端高と計画河床高の差を考慮して落差を設ける。

(3) 護岸工は，渓岸の侵食・崩壊を防止するために設置されるものであり，床固め工の袖部を保護する目的では設置しない。

(4) 水制工は，荒廃渓流に設置される場合，水制頭部が流水及び転石の衝撃を受けることから，堅固な構造とするが，頭部を渓床の中に深くは設置しない。

《R1-25》

専門土木

---

**解説**

**13** (4) 護岸工等の**工作物の下流に設置**することにより，工作物に基礎を保護する機能も有する。

---

**14** (1) 記述は，適当である。

(2) 床固工の袖部を保護する目的でも**設置される**。

(3) 渓流保全工は，**流路工，床固工，護岸工，帯工**を組み合わせて設置される。

(4) 天端高と計画渓床高に**落差を設けないように設置**する。

---

**15** (2) **水制工**は，渓流構造物の保護や渓流侵食の防止をはかるものと，**縦侵食の防止**をはかるものとがある。

---

**16** (1) 記述は，適当である。

(2) **帯工**は，計画河床高に天端高を合わせ，**落差は設けない**。

(3) **護岸工**は，床固め工の袖部を保護するために，設置されることもある。

(4) **水制工**は，頭部を渓床の中に深く設置する。

---

**試験によく出る重要事項**

**渓流保全工**

① **流路工**：渓流区域の縦横侵食を防止する。上流に床固工，下流両岸に護岸工（側壁）を設ける。

② **床固工**：縦浸食を防止し，堆積物の把握や山足の固定・護岸など，基礎の保護をする。高さは 5 m 以下。5 m 以上の場合は，計画河床勾配で階段状に設置する。方向は，流心線に直角とする。施工は，上流から下流に向かって行うことを原則とする。枠工・蛇かごを設置することもある。

③ **帯工**：床固工の間隔が大きい場合の局所的洗掘や，上流床固工の基礎の洗掘に対応する。

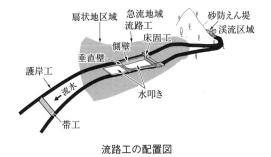

流路工の配置図

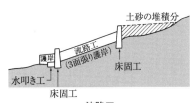

流路工

## ● 2·2·5　樋門

出題頻度　低■■□□□□高

**17**

河川の柔構造樋門に関する次の記述のうち，**適当でないもの**はどれか。

(1)　樋門本体の不同沈下対策として，残留沈下量の一部に対応するキャンバー盛土を行い，函体を上げ越して設置することが有効である。

(2)　樋門本体の不同沈下対策としての可とう性継手は，樋門の構造形式や地盤の残留沈下を考慮し，必ず堤防断面の中央部に設ける。

(3)　地盤沈下により函体底版下に空洞が発生した場合の対策は，グラウトが有効であることから底版にグラウトホールを設置することが望ましい。

(4)　柔構造樋門の基礎には，浮き直接基礎，浮き固化改良体基礎及び浮き杭基礎がある。

《H28-23》

**18**

柔構造樋門の施工に関する次の記述のうち，**適当でないもの**はどれか。

(1)　キャンバー盛土の施工は，キャンバー盛土下端付近まで掘削し，掘削した土をそのまま再利用して盛土しなければならない。

(2)　函体の底版下に空洞が発生した場合，グラウトによって空洞を充てんすることが有効である。

(3)　床付け面は，開削による荷重の除去に伴って緩むことが多いため，乱さないで施工すると共に転圧によって締め固めることが好ましい。

(4)　樋門本体の沈下形状を設計で想定した沈下形状に近づけるためには，盛土を函軸に沿って水平に盛り上げる必要がある。

《H26-23》

**19**

河川の柔構造樋門の施工に関する次の記述のうち，**適当でないもの**はどれか。

(1)　キャンバー盛土の施工は，キャンバー盛土下端付近まで掘削し，新たに適切な盛土材を用いて盛土することが望ましい。

(2)　樋門本体の不同沈下対策としての可とう性継手は，樋門の構造形式や地盤の残留沈下を考慮し，できるだけ土圧の大きい堤体中央部に設ける。

(3)　堤防開削による床付け面は，荷重の除去にともなって緩むことが多く，乱さないで施工するとともに転圧によって締め固めることが望ましい。

(4)　基礎地盤の沈下により函体底版下に空洞が発生した場合は，その対策としてグラウトが有効であることから，底版にグラウトホールを設置する。

《R1-23》

**20** 河川の柔構造樋門に関する次の記述のうち，**適当でないもの**はどれか。

(1) 柔構造樋門は，樋門本体の不同沈下対策として地盤の沈下に伴う樋門の沈下を少なくするため，あらかじめ函体を上げ越しして設置することは避ける。

(2) 柔構造樋門で許容残留沈下量を超過する場合は，地盤改良を併用し，残留沈下量を許容残留沈下量以下に抑制する。

(3) 柔支持基礎は，基礎の沈下を構造物が機能する適切な範囲まで許容しつつ安定させるものである。

(4) 函体の継手は，キャンバー量及び残留沈下量を考慮した函体の変位量に対応できる水密性と必要な可とう性を確保する。

《H22-23》

専門土木

---

**解説**

**17** (2) 可とう性継手は，**堤防断面の中央部には設けない**。

**18** (1) **キャンバー盛土**の施工は，**良質な土**を用いて施工する。

**19** (2) 可とう性継手は，**堤体の中央部には設けない**。

**20** (1) あらかじめ函体を**上げ越しして設置する**。

---

══════ **試験によく出る重要事項** ══════

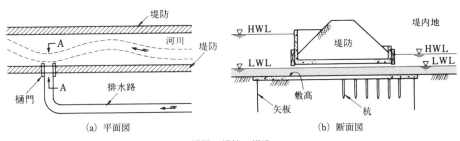

(a) 平面図　　　　　(b) 断面図

樋門・樋管の構造

① 樋門本体の不同沈下対策として，残留沈下量の一部に対応するキャンバー盛土を行い，函体を上げ越して設置することが有効である。

② 樋門本体の不同沈下対策としての可とう性継手は，樋門の構造形式や地盤の残留沈下を考慮し，中央部を避けて設ける。

③ 地盤沈下により，函体底版下に空洞が発生した場合の対策は，グラウトが有効であることから，底版にグラウトホールを設置することが望ましい。

④ 柔構造樋門の基礎には，浮き直接基準，浮き固化改良体基礎および浮き杭基礎がある。

## ● 2·2·6　砂防えん堤

**21** 砂防工事における施工に関する次の記述のうち，**適当でないもの**はどれか。

(1) 樹木を伐採する区域においては，幼齢木や苗木となる樹木はできる限り保存するとともに，抜根は必要最小限とし，萌芽が期待できる樹木の切株は保存する。

(2) 砂防工事を行う箇所は，土砂流出が起こりやすいことから，切土や盛土，掘削残土の仮置き土砂はシート等で保護する等，土砂の流出に細心の注意を払う必要がある。

(3) 材料運搬に用いる索道を設置する際に必要となるアンカーは，樹木の伐採を少なくする観点から，既存の樹木を利用することを基本とする。

(4) 工事に伴い現場から発生する余剰コンクリートやコンクリート塊等の工事廃棄物は，工事現場内に残すことなく搬出処理する。

《R3-24》

**22** 砂防堰堤の施工に関する次の記述のうち，**適当でないもの**はどれか。

(1) 基礎地盤の透水性に問題がある場合は，グラウト等の止水工により改善を図り，また，パイピングに対しては，止水壁や水抜き暗渠を設けて改善を図るのが一般的である。

(2) 砂防堰堤の基礎は，一般に所定の強度が得られる地盤であっても，基礎の不均質性や風化の速度を考慮し，一定以上の根入れを確保する必要がある。

(3) 基礎掘削によって緩められた岩盤を取り除く等の岩盤清掃を行うとともに，湧水や漏水の処理を行った後に，堤体のコンクリートを打ち込む必要がある。

(4) 砂礫基礎で所要の強度を得ることができない場合は，堰堤の底幅を広くして応力を分散させたり，基礎杭工法やセメントの混合による土質改良等により改善を図る方法がある。

《R5-24》

**23** 不透過型砂防堰堤に関する次の記述のうち，**適当でないもの**はどれか。

(1) 砂防堰堤の水抜き暗渠は，一般には施工中の流水の切替えと堆砂後の浸透水圧の減殺を主目的としており，後年に補修が必要になった際に施工を容易にする。

(2) 砂防堰堤の水通しの位置は，堰堤下流部基礎の一方が岩盤で他方が砂礫層や崖錐の場合，砂礫層や崖錐側に寄せて設置する。

(3) 砂防堰堤の基礎地盤が岩盤の場合で，基礎の一部に弱層，風化層，断層等の軟弱部をはさむ場合は，軟弱部をプラグで置き換えて補強するのが一般的である。

(4) 砂防堰堤の材料のうち，地すべり箇所や地盤支持力の小さい場所では，屈撓性のあるコンクリートブロックや鋼製枠が用いられる。

《R4-24》

**24** 砂防えん堤の基礎の施工に関する次の記述のうち，**適当でないもの**はどれか。

(1) 基礎掘削は，砂防えん堤の基礎として適合する地盤を得るために行われ，えん堤本体の基礎地盤へのかん入による支持，滑動，洗掘などに対する抵抗力の改善や安全度の向上がはかられる。

(2) 基礎掘削の完了後は，漏水や湧水により，水セメント比が変化しないように処理を行った後にコンクリートを打ち込まなければならない。

(3) 砂礫基礎の仕上げ面付近の掘削は，掘削用重機のクローラ（履帯）などによって密実な地盤がかく乱されることを防止するため 0.5 m 程度は人力掘削とする。

(4) 砂礫基礎の仕上げ面付近にある大転石は，その 1/2 以上が地下にもぐっていると予想される場合は取り除く必要はないので存置する。

《R2-24》

専門土木

---

**解説**

**21** (3) アンカーは，**コンクリート等で別途製作**する。

**22** (1) パイピングに対しては，浸透路長が不足する場合は，**堤体幅を広くするか，遮水壁**（鋼矢板等），**カットオフ等を設けて改善**を図る。

**23** (2) 水通しの位置は，**岩盤側に寄せて設置**する。

**24** (4) 仕上げ面付近にある**大転石は，その 2/3 以上が地下にもぐっている**と予想されるときは取り除く必要はない。

---

================== 試験によく出る重要事項 ==================

**砂防えん堤の構造**

① **水通し**：逆台形断面で，幅は側面浸食しない限りできるだけ広くする。袖小口の勾配は 1：0.5 を標準とする。

② **袖**：山脚に越流水が向かわないように，上り勾配にする。屈曲部河川では，凹岸の袖高は凸側の袖高より高くする。袖の両岸への貫入は，えん堤基礎と同程度の安定性をもたせる。

③ **えん堤下流法面勾配**：法面は越流土砂による損傷を受けにくくするため，一般に 1：0.2 の急勾配にする。

④ **基礎**：所要の支持力並びにせん断摩擦抵抗力をもち，浸透水などで破壊されないように，必要に応じて止水壁や遮水壁などを設ける。

⑤ **水抜き暗渠**：堆砂後の浸透水圧の除去，施工中の流水の切替えに利用する。洪水流量や流砂量などを考慮して必要最低量とする。

⑥ **前庭保護工**：副えん堤と水叩き，または，水叩きや副えん堤のみで構成する。落下水による洗掘を防止する。

⑦ **副えん堤**：えん堤高が 15 m 以上の場合は副えん堤を設ける。副えん堤は水クッションによって落水の衝撃力を弱め，深掘れを防止する。

## ● 2·2·7　地すべり防止工

**25** 地すべり抑止工に関する次の記述のうち，**適当なもの**はどれか。

(1)　アンカーの定着長は，地盤とグラウトとの間の付着長及びテンドンとグラウトとの間の付着長について比較を行い，それらのうち短い方とする。

(2)　アンカー工の打設角は，低角度ほど効率がよいが，残留スライムやグラウト材のブリーディングにより健全なアンカー体が造成できないので，水平面前後の角度は避けるものとしている。

(3)　杭工は，地すべりの移動に伴って杭部材の剛性で抑止力を発揮するため，杭頭が変位することはないことから，この杭を他の構造物の基礎工として併用することが一般的である。

(4)　杭の配列は，地すべりの運動方向に対して概ね平行で，杭間隔は等間隔となるようにし，単位幅当たりの必要抑止力に，削孔による地盤の緩みや土塊の中抜けが生じるおそれを考慮して定める。

《H28-26》

**26** がけ崩れ防止工に関する次の記述のうち，**適当でないもの**はどれか。

(1)　排水工は，がけ崩れの主要因となる地表水，地下水の斜面への流入を防止することにより，斜面の安全性を高めるとともに，がけ崩れ防止施設の安全性を増すために設けられる。

(2)　法枠工は，斜面に枠材を設置し，法枠内を植生工や吹付け工，コンクリート張り工などで被覆し，斜面の風化や侵食の防止をはかる工法である。

(3)　落石対策工のうち落石予防工は，発生した落石を斜面下部や中部で止めるものであり，落石防護工は，斜面上の転石の除去など落石の発生を未然に防ぐものである。

(4)　擁壁工は，斜面脚部の安定や斜面上部からの崩壊土砂の待受けなどをはかる工法で，基礎掘削や斜面下部の切土は，斜面の安定に及ぼす影響が大きいので最小限になるように検討する。

《H29-26》

**27** 地すべり防止工に関する次の記述のうち，**適当でないもの**はどれか。

(1)　排土工は，排土による応力除荷にともなう吸水膨潤による強度劣化の範囲を少なくするため，地すべり全域に渡らず頭部域において，ほとんど水平に大きな切土を行うことが原則である。

(2)　地表水排除工は，浸透防止工と水路工に区分され，このうち水路工は掘込み水路を原則とし，合流点，屈曲部及び勾配変化点には集水ますを設置する。

(3)　杭工は，原則として地すべり運動ブロックの中央部より上部を計画位置とし，杭の根入れ部となる基盤が強固で地盤反力が期待できる場所に設置する。

(4)　地下水遮断工は，遮水壁の後方に地下水を貯留し地すべりを誘発する危険があるので，事前に地質調査などによって潜在性地すべりがないことを確認する必要がある。

《R2-25》

**28** 地すべり防止工に関する次の記述のうち，**適当なもの**はどれか。

(1) アンカーの定着長は，地盤とグラウトとの間及びテンドンとグラウトとの間の付着長について比較を行い，それらのうち短いほうを採用する。

(2) アンカー工は基本的には，アンカー頭部とアンカー定着部の2つの構成要素により成り立っており，締付け効果を利用するものとひき止め効果を利用するものの2つのタイプがある。

(3) 杭の基礎部への根入れ長さは，杭に加わる土圧による基礎部破壊を起こさないように決定し，せん断杭の場合は原則として杭の全長の1/4〜1/3とする。

(4) 杭の配列は，地すべりの運動方向に対して概ね平行になるように設計し，杭の間隔は等間隔で，削孔による地盤の緩みや土塊の中抜けが生じるおそれを考慮して設定する。

《R3-25》

---

**解説**

**25** (1) **アンカーの定着長**は，比較したうち**長い方**とする。

(2) 記述は，適当である。

(3) 杭工に使用する杭は，他の構造物の基礎工と**併用してはならない**。

(4) 杭の配列は，地すべりの運動方向に対して，**直角に配列**する。

**26** (3) **落石予防工**は，落石の発生を未然に防ぐもので，**落石防護工**は，発生した落石を斜面下部や中部で止めるものである。

**27** (3) **杭工**は，地すべり運動部の中央部より**下部を計画位置**とする。

**28** (1) それらのうち**長い方**を採用する。

(2) **アンカー工**は，アンカー定着部のひき止め効果を利用する工法である。

(3) 記述は，適当である。

(4) 土塊の中抜けが発生しないように配置する。

---

**試験によく出る重要事項**

**地すべり防止工**には，右図のように，排水を中心とする**抑制工**と構造物による**抑止工**がある。地すべり防止工法は，原則として，抑制工によるのが望ましい。

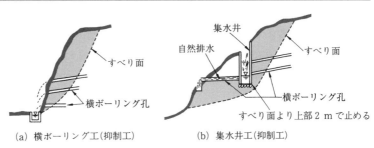

(a) 横ボーリング工（抑制工）　　(b) 集水井工（抑制工）

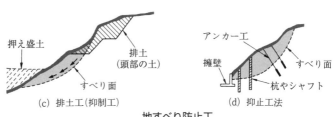

(c) 排土工（抑制工）　　(d) 抑止工法

地すべり防止工

（縦書き右欄）専門土木

## ● 2・2・8　急傾斜地崩壊防止工

出題頻度　低■■■■■■高

**29**

急傾斜地崩壊防止工に関する次の記述のうち，**適当なもの**はどれか。

(1)　コンクリート張工は，斜面の風化，侵食及び崩壊等を防止することを目的とし，比較的勾配の急な斜面に用いられ，設計においては土圧を考慮する必要がある。

(2)　もたれ式コンクリート擁壁工は，斜面崩壊を直接抑止することが困難な場合に，斜面脚部から離して擁壁を設置する工法で，斜面地形の変化に対し比較的適応性がある。

(3)　切土工は，斜面勾配の緩和，斜面上の不安定な土塊や岩石の一部又は全部を除去するもので，切土した斜面の高さにかかわらず小段の設置を必要としない工法である。

(4)　重力式コンクリート擁壁工は，小規模な斜面崩壊を直接抑止するほか，押さえ盛土の安定，法面保護工の基礎等として用いられる工法であり，排水に対して特に留意する必要がある。

《R5-26》

**30**

急傾斜地崩壊防止工に関する次の記述のうち，**適当でないもの**はどれか。

(1)　排水工は，崩壊の主要因となる斜面内の地表水等を速やかに集め，斜面外の安全なところへ排除することにより，斜面及び急傾斜地崩壊防止施設の安全性を高めるために設けられる。

(2)　法枠工は，斜面に枠材を設置し，法枠内を植生工やコンクリート張工等で被覆する工法で，湧水のある斜面の場合は，のり枠背面の排水処理を行い，吸出しに十分配慮する。

(3)　落石対策工のうち落石予防工は，発生した落石を斜面下部や中部で止めるものであり，落石防護工は，斜面上の転石の除去等落石の発生を防ぐものである。

(4)　擁壁工は，斜面脚部の安定や斜面上部からの崩壊土砂の待受け等のために設けられ，基礎掘削や斜面下部の切土は，斜面の安定に及ぼす影響が大きいので最小限になるように検討する。

《R4-26》

**31**

急傾斜地崩壊防止工に関する次の記述のうち，**適当なもの**はどれか。

(1)　もたれ式コンクリート擁壁工は，重力式コンクリート擁壁と比べると崩壊を比較的小規模な壁体で抑止でき，擁壁背面が不良な地山において多用される工法である。

(2)　落石対策工は，落石予防工と落石防護工に大別され，落石予防工は斜面上の転石の除去などにより落石を未然に防ぐものであり，落石防護工は落石を斜面下部や中部で止めるものである。

(3)　切土工は，斜面の不安定な土層，土塊をあらかじめ切り取ったり，斜面を安定勾配まで切り取る工法であり，切土した斜面への法面保護工が不要である。

(4)　現場打ちコンクリート枠工は，切土法面の安定勾配が取れない場合や湧水をともなう場合などに用いられ，桁の構造は一般に無筋コンクリートである。

《R2-26》

**32** 急傾斜地崩壊防止工に関する次の記述のうち，**適当でないもの**はどれか。
- (1) 排水工は，崖崩れの主要因となる地表水，地下水の斜面への流入を防止することにより，斜面自体の安全性を高めることを目的に設けられ，地表水排除工と地下水排除工に大別される。
- (2) 法枠工は，斜面に設置した枠材と枠内部を植生やコンクリート張り工等で被覆することにより，斜面の風化や侵食の防止，法面の表層崩壊を抑制することを目的に設けられる。
- (3) 落石対策工は，斜面上の転石や浮石の除去・固定，発生した落石を斜面中部や下部で止めるために設けられ，通常は急傾斜地崩壊防止施設に付属して設置される場合が多い。
- (4) 待受け式コンクリート擁壁工は，斜面上部からの崩壊土砂を斜面下部で待ち受ける目的に設けられ，ポケット容量が不足する場合は地山を切土して十分な容量を確保する。

《R3-26》

---

**解説**

**29** (1) コンクリート張工は，土圧を考慮する必要はない。
(2) もたれ式コンクリート擁壁工は，斜面脚部に沿って擁壁を設置する工法である。
(3) 斜面の高さに応じて，小段の設置を必要とする工法である。
(4) 記述は，適当である。

**30** (3) 落石予防工は，斜面上の転石の除去等落石の発生を防ぐもので，落石防護工は，発生した落石を斜面下部や中部で止めるものである。

**31** (1) もたれ式コンクリート擁壁工は，良質な地山において多用される。
(2) 記述は，適当である。
(3) 切土した斜面には，法面保護工は必要である。
(4) 現場打ちコンクリート枠工の桁の構造は，一般に鉄筋コンクリートである。

**32** (4) 下部で地山を切土してはならない。

---

**試験によく出る重要事項**

① **急傾斜地崩壊防止施設**：家屋に隣接した斜面の崩壊を防止するもので，**抑制工**と，構造物が持つ抑止力を利用する**抑止工**とがある。
② **擁壁工**：斜面下部の安定，小規模崩壊の抑止，法面保護工の基礎，崩壊土砂を遮断して人家に及ぶことを防止，押さえ盛土の補強などを目的とする。
③ **アンカー工**：硬岩または軟岩の斜面において，岩壁に節理・亀裂・層理があり，表面の岩壁が崩れそうなとき，その安定性を高める目的で用いる。**グラウンドアンカー工**と**ロックボルト工**とに大別される。

# 2·3 道路・舗装

## ● 2·3·1　路床の施工

出題頻度　低■■■■■■高

**1**

道路のアスファルト舗装における路床の安定処理の施工方法に関する次の記述のうち，**適当でないもの**はどれか。

(1)　路上混合方式による場合，安定処理の効果を十分に発揮させるには，混合機により対象土を所定の深さまでかき起こし，安定剤を均一に散布・混合し締め固めることが重要である。

(2)　路上混合方式による場合，安定材の散布及び混合に際して粉塵対策を施す必要がある場合には，防塵型の安定材を用いたり，シートを設置したりする等の対策をとる。

(3)　路上混合方式による場合，粒状の生石灰を用いるときには，一般に，一回目の混合が終了したのち仮転圧して散水し，生石灰の消化が始まる前に再び混合する。

(4)　路上混合方式による場合，混合にはバックホゥやブルドーザを使用することもあるが，均一に混合するには，スタビライザを用いることが望ましい。

《R4-27》

**2**

道路のアスファルト舗装における路床の施工に関する次の記述のうち，**適当でないもの**はどれか。

(1)　盛土路床は，施工後の降雨排水対策として，縁部に仮排水溝を設けておくことが望ましい。

(2)　凍上抑制層は，凍結深さから求めた必要な置換え深さと舗装の厚さを比較し，舗装の厚さが大きい場合に，路盤の下にその厚さの差だけ凍上の生じにくい材料で置き換える。

(3)　安定処理土は，セメント及びセメント系安定材を使用する場合，六価クロムの溶出量が所定の土壌環境基準に適合していることを確認して施工する。

(4)　構築路床は，現状路床の支持力を低下させないよう，所定の品質，高さ及び形状に仕上げる。

《R5-27》

**3**

道路のアスファルト舗装における路床の施工に関する次の記述のうち，**適当でないもの**はどれか。

(1)　盛土路床は，使用する盛土材の性質をよく把握した上で均一に敷き均し，施工後の降雨排水対策として，縁部に仮排水溝を設けておくことが望ましい。

(2)　路床の安定処理工法による構築路床の施工では，一般に路上混合方式で行い，所定量の安定材を散布機械又は人力により均等に散布する。

(3)　構築路床の施工終了後,舗装の施工までに相当の期間がある場合には,降雨によって軟弱化したり流出したりするおそれがあるので,仕上げ面の保護などに配慮する必要がある。

(4)　路床の置き換え工法は，原地盤を所定の深さまで掘削し，置換え土と掘削面を付着させるため掘削面をよくかきほぐしながら，良質土を敷き均し，締め固めて仕上げる。

《R2-27》

**4** 道路のアスファルト舗装における路床の施工に関する次の記述のうち，適当でないものはどれか。

(1) 構築路床は，適用する工法の特徴を把握した上で現状路床の支持力を低下させないように留意しながら，所定の品質，高さ及び形状に仕上げる。

(2) 置換え工法は，軟弱な現地盤を所定の深さまで掘削し，良質土を原地盤の上に盛り上げて構築路床を築造する工法で，掘削面以下の層をできるだけ乱さないよう留意して施工する。

(3) 安定処理工法では，安定材の散布を終えたのち，適切な混合機械を用いて所定の深さまで混合し，混合むらが生じた場合には再混合する。

(4) 盛土路床は，使用する盛土材の性質をよく把握して均一に敷き均し，過転圧により強度増加が得られるように締め固めて仕上げる。

《R3-27》

専門土木

---

**解説**

**1** (3) 粒状の生石灰を用いるときは，一回目の混合が終了したのち仮転圧して散水し，**生石灰の消化が終了してから再び混合する。**

**2** (2) **置換え深さが大きい場合に，**路盤の下にその厚さの差だけ凍上の生じにくい材料で置き換える。

**3** (4) 路床の置き換え工法は，**掘削面以下をできるだけ乱さないようにする。**

**4** (4) **過転圧はしないようにする。**

---

**試験によく出る重要事項**

**路床の施工**

① **路床**：路盤下 1 m の範囲をいう。

② **安定処理**：設計 CBR が 3 未満では現状路床土を入れ替える置換工法，セメントや石灰で処理する安定処理工法により改良する。

③ **盛土 1 層の敷均し厚さ**：仕上り厚で 20 cm 以下を目安とする。

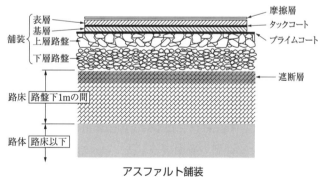

アスファルト舗装

④ **降雨対策**：盛土路床施工後，縁部に，仮排水路を設置する。

⑤ **検査**：路床の締固め不良部分は，プルーフローリング試験で確認する。

⑥ **安定処理方式**：一般に路上混合方式で行う。

⑦ **安定処理材料**：砂質土にはセメント，粘性土には石灰が使用される。

## ● 2·3·2　路盤の施工

出題頻度　低■■■■■■高

**5**
道路のアスファルト舗装における路盤の施工に関する次の記述のうち，**適当でないもの**はどれか。

(1)　アスファルトコンクリート再生骨材を多く含む再生路盤材料は，締め固めにくい傾向にあるので，使用するローラの選択や転圧の方法等に留意して施工するとよい。

(2)　セメント安定処理路盤を締固め直後に交通開放する場合は，含水比を一定に保つとともに，表面を保護する目的で必要に応じてアスファルト乳剤等を散布するとよい。

(3)　粒状路盤材料が乾燥しすぎている場合は，施工中に適宜散水して，最適含水比付近の状態で締め固めるとよい。

(4)　シックリフト工法による加熱アスファルト安定処理路盤は，早期交通開放すると初期わだち掘れが発生しやすいので，舗設後に加熱するとよい。

《R5-28》

**6**
道路のアスファルト舗装における路盤の施工に関する次の記述のうち，**適当なもの**はどれか。

(1)　上層路盤の粒度調整路盤は，一層の仕上り厚さが 20 cm を超える場合において所要の締固め度が保証される施工方法が確認されていれば，その仕上り厚さを用いてもよい。

(2)　上層路盤の加熱混合方式による瀝青安定処理路盤は，一層の施工厚さが 20 cm までは一般的なアスファルト混合物の施工方法に準じて施工する。

(3)　下層路盤の粒状路盤工法では，締固め密度は液性限界付近で最大となるため，乾燥しすぎている場合は適宜散水し，含水比が高くなっている場合は曝気乾燥などを行う。

(4)　下層路盤の路上混合方式によるセメント安定処理工法では，締固め終了後直ちに交通開放しても差し支えないが，表面を保護するために常時散水するとよい。

《R4-28》

**7**
道路のアスファルト舗装における路盤の施工に関する次の記述のうち，**適当でないもの**はどれか

(1)　下層路盤の施工において，粒状路盤材料が乾燥しすぎている場合は，適宜散水し，最適含水比付近の状態で締め固める。

(2)　下層路盤の路上混合方式による安定処理工法は，1 層の仕上り厚は 15～30 cm を標準とし，転圧には 2 種類以上の舗装用ローラを併用すると効果的である。

(3)　上層路盤の粒度調整工法では，水を含むと泥濘化することがあるので，75 $\mu$m ふるい通過量は締固めが行える範囲でできるだけ多いものがよい。

(4)　上層路盤の瀝青安定処理路盤の施工でシックリフト工法を採用する場合は，敷均し作業は連続的に行う。

《R2-28》

専門土木

**8** 道路のアスファルト舗装における路盤の施工に関する次の記述のうち，**適当でないもの**はどれか。

(1) 下層路盤の路上混合方式によるセメント安定処理工法では，前日の施工端部を乱さないように留意して新たに施工を行い，できるだけ早い時期に打ち継ぐことが望ましい。

(2) 下層路盤の粒状路盤の施工で，粒状路盤材料が著しく水を含み締固めが困難な場合には，曝気乾燥や少量の石灰，又はセメントを散布，混合して締め固めることがある。

(3) 下層路盤の路上混合方式によるセメント安定処理工法で，地域産材料や補足材を用いる場合は，整正した在来砂利層等の上に均一に敷き広げる。

(4) 下層路盤の粒状路盤の施工で，粒状路盤材料として砂等の締固を適切に行うためには，その上にクラッシャラン等をおいて同時に締め固めてもよい。

《R3-28》

**解説**

**5** (4) **舗設後に冷却**するとよい。

**6** (1) 記述は，適当である。

(2) 施工厚さが **10 cm** までは，一般的なアスファルト混合物の施工方法に準じて施工する。

(3) 締固め密度は，**最適含水比付近で締め固めると最大**になる。

(4) 表面を保護するために**アスファルト乳剤等をプライムコートとして散布**する。

**7** (3) 上層路盤の**粒度調整工法**では，**75 μm ふるい通過量**は，**できるだけ少なくする**。

**8** (1) 前日の施工端部を**垂直に切り取って，早期に打継ぐ**。

────── 試験によく出る重要事項 ──────

**1. 上層路盤の仕上り厚さ**

| 工　法 | 仕上り厚さ |
|---|---|
| 粒度調整路盤 | 標準 15 cm 以下<br>振動ローラを使用する場合，上限 20 cm |
| セメント，石灰安定処理路盤 | 標準 10 ～ 20 cm<br>振動ローラを使用する場合は，上限 30 cm |
| 瀝青安定処理路盤 | 一般工法 10 cm 以下<br>シックリフト工法 10 cm 超 |

**2. 下層路盤の仕上り厚さ**

| 工　法 | 仕上り厚さ |
|---|---|
| 粒状路盤 | 標準 20 cm 以下 |
| セメント，石灰安定処理路盤 | 標準 15 ～ 30 cm |

## ● 2·3·3　基層・表層の施工

**9**

道路のアスファルト舗装における基層・表層の施工に関する次の記述のうち，**適当でないもの**はどれか。

(1)　タックコート面の保護や乳剤による施工現場周辺の汚れを防止する場合は，乳剤散布装置を搭載したアスファルトフィニッシャを使用することがある。

(2)　アスファルト混合物の敷均し作業中に雨が降り始めた場合は，敷均し作業を中止するとともに，敷き均した混合物を速やかに締め固めて仕上げる。

(3)　施工の終了時又はやむを得ず施工を中断した場合は，道路の縦断方向に縦継目を設け，縦継目の仕上りの良否が走行性に直接影響を与えるので平坦に仕上げるように留意する。

(4)　振動ローラにより転圧する場合は，転圧速度が速すぎると不陸や小波が発生し，遅すぎると過転圧になることがあるので，転圧速度に注意する。

《R5-29》

**10**

道路のアスファルト舗装における基層・表層の施工に関する次の記述のうち，**適当なもの**はどれか。

(1)　アスファルト混合物の敷均し前は，アスファルト混合物のひきずりの原因とならないように，事前にアスファルトフィニッシャのスクリードプレートを十分に湿らせておく。

(2)　アスファルト混合物の敷均し時の余盛高は，混合物の種類や使用するアスファルトフィニッシャの能力により異なるので，施工実績がない場合は試験施工等によって余盛高を決定する。

(3)　アスファルト混合物の転圧開始時は，一般にローラが進行する方向に案内輪を配置して，駆動輪が混合物を進行方向に押し出してしまうことを防ぐ。

(4)　アスファルト混合物の締固め作業は，所定の密度が得られるように締固め，初転圧，二次転圧，継目転圧及び仕上げ転圧の順序で行う。

《R4-29》

**11**

道路のアスファルト舗装における表層・基層の施工に関する次の記述のうち，**適当でないもの**はどれか。

(1)　横継目の施工にあたっては，既設舗装の補修・延伸の場合を除いて，下層の継目の上に上層の継目を重ねないようにする。

(2)　アスファルト混合物の二次転圧で荷重，振動数及び振幅が適切な振動ローラを使用する場合は，タイヤローラよりも少ない転圧回数で所定の締固め度が得られる。

(3)　改質アスファルト混合物の舗設は，通常の加熱アスファルト混合物に比べて，より高い温度で行う場合が多いので，特に温度管理に留意して速やかに敷き均す。

(4)　寒冷期のアスファルト舗装の舗設は，中温化技術を使用して混合温度を大幅に低減させることにより混合物温度が低下しても良好な施工性が得られる。

《R2-29》

**12**

道路のアスファルト舗装における基層・表層の施工に関する次の記述のうち，**適当でないもの**はどれか。

(1) アスファルト舗装の仕上げ転圧は，不陸の整正やローラマークを消去するために行うものであり，タイヤローラあるいはロードローラで2回程度行うとよい。

(2) アスファルト舗装に中温化技術により施工性を改善した混合物を使用する場合は，所定の締固め度が得られる範囲で，適切な転圧温度を設定するとよい。

(3) やむを得ず5℃以下の気温でアスファルト混合物を舗設する場合，敷均しに際しては断続作業を原則とし，アスファルトフィニッシャのスクリードを断続的に加熱するとよい。

(4) ポーラスアスファルト混合物の敷均しは，通常のアスファルト舗装の場合と同様に行うが，温度低下が通常の混合物よりも早いため，敷均し後速やかに初転圧を行うとよい。

《R3-29》

---

**解説**

**9** (3) 道路の**横断方向に横継目**を設ける。

**10** (1) スクリュードプレートを十分に**乾燥**させておく。

(2) 記述は，適当である。

(3) ローラが進行する方向に**駆動輪を配置して**，案内輪が混合物を進行方向に押し出してしまうのを防ぐ。

(4) **継目転圧，初転圧，二次転圧，仕上げ転圧の順序**で行う。

**11** (4) **中温化技術**とは，**製造および施工温度を30℃程度低減可能な技術**で，これ以上混合物温度が低下した場合は，良好な施工性は得られない。

**12** (3) 敷均しに際しては，**連続作業を原則**とする。

---

**━━━ 試験によく出る重要事項 ━━━**

**表層・基層**

1. **使用目的別舗装用機械**を下表に示す。

| 使用目的 | 機械 |
|---|---|
| 路上混合 | スタビライザ・バックホウ |
| 掘削・積込み | バックホウ・トラクタショベル・ホイールローダ |
| 整形 | モータグレーダ・ブルドーザ |
| 散布 | 安定材散布機・エンジンスプレーヤ・アスファルトディストリビュータ |
| 敷均し | モータグレーダ・ブルドーザ・ベースペーパー・アスファルトフィニッシャ |
| 締固め | ロードローラ・タイヤローラ・振動ローラ・散水車 |

2. **締固め時の混合物の状態**：ローラの線圧が過大であったり，転圧温度が高過ぎたり，過転圧などの場合は，ヘアクラックが発生する。

3. **転圧終了後の交通開放**：舗装表面の温度が，ほぼ，**50℃以下**となってから行う。

**● 2·3·4 コンクリート舗装**

出題頻度 低■■■□□□高

**13** 道路の各種コンクリート舗装に関する次の記述のうち，**適当でないもの**はどれか。

(1) 転圧コンクリート版は，単位水量の少ない硬練りコンクリートを，アスファルト舗装用の舗設機械を使用して敷き均し，ローラによって締め固める。

(2) 連続鉄筋コンクリート版は，横方向鉄筋上に縦方向鉄筋をコンクリート打設直後に連続的に設置した後，フレッシュコンクリートを振動締固めによって締め固める。

(3) プレキャストコンクリート版は，あらかじめ工場で製作したコンクリート版を路盤上に敷設し，必要に応じて相互のコンクリート版をバー等で結合して築造する。

(4) 普通コンクリート版は，フレッシュコンクリートを振動締固めによってコンクリート版とするもので，版と版の間の荷重伝達を図るバーを用いて目地を設置する。

《R4-32》

**14** 道路のコンクリート舗装に関する次の記述のうち，**適当でないもの**はどれか。

(1) 普通コンクリート版の施工では，コンクリートの敷均しは，鉄網を用いる場合は2層で，鉄網を用いない場合は1層で行う。

(2) コンクリート舗装の初期養生は，コンクリート版の表面仕上げに引き続き行い，後期養生ができるまでの間，コンクリート表面の急激な乾燥を防止するために行う。

(3) 連続鉄筋コンクリート版の施工では，コンクリートの敷均しと締固めは鉄筋位置で2層に分けて行い，コンクリートが十分にいきわたるように締め固めることが重要である。

(4) 転圧コンクリート版の施工では，コンクリートは，舗設面が乾燥しやすいので，敷均し後できるだけ速やかに，転圧を開始することが重要である。

《R2-32》

**15** 道路のコンクリート舗装のセットフォーム工法による施工に関する次の記述のうち，**適当でないもの**はどれか。

(1) コンクリート版の表面は，水光りが消えるのを待って，ほうきやはけを用いて，すべり止めの細かい粗面に仕上げる。

(2) 隅角部，目地部，型枠付近の締固めは，棒状バイブレータなど適切な振動機器を使用して入念に行う。

(3) 横収縮目地に設ける目地溝は，コンクリート版に有害な角欠けが生じない範囲内で早期にカッタにより形成する。

(4) コンクリートの敷均しは，材料が分離しないように，また一様な密度となるように，レベリングフィニッシャを用いて行う。

《H30-32》

**16**

道路の普通コンクリート舗装におけるセットフォーム工法の施工に関する次の記述のうち，**適当でないもの**はどれか。

(1) コンクリートの表面仕上げは，平坦仕上げだけでは表面が平滑すぎるので，粗面仕上げ機又は人力によりシュロなどで作ったほうきやはけを用いて，表面を粗面に仕上げる。

(2) コンクリートの敷均しでは，締固め，荒仕上げを終了したとき，所定の厚さになるように，適切な余盛りを行う。

(3) コンクリートをフィニッシャなどで締固めを行うときは，型枠及び目地の付近は締固めが不十分になりがちなので，適切な振動機器を使用して細部やバー周辺も十分締め固める。

(4) コンクリートを直接路盤上に荷卸しする場合は，大量に荷卸しして大きい山を作ることで，材料分離を防いで，敷均し作業を容易にする。

《H29-31》

---

**解説**

**13** (2) 横方向鉄筋上に縦方向鉄筋を，**コンクリート打設前**に連続的に設置する。

**14** (3) 下層および上部コンクリートの**全層を1層で**締め固める。

**15** (4) コンクリートの敷均しは，**ブレードスプレッダ**で行う。

**16** (4) コンクリートは，横移動させないよう**小分けにして荷卸し**，締め固める。

---

**試験によく出る重要事項**

## コンクリート舗装

① **コンクリート版の種類**：普通コンクリート版，連続鉄筋コンクリート版，転圧コンクリート版など。

② **鉄網**：鉄網は，版の上面から1/3の深さの位置に設置。継手は重ね継手とし，重ね代は20cm程度とする。

③ **締固め**：一般に，コンクリートフィニッシャで行う。

④ **工程**：荷卸し → 敷均し → 鉄網および縁端部補強鉄筋 → 締固め → 荒仕上げ → 平坦仕上げ → 粗面仕上げ → 養生の順で行う。

⑤ **初期養生**：表面仕上げ終了後から，コンクリート表面を荒さないで養生作業ができるまでの養生。初期養生は，三角屋根養生と膜養生が一般的。

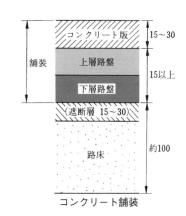

コンクリート舗装

⑥ **打換え**：目地で区切られた区画を単位として打換えなどを行う。

⑦ **目地**：連続コンクリート版は，横目地を設けない。転圧コンクリート版は，縦・横に目地溝をつくり，目地材を充填する。

## ● 2·3·5　各種舗装の施工

**17** 道路の各種アスファルト舗装に関する次の記述のうち，**適当なもの**はどれか。

(1) グースアスファルト舗装は，グースアスファルト混合物を用いた不透水性やたわみ性等の性能を有する舗装で，一般にコンクリート床版の橋面舗装に用いられる。

(2) 大粒径アスファルト舗装は，最大粒径の大きな骨材をアスファルト混合物に用いる舗装で，耐流動性や耐摩耗性等の性能を有するため，一般に鋼床版舗装等の橋面舗装に用いられる。

(3) フォームドアスファルト舗装は，加熱アスファルト混合物を製造する際に，アスファルトを泡状にして容積を増大させて混合性を高めて製造した混合物を用いる舗装である。

(4) 砕石マスチック舗装は，細骨材に対するフィラーの量が多い浸透用セメントミルクで粗骨材の骨材間隙を充填したギャップ粒度のアスファルト混合物を用いる舗装である。

《R5-31》

**18** 道路の排水性舗装に用いるポーラスアスファルト混合物の施工に関する次の記述のうち，**適当でないもの**はどれか。

(1) 敷均しは，異種の混合物を二層同時に敷き均せるアスファルトフィニッシャや，タックコートの散布装置付きフィニッシャが使用されることがある。

(2) 締固めは，供用後の耐久性及び機能性に大きく影響を及ぼすため，所定の締固め度を確保することが特に重要である。

(3) 敷均しは，通常のアスファルト舗装の場合と同様に行うが，温度の低下が通常の混合物よりも早いため，できるだけ速やかに行う。

(4) 締固めは，所定の締固め度をタイヤローラによる初転圧及び二次転圧の段階で確保することが望ましい。

《R4-31》

**19** 道路のアスファルト舗装の各種舗装の特徴に関する次の記述のうち，**適当でないもの**はどれか。

(1) 半たわみ性舗装は，空隙率の大きな開粒度タイプの半たわみ性舗装用アスファルト混合物に，浸透用セメントミルクを浸透させたものである。

(2) グースアスファルト舗装は，グースアスファルト混合物を用いた不透水性やたわみ性等の性能を有する舗装で，一般に鋼床版舗装等の橋面舗装に用いられる。

(3) ポーラスアスファルト舗装は，ポーラスアスファルト混合物を表層あるいは表・基層等に用いる舗装で，雨水を路面下に速やかに浸透させる機能を有する。

(4) 保水性舗装は，保水機能を有する表層や表・基層に保水された水分が蒸発する際の気化熱により路面温度の上昇を促進する舗装である。

《R3-31》

**20**

道路のポーラスアスファルト混合物の舗設に関する次の記述のうち，**適当でないもの**はどれか。

(1) 表層又は表・基層にポーラスアスファルト混合物を用い，その下の層に不透水性の層を設ける場合は，不透水性の層の上面の勾配や平たん性の確保に留意して施工する。

(2) ポーラスアスファルト混合物は，粗骨材が多いのですりつけが難しく，骨材も飛散しやすいので，すりつけ最小厚さは粗骨材の最大粒径以上とする。

(3) ポーラスアスファルト混合物の締固めでは，所定の締固め度を，初転圧及び二次転圧のロードローラによる締固めで確保するのが望ましい。

(4) ポーラスアスファルト混合物の仕上げ転圧では，表面のきめを整えて，混合物の飛散を防止する効果も期待して，コンバインドローラを使用することが多い。

《R2-31》

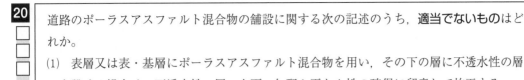

**解説**

**17** (1) 一般に**鋼床版の橋面舗装**に用いられる。

 (2) 一般に**重交通道路の舗装**に用いられる。

 (3) 記述は，適当である。

 (4) **アスファルトモルタル**で粗骨材の骨材間隔を充填したギャップ粒度のアスファルト混合物を用いる。

**18** (4) 所定の締固め度を**ロードローラ**による初転圧及び二次転圧で確保するのが望ましい。

**19** (4) 路面温度の**上昇をおさえる舗装**である。

**20** (4) ポーラスアスファルト混合物の仕上げ転圧は，**ロードローラやタイヤローラ**で行う。

---

**試験によく出る重要事項**

**機能・構造別分類による各種舗装**

① **排水性舗装**：路面の水を路盤上まで浸透させ，路側へ排水する舗装。水はね防止，ハイドロプレーニング防止，雨天時の視認性向上の効果がある。プライムコートは使用しない。

② **明色舗装**：表層に光線反射率の大きい明色骨材を使用して，路面の明るさなどを向上させた舗装。トンネル内・交差点・路肩などに用いる。

③ **着色舗装**：加熱アスファルト混合物に顔料や着色骨材を混入した舗装。景観を重視した箇所や通学路・交差点・バスレーンなどに用いる。

④ **すべり止め舗装**：すべり抵抗を高めた舗装で，硬質骨材を路面に接着する工法や，路面に溝をつけたグルービング工法がある。急坂部・曲線部・踏切などに用いる。

⑤ **フルデブスアスファルト舗装**：路床から上の全層に，加熱アスファルト混合物および瀝青安定処理路盤材を用いた舗装。舗装厚さを薄くできるので，厚さ制限がある所，地下埋設物が浅い所，地下水位が高い所などに使用する。

## ● 2·3·6　アスファルト舗装の補修

**21**
道路のアスファルト舗装の補修工法に関する次の記述のうち，適当でないものはどれか。

(1)　オーバーレイ工法は，既設の舗装上にアスファルト混合物の層を重ねる工法で，既設舗装の破損が著しく，その原因が路床や路盤の欠陥によると思われるときは局部的に打ち換える。

(2)　表層・基層打換え工法は，既設舗装を表層又は基層まで打ち換える工法で，コンクリート床版に不陸があって舗装厚が一定でない場合，床版も適宜切削して不陸をなくしておく。

(3)　路上表層再生工法は，現位置において既設アスファルト混合物層を新しい表層として再生する工法で，混合物の締固め温度が通常より低いため，能力の大きな締固め機械を用いるとよい。

(4)　打換え工法は，既設舗装のすべて又は路盤の一部まで打ち換える工法で，路盤以下の掘削時は，既設埋設管等の占用物の調査を行い，試掘する等して破損しないように施工する。

《R5-30》

**22**
道路のアスファルト舗装における補修工法に関する次の記述のうち，適当でないものはどれか。

(1)　鋼床版上にて表層・基層打換えを行うときは，事前に発錆状態を調査しておき，発錆の程度に応じた経済的な表面処理を施して，舗装と床版の接着性を確保する。

(2)　線状打換え工法で複数層の施工を行うときは，既設舗装の撤去にあたり，締固めを行いやすくするため，上下層の撤去位置を合わせる。

(3)　既設舗装上に薄層オーバーレイ工法を施工するときは，舗設厚さが薄いため混合物の温度低下が早いことから，寒冷期等には迅速な施工を行う。

(4)　ポーラスアスファルト舗装を切削オーバーレイ工法で補修するときは，切削面に直接雨水等が作用することから，原則としてゴム入りアスファルト乳剤を使用する。

《R4-30》

**23**
道路のアスファルト舗装の補修に関する次の記述のうち，適当でないものはどれか。

(1)　アスファルト舗装の流動によるわだち掘れが大きい場合は，その原因となっている層の上への薄層オーバーレイ工法を選定する。

(2)　加熱アスファルト混合物のシックリフト工法で即日交通開放する場合，交通開放後早期にわだち掘れを生じることがあるので，舗装の冷却等の対策をとることが望ましい。

(3)　アスファルト舗装の路面のたわみが大きい場合は，路床，路盤等の開削調査等を実施し，その原因を把握した上で補修工法の選定を行う。

(4)　オーバーレイ工法でリフレクションクラックの発生を抑制させる場合には，クラック抑制シートの設置や，応力緩和層の採用等を検討する。

《R3-30》

**24** 道路のアスファルト舗装における補修工法に関する次の記述のうち，**適当でないもの**はどれか。

(1) 打換え工法で既設舗装の切削作業を行う場合には，地下埋設物占有者の立会を求めて，あらかじめ試験掘りを行うなどして位置や深さを確認するとよい。

(2) 路上表層再生工法でリミックス方式による場合，再生表層混合物は，既設混合物が加熱されて温度が低下しにくいため温度低下してから初転圧を行う。

(3) 切削オーバーレイ工法で施工する場合は，切削屑をきれいに除去し，特に切削溝の中に切削屑などを残さないようにする。

(4) 打換え工法で表層を施工する場合は，平たん性を確保するために，ある程度の面積にまとめてから行うことが望ましい。

《R2-30》

---

### 解説

**21** (2) 路床に不陸があって舗装厚が一定でない場合，**路盤も適宜切削して不陸をなくしておく**。

**22** (2) 上下層の撤去位置は，**合わせないようにする**。

**23** (1) **流動によるわだち掘れ**には，その原因となっている層を除去する表層・基礎打換え工法を選定する。

**24** (2) **路上表層再生工法**では，**温度低下をまたずに初転圧を行う**。

---

### 試験によく出る重要事項

アスファルト舗装の補修工法

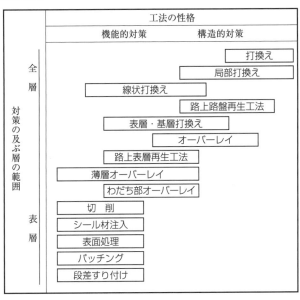

## ● 2·3·7　コンクリート舗装の補修

出題頻度　低■■■□□□高

**25** 道路のコンクリート舗装の補修工法に関する次の記述のうち，**適当なもの**はどれか。

(1) 注入工法は，コンクリート版と路盤との間にできた空隙や空洞を充填し，沈下を生じた版を押し上げて平常の位置に戻す工法である。

(2) 粗面処理工法は，コンクリート舗装面を粗面に仕上げることによって，舗装版の強度を回復させる工法である。

(3) 付着オーバーレイ工法は，既設コンクリート版とコンクリートオーバーレイとが一体となるように，既設版表面に路盤紙を敷いたのち，コンクリートを打ち継ぐ工法である。

(4) バーステッチ工法は，既設コンクリート版に発生したひび割れ部に，ひび割れと平行に切り込んだカッタ溝に異形棒鋼等などの鋼材を埋設する工法である。

《R5-32》

**26** 道路のコンクリート舗装の補修工法に関する次の記述のうち，**適当でないもの**はどれか。

(1) グルービング工法は，雨天時のハイドロプレーニング現象の抑制やすべり抵抗性の改善等を目的として実施される工法である。

(2) バーステッチ工法は，既設コンクリート版に発生したひび割れ部に，ひび割れと直角の方向に切り込んだカッタ溝に目地材を充填して両側の版を連結させる工法である。

(3) 表面処理工法は，コンクリート版表面に薄層の舗装を施工して，車両の走行性，すべり抵抗性や版の防水性等を回復させる工法である。

(4) パッチング工法は，コンクリート版に生じた欠損箇所や段差等に材料を充填して，路面の平坦性等を応急的に回復させる工法である。

《R3-32》

**27** 道路のコンクリート舗装の補修工法に関する次の記述のうち，**適当でないもの**はどれか。

(1) コンクリート舗装版上のコンクリートによる付着オーバーレイ工法では，その目地は既設コンクリート舗装の目地位置に合わせ，切断深さはオーバーレイ厚の1/3とする。

(2) コンクリート舗装版に生じた欠損や段差などを応急的に回復するパッチング工法では，既設コンクリートとパッチング材料との付着を確実にすることが重要である。

(3) コンクリート舗装版の隅角部の局部打換え工法では，ブレーカなどを用いてひび割れを含む方形部分のコンクリートを取除き，旧コンクリートの打継面は鉛直になるようにはつる。

(4) コンクリート舗装版上のアスファルト混合物によるオーバーレイ工法では，オーバーレイ厚の最小厚は8 cmとすることが望ましい。

《H28-32》

**28** 道路のコンクリート舗装に関する次の記述のうち，**適当でないもの**はどれか。

(1) プレキャストコンクリート版舗装は，工場で製作したコンクリート版を路盤上に敷設し，築造する舗装であり，施工後早期に交通開放ができるため修繕工事に適している。

(2) 薄層コンクリート舗装は，コンクリートでオーバーレイする舗装であり，既設コンクリート版にひび割れが多発している箇所など，構造的に破損していると判断される場合に適用する。

(3) ポーラスコンクリート舗装は，高い空げき率を有したポーラスコンクリート版を使用し，これにより排水機能や透水機能などを持たせた舗装である。

(4) コンポジット舗装は，表層又は表層・基層にアスファルト混合物を用い，直下の層にセメント系の版を用いた舗装であり，通常のアスファルト舗装より長い寿命が期待できる。

《R1-32》

**解説**

**25** (1) 記述は，適当である。

(2) 舗装版の**すべり抵抗性を回復**させる工法である。

(3) 既設版表面は**表面乾燥状態から気乾燥状態にして**，コンクリートを打継ぐ工法である。

(4) **ひび割れと直角**に切り込んだカッタ溝に異形棒鋼等の鋼材を埋設する工法である。

**26** (2) **バーステッチ工法**とは，ひび割れが生じたコンクリート版を鉄筋等を用いて連結し，ひび割れ部の荷重伝達を確保する工法である。

**27** (1) **目地**は，既設コンクリート舗装の目地位置に合わせ，**切断深さはオーバーレイ厚とする**。

**28** (2) **薄層コンクリート舗装**は，構造的に**破損している場合は適用できない**。

**━━━ 試験によく出る重要事項 ━━━**

**コンクリート舗装の補修工法**（構造的対策）

① **打換え工法**：広範囲にわたり，コンクリート版そのものに破損が生じた場合に行う。隅角部，横断方向など，局部にひび割れが発生した場合には，版あるいは路盤を含めて局部的に打ち換える。

② **オーバーレイ工法**：既設コンクリート版上に，アスファルト混合物を舗設するか，または，新しいコンクリートを打ち継ぎ，舗装の耐荷力を向上させる。アスファルト混合物の場合は，最小厚を 8 cm 以上とする。15 cm 以上となる場合は，別の方法を検討する。

③ **バーステッチ工法**：既設コンクリート版に発生したひび割れ部に，ひび割れと直角方向にカッタ溝切込みを設け，異形棒鋼あるいはフラットバー等の鋼材を埋設して，ひび割れをはさんだ両側の版を連結させる工法。

④ **パッチング工法**：コンクリート版に生じた，欠損箇所や段差等に材料を充填して，路面の平たん性などを応急的に回復する工法。パッチング材料には，セメント系・アスファルト系・樹脂系がある。

## 2·4　ダム・トンネル

### ● 2·4·1　コンクリートダム

出題頻度　低■■■■□高

**1**　重力式コンクリートダムで各部位のダムコンクリートの配合区分と必要な品質に関する次の記述のうち，**適当なもの**はどれか。

(1)　着岩コンクリートは，所要の水密性，すりへり作用に対する抵抗性や凍結融解作用に対する抵抗性が要求される。

(2)　外部コンクリートは，水圧等の作用を自重で支える機能を持ち，所要の単位容積質量と強度が要求され，発熱量が小さく，施工性に優すぐれていることが必要である。

(3)　内部コンクリートは，岩盤との付着性及び不陸のある岩盤に対しても容易に打ち込めて一体性を確保できることが要求される。

(4)　構造用コンクリートは，鉄筋や埋設構造物との付着性，鉄筋や型枠等の狭隘部への施工性に優れていることが必要である。

《R5-34》

**2**　ダムコンクリートの工法に関する次の記述のうち，**適当でないもの**はどれか。

(1)　RCD用コンクリートは，ブルドーザによって，一般的に 0.75 m リフトの場合には3層，1 m リフトの場合には4層と薄層に敷き均し，振動ローラで締め固める。

(2)　ダムコンクリートの打込みは，一般的に有スランプコンクリートは1時間当り4 mm 以上，RCD用コンクリートは1時間当り2 mm 以上の降雨強度時に中止することが多い。

(3)　RCD用コンクリートの練混ぜから締固めまでの許容時間は，できるだけ速やかに行うものとし，夏季では3時間程度，冬季では4時間程度を標準とする。

(4)　ダムコンクリートに用いる骨材の貯蔵においては，安定した表面水率を確保するため，特に粗骨材は雨水を避ける上屋を設け，7日以上の水切り時間を確保する。

《R4-34》

**3**　ダムコンクリートの打込みに関する次の記述のうち，**適当でないもの**はどれか。

(1)　モルタルの敷込み厚さは，岩盤表面で 2 cm，水平打継目で 1.5 cm を標準とし，モルタルを一度に敷き込む範囲は 30 分程度でコンクリートを打ち込める範囲とする。

(2)　水平打継目に生じたレイタンスの除去は，ダムコンクリートが完全に硬化したことを確認してから圧力水や電動ブラシなどで除去する。

(3)　ダムコンクリートの一般部の打込み方向は，材料分離や降雨などによる打止めを考慮してダム軸に平行な方向に打ち込むものとする。

(4)　棒状バイブレータ（内部振動機）による有スランプコンクリートの締固めは，棒状バイブレータを鉛直に差込み先端が 10 cm 程度下層コンクリートに入るようにする。

《H25-34》

**4** コンクリートダムの施工に関する次の記述のうち，**適当でないもの**はどれか。

(1) RCD 工法は，超硬練りコンクリートをダンプトラック，ブルドーザ，振動目地切り機，振動ローラなどの機械を使用して打設する工法である。

(2) PCD 工法は，ダムコンクリートをポンプ圧送し，ディストリビュータによって打設する工法である。

(3) SP-TOM は，管内部に数枚の硬質ゴムの羽根をらせん状に取り付け，管を回転させながら，連続的にコンクリートを運搬する工法である。

(4) ELCM は，有スランプのダムコンクリートを，ダム軸方向の複数のブロックに一度に打設し，振動ローラを用いて締め固める工法である

《H27-34》

**解説**

**1** (4) 記述は，適当である。

(1)は外部コンクリート，(2)は内部コンクリート，(3)は着岩コンクリートの説明である。

**2** (4) ダムコンクリートに用いる骨材の貯蔵においては，安定した表面水率を確保するため，特に**細骨材**は雨水を避ける上屋を設け，**3〜4日以上**の水切り時間を確保する。

**3** (2) 水平打継目に生じた**レイタンスの除去**は，ダムコンクリートが**完全に硬化する前**に圧力水や電動ブラシなどで除去する。

**4** (4) **ELCM** は複数のブロックを一度に打設し，**搭載型内部振動機で締め固める工法**である。

───── **試験によく出る重要事項** ─────

## コンクリートダム工法

① **柱状工法**（ブロック工法）：縦継目と横継目をもつブロック単位で高低差をつけた柱状に打ち上げていく。1リフト高は1.5 m を標準に，中5日あけてブロックごとに打設する。

② **RCD**（**R**oller **C**ompacted **D**am-Concrete）**工法**：セメント量の少ないゼロスランプの超硬練りのコンクリートをブルドーザで敷き均し，振動ローラなどで締め固める。1リフト高は0.75〜1 m までで，数ブロックを一度に打設する。縦目地は設けず，横目地は振動目地切り機で行う。

③ **拡張レヤー工法**（ELCM：**E**xtended **L**ayer **C**onstruction **M**ethod）：単位セメント量の少ない有スランプのコンクリートで，1リフト高は0.75 m または1.5 m を標準に，ダンプトラック，クレーン吊りバケットなどでコンクリートを運搬し，ホイールローラなどで敷き均し，搭載型内部振動機で締め固める。

④ **CGS 工法**：岩石質材料を分級し，粒度調整および洗浄は行わず，水とセメントを添加して簡単な施設混合を行う。ブルドーザで敷均し，振動ローラで転圧する工法で現地材料を活用した工法である。

## ● 2・4・2　フィルダム・グラウチング

**5**

ダムの基礎処理として行うグラウチングに関する次の記述のうち，**適当でないもの**はどれか。

(1)　重力式コンクリートダムのコンソリデーショングラウチングは，着岩部付近において，遮水性の改良，基礎地盤弱部の補強を目的として行う。

(2)　グラウチングは，ルジオン値に応じた初期配合及び地盤の透水性状等を考慮した配合切換え基準に従って，濃度の濃いものから薄いものへ順に注入を行う。

(3)　カーテングラウチングの施工位置は，コンクリートダムの場合は上流フーチング又は堤内通廊から行うのが一般的である。

(4)　グラウチング仕様は，当初計画を日々の施工の結果から常に見直し，必要に応じて修正していくことが効率的かつ経済的な施工のために重要である。

《R5-33》

**6**

ダムの基礎処理として行うグラウチングに関する次の記述のうち，**適当でないもの**はどれか。

(1)　ダムの基礎グラウチングの施工方法として，上位から下位のステージに向かって削孔と注入を交互に行っていくステージ注入工法がある。

(2)　ブランケットグラウチングは，コンクリートダムの着岩部付近を対象に遮水性を改良することを目的として実施するグラウチングである。

(3)　コンソリデーショングラウチングは，カーテングラウチングとあいまって遮水性を改良することを目的として実施するグラウチングである。

(4)　カーテングラウチングは，ダムの基礎地盤とリム部の地盤の水みちとなる高透水部の遮水性を改良することを目的として実施するグラウチングである。

《R4-33》

**7**

ダムの基礎処理に関する次の記述のうち，**適当でないもの**はどれか。

(1)　ステージ注入工法は，最終深度まで一度削孔した後，下位ステージから上位ステージに向かって1ステージずつ注入する工法である。

(2)　ダム基礎グラウチングの施工法には，ステージ注入工法とパッカー注入工法のほかに，特殊な注入工法として二重管式注入工法がある。

(3)　重力式ダムで遮水性改良を目的とするコンソリデーショングラウチングの孔配置は，規定孔を格子状に配置し，中央内挿法により施工するのが一般的である。

(4)　カーテングラウチングは，ダムの基礎地盤及びリム部の地盤において，浸透路長が短い部分と貯水池外への水みちとなるおそれのある高透水部の遮水性の改良が目的である。

《R3-33》

**8** フィルダムの施工に関する次の記述のうち，**適当でないもの**はどれか。

(1)　遮水ゾーンの盛立面に遮水材料をダンプトラックで撒き出すときは，できるだけフィルタゾーンを走行させるとともに，遮水ゾーンは最小限の距離しか走行させないようにする。

(2)　フィルダムの基礎掘削は，遮水ゾーンと透水ゾーン及び半透水ゾーンとでは要求される条件が異なり，遮水ゾーンの基礎の掘削は所要のせん断強度が得られるまで掘削する。

(3)　フィルダムの遮水性材料の転圧用機械は，従来はタンピングローラを採用することが多かったが，近年は振動ローラを採用することが多い。

(4)　遮水ゾーンを盛り立てる際のブルドーザによる敷均しは，できるだけダム軸方向に行うとともに，均等な厚さに仕上げる。

《R1-34》

---

**解説**

**5** (2)　グラウチングは，ルジオン値に応じた初期配合及び地盤の透水性状等を考慮した配合切換基準に従って，**濃度の薄いものから濃いものへ**順に注入を行う。

**6** (2)　ブランケットグラウチングは，**ロックフィルダムの基礎地盤**において，**カーテングラウチングとあいまって，浸透路長が短いコア着岩部付近**の遮水性を改良することを目的として実施するグラウチングである。

**7** (1)　**ステージ注入工法**は，**上位ステージから下位ステージに向かって注入**する工法である。

**8** (2)　フィルダムの遮水ゾーンの基礎の掘削では，**所要の止水性と変形抵抗**が得られるまで掘削する。

---

========= 試験によく出る重要事項 =========

**1. フィルダム**

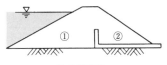
①土質材料
②ドレーン

(a) 均一型

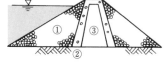
①透水性材料　③遮水材料
②半透水性材料

(b) ゾーン型

①人工遮水壁　②透水性材料

(c) 表面遮水型

フィルダム

**2. コンクリートダム**

ダム軸方向に横継目，ダム軸方向と直角に縦継目を設け，横継目15m，縦継目40m程度の直方体をブロックとして打ち込む。

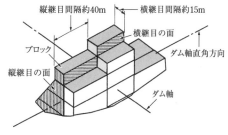

縦継目間隔約40m　　横継目間隔約15m
横継目の面
ブロック
ダム軸直角方向
縦継目の面
ダム軸

ブロックと縦継目・横継目

## ● 2·4·3 RCD工法と拡張レヤー工法 出題頻度 低■■■■□□ 高

**9**

ダムにおける RCD 用コンクリートの打込みに関する次の記述のうち，**適当でないもの**はどれか。

(1) RCD 用コンクリートは，ブルドーザにより薄層に敷き均されるが，1層当たりの敷均し厚さは，振動ローラで締め固めた後に 25 cm 程度となるように 27 cm 程度にしている例が多い。

(2) 練混ぜから締固めまでの許容時間は，ダムコンクリートの材料や配合，気温や湿度等によって異なるが，夏季では 3 時間程度，冬季では 4 時間程度を標準とする。

(3) 横継目は，貯水池からの漏水経路となるため，横継目の上流端付近には主副 2 枚の止水版を設置しなければならない。

(4) RCD 用コンクリート敷均し後，振動目地切機により横継目を設置するが，その間隔はダム軸方向で 30 m を標準とする。

《R3-34》

**10**

ダムのコンクリートの打込みに関する次の記述のうち，**適当でないもの**はどれか。

(1) RCD 用コンクリートの練混ぜから締固めまでの許容時間は，ダムコンクリートの材料や配合，気温や湿度などによって異なるが，夏季では 5 時間程度，冬季では 6 時間程度を標準とする。

(2) 柱状ブロック工法でコンクリート運搬用のバケットを用いてコンクリートを打込む場合は，バケットの下端が打込み面上 1 m 以下に達するまで下ろし，所定の打込み場所にできるだけ近づけてコンクリートを放出する。

(3) RCD 工法は，超硬練りコンクリートをブルドーザで敷き均し，0.75 m リフトの場合には 3 層に，1 m リフトの場合には 4 層に敷き均し，振動ローラで締め固めることが一般的である。

(4) 柱状ブロック工法におけるコンクリートのリフト高は，コンクリートの熱放散，打設工程，打継面の処理などを考慮して 0.75 ～ 2 m を標準としている。

《H30-34》

**11**

ダムの施工法に関する次の記述のうち，**適当でないもの**はどれか。

(1) RCD 工法は，ダンプトラックなどで堤体に運搬された RCD 用コンクリートをブルドーザにより敷き均し，振動目地切り機などで横継目を設置し，振動ローラで締固めを行う工法である。

(2) ELCM（拡張レヤー工法）は，従来のブロックレヤー工法をダム軸方向に拡張し，複数ブロックを一度に打ち込み堤体を面状に打ち上げる工法で，連続施工を可能とする合理化施工法である。

(3) 柱状ブロック工法は，縦継目と横継目で分割した区画ごとにコンクリートを打ち込む方法であり，そのうち横継目を設けず縦継目だけを設ける場合を特にレヤー工法と呼ぶ。

(4) フィルダムの施工は，ダムサイト周辺で得られる自然材料を用いた大規模盛土構造物と，洪水吐きや通廊などのコンクリート構造物となるため，両系統の施工設備が必要となる。

《H29-34》

**12**

下記に示す(イ)〜(ホ)の作業内容について，一般的な RCD 工法（巡航 RCD 工法を除く）の施工手順として，**適当なもの**は次のうちどれか。

- (イ) RCD 用コンクリート打込み
- (ロ) 外部コンクリート打込み
- (ハ) 内部振動機で締固め
- (ニ) 内部振動機で境界部を締固め
- (ホ) 敷き均して振動ローラで締固め

(1) (イ) → (ハ) → (ホ) → (ロ) → (ニ)

(2) (イ) → (ハ) → (ロ) → (ニ) → (ホ)

(3) (ロ) → (ハ) → (イ) → (ホ) → (ニ)

(4) (ロ) → (ハ) → (イ) → (ニ) → (ホ)

《R1-33》

**解説**

**9** (4) RCD 用コンクリートの横継目の間隔はダム軸方向で **15 m** を標準とする。

**10** (1) RCD 用コンクリートの練混ぜから締固めまでの許容時間は，**夏季では 3 時間**程度，**冬季では 4 時間**程度を標準とする。

**11** (3) **柱状ブロック工法**は，縦継目と横継目で分割した区画ごとにコンクリートを打ち込む工法である。そのうち**横継目だけを設ける場合**を特に**レヤー工法**と呼ぶ。

**12** (3) 一般的な RCD 工法は，(ロ)外部コンクリートの打込み，(ハ)内部振動機で締固め，(イ)RCD 用コンクリート打込み，(ホ)敷き均して振動ローラで締固め，(ニ)内部振動機で境界部を締め固める順序で施工する。

---

**試験によく出る重要事項**

**基礎掘削**

① **ダムの基礎掘削**：表土掘削・粗掘削・仕上げ掘削がある。

② **表土掘削**：粗掘削の前に行う草木の伐採・抜根，腐植土・転石の処理。

③ **粗掘削**：掘削計画面まで0.5 m 程度を残した部分を発破や大型重機を用いて行う。

④ **仕上げ掘削**：掘削面から0.5 m 程度を，発破を使わず，人力やツインヘッダーなどにより丁寧に掘削する。通常，粗掘削とは分離して，堤体の盛立てまたは打込前に行う。

⑤ **ベンチカット工法**：上部から下部に向かって，いくつかの平坦部（ベンチ）を設けながら，階段状に盤下げを行う基礎掘削の方法である。

⑥ **ANFO**（硝安油剤爆薬）：ANFO は，硝安と軽油を主成分とする鈍感な爆薬。安全・安価で，流し込み装填ができる利点がある。

## ● 2・4・4　山岳トンネル

出題頻度　低■■■■■■高

**13**

トンネルの山岳工法における支保工の施工に関する次の記述のうち，**適当でないもの**はどれか。

(1)　吹付けコンクリートは，防水シートの破損や覆工コンクリートのひび割れを防止するために，吹付け面をできるだけ平滑に仕上げなければならない。

(2)　吹付けコンクリートは，吹付けノズルを吹付け面に斜め方向に保ち，ノズルと吹付け面との距離及び衝突速度が適正になるように行わなければならない。

(3)　鋼製支保工は，一般に地山条件が悪い場合に用いられ，一次吹付けコンクリート施工後すみやかに建て込まなければならない。

(4)　鋼製支保工は，十分な支保効果を確保するために，吹付けコンクリートと一体化させなければならない。

《R5-35》

**14**

トンネルの山岳工法における掘削工法に関する次の記述のうち，**適当でないもの**はどれか。

(1)　導坑先進工法は，導坑をトンネル断面内に設ける場合は，前方の地質確認や水抜き等の効果があり，導坑設置位置によって，頂設導坑，中央導坑，底設導坑等がある。

(2)　ベンチカット工法は，一般に上部半断面と下部半断面に分割して掘進する工法であり，地山の良否に応じてベンチ長を決定する。

(3)　補助ベンチ付き全断面工法は，ベンチを付けることにより切羽の安定を図る工法であり，地山の大きな変位や地表面沈下を抑制するために，一次インバートを早期に施工する場合もある。

(4)　全断面工法は，地質が安定しない地山等などで採用され，施工途中での地山条件の変化に対する順応性が高い。

《R4-35》

**15**

トンネルの山岳工法における掘削の施工に関する次の記述のうち，**適当でないもの**はどれか。

(1)　全断面工法は，小断面のトンネルや質が安定した地山で採用され，施工途中での地山条件の変化に対する順応性が高い。

(2)　補助ベンチ付き全断面工法は，全断面工法では施工が困難となる地山において，ベンチを付けて切羽の安定をはかり，上半，下半の同時施工により掘削効率の向上をはかるものである。

(3)　側壁導坑先進工法は，側壁脚部の地盤支持力が不足する場合や，土被りが小さい土砂地山で地表面沈下を抑制する必要のある場合などに適用される。

(4)　ベンチカット工法は，全断面では切羽が安定しない場合に有効であり，地山の良否に応じてベンチ長を決定する。

《R2-35》

**16** トンネルの山岳工法における支保工の施工に関する次の記述のうち，**適当でないもの**はどれか。

(1) 吹付けコンクリートは，覆工コンクリートのひび割れを防止するために，吹付け面にできるだけ凹凸を残すように仕上げなければならない。

(2) 支保工の施工は，周辺地山の有する支保機能が早期に発揮されるよう掘削後速やかに行い，支保工と地山をできるだけ密着あるいは一体化させることが必要である。

(3) 鋼製支保工は，覆工の所要の巻厚を確保するために，建込み時の誤差などに対する余裕を考慮して大きく製作し，上げ越しや広げ越しをしておく必要がある。

(4) ロックボルトは，ロックボルトの性能を十分に発揮させるために，定着後，プレートが掘削面や吹付け面に密着するように，ナットなどで固定しなければならない。

《R1-35》

専門土木

**解説**

**13** (2) 吹付けコンクリートは，吹付けノズルを吹付面に**直角方向に保ち**，ノズルと吹付け面との距離及び衝突速度が適正になるように行わなければならない。

**14** (4) 全断面工法は，**地質が安定している地山**等で採用され，施工途中での地山条件の変化に対する**順応性は低い**。

**15** (1) **全断面工法**は，施工途中での地山条件の変化に対する**順応性が低い**。

**16** (1) **吹付けコンクリート**は，吹付け面にできるだけ**凹凸を残さない**ように仕上げなければならない。

---

■ 試験によく出る重要事項 ■

## 山岳トンネルの掘削工法

① **ベンチカット工法**：一般に，断面を上部半断面と下部半断面とに2分割して，ベンチ状に掘削する工法である。半断面で切羽が安定する比較的良好な地質に用いられる。

　ベンチの長さや形状によって，ロングベンチ・ショートベンチ・ミニベンチ，および，多段ベンチに分類され，地山条件が悪くなると，ベンチ長を短くする。さらに悪くなると，段数を増して対応する。

② **導坑先進掘削工法**：地質や湧水状況の調査を行う場合や，地山が軟弱で，切羽の自立が困難な場合，および，土かぶりが小さく地表が沈下する恐れがある場合に用いられる。自立できるだけの小断面のトンネルを先行して掘削し，これを導坑（足がかり）に，断面を切り拡げるものである。

## ● 2·4·5　切羽の安定対策・覆工・計測

**17**

トンネルの山岳工法における施工時の観察・計測に関する次の記述うち，**適当でないも**のはどれか。

(1) 観察・計測の目的は，施工中に切羽の状況や既施工区間の支保部材，周辺地山の安全性を確認し，現場の実情にあった設計に修正して，工事の安全性と経済性を確保することである。

(2) 観察・計測の項目には，坑内からの切羽の観察調査，内空変位測定，天端沈下測定や，坑外からの地表等の観察調査，地表面沈下測定等がある。

(3) 観察調査結果や変位計測結果は，施工中のトンネルの現状を把握して，支保パターンの変更等施工に反映するために，速やかに整理しなければならない。

(4) 変位計測の測定頻度は，地山と支保工の挙動の経時変化ならびに経距変化が把握できるように，掘削前後は疎に，切羽が離れるに従って密になるように設定しなければならない。

《R5-36》

**18**

トンネルの山岳工法における切羽安定対策に関する次の記述のうち，**適当でないものは**どれか。

(1) 天端部の安定対策は，天端の崩落防止対策として実施するもので，充填式フォアポーリング，注入式フォアポーリング，サイドパイル等がある。

(2) 鏡面の安定対策は，鏡面の崩壊防止対策として実施するもので，鏡吹付けコンクリート，鏡ボルト，注入工法等がある。

(3) 脚部の安定対策は，脚部の沈下防止対策として実施するもので，仮インバート，レッグパイル，ウィングリブ付き鋼製支保工等がある。

(4) 地下水対策は，湧水による切羽の不安定化防止対策として実施するもので，水抜きボーリング，水抜き坑，ウェルポイント等がある。

《R4-36》

**19**

トンネルの山岳工法における補助工法に関する次の記述のうち，**適当でないもの**はどれか。

(1) 切羽安定対策のための補助工法は，断層破砕帯，崖錐等の不良地山で用いられ，天端部の安定対策としてフォアポーリングや長尺フォアパイリングがある。

(2) 地下水対策のための補助工法は，地下水が多い場合に，穿孔した孔を利用して水を抜き，水圧，地下水位を下げる方法として，止水注入工法がある。

(3) 地表面沈下対策のための補助工法は，地表面の沈下に伴う構造物への影響抑制のために用いられ，鋼管の剛性によりトンネル周辺地山を補強するパイプルーフ工法がある。

(4) 近接構造物対策のための補助工法は，既設構造物とトンネル間を遮断し，変位の伝搬や地下水の低下を抑える遮断壁工法がある。

《R3-35》

**20**

トンネルの山岳工法における覆工コンクリートの施工に関する次の記述のうち，**適当でな****いもの**はどれか。

(1) 覆工コンクリートの施工は，原則として，トンネル掘削後に地山の内空変位が収束したことを確認した後に行う。

(2) 覆工コンクリートの打込みは，つま型枠を完全に密閉して，ブリーディング水や空気がもれないようにして行う。

(3) 覆工コンクリートの締固めは，コンクリートのワーカビリティーが低下しないうちに，上層と下層が一体となるように行う。

(4) 覆工コンクリートの型枠の取外しは，打込んだコンクリートが自重などに耐えられる強度に達した後に行う。

《R2-36》

**解説**

**17** (4) 変位計測の測定頻度は，地山と支保工の挙動の経時変化ならびに経距変化が把握できるように，**掘削前後は密に，切羽が離れるに従って疎になる**ように設定しなければならない。

**18** (1) 天端部の安定対策は，天端の崩落防止対策として実施するもので，充填式フォアポーリング，注入式フォアポーリング等がある。（**サイドパイルは，脚部補強用のパイル**である。）

**19** (2) **地下水対策のための補助工法は，穿孔した孔を利用する，水抜きボーリング工法**がある。

**20** (2) **覆工コンクリートの打込みは，つま型枠を密閉せず，ブリーディング水や空気が抜けるよう**にして行う。

**試験によく出る重要事項**

**切羽の安定対策**は，切羽の掘削後，支保工が完了するまでに行う処置であり，切羽及び天端が自立できないときに適用する。

**天端の安定対策**としては，フォアポーリング・パイプルーフ・水平ジェットグラウト等がある。

**鏡面の安定対策**としては，掘削直後に鏡面に吹付けコンクリートやロックボルトを施す。

**脚部の安定対策**としては，支保工の脚部にウイングリブを付けたり，上半仮インバートを設ける。

**導坑先進工法**

| 掘削工法 | 側壁導坑先進工法 | 底設導坑先進工法 | 中央導坑先進工法<br>（TBM 先進工法） |
|---|---|---|---|
| 加背割 | | | 上半に導坑を設ける場合もある。 |

## 2·5 海岸・港湾

### ● 2·5·1　海岸堤防

出題頻度　低■■■■■高

**1**

海岸堤防の根固工の施工に関する次の記述のうち，**適当でないもの**はどれか

(1)　異形ブロック根固工は，適度のかみ合わせ効果を期待する意味から天端幅は最小限2個並び，層厚は2層以上とすることが多い。

(2)　異形ブロック根固工は，異形ブロック間の空隙が大きいため，その下部に空隙の大きい捨石層を設けることが望ましい。

(3)　捨石根固工を汀線付近に設置する場合は，地盤を掘り込むか，天端幅を広くとることにより，海底土砂の吸い出しを防止する。

(4)　捨石根固工は，一般に表層に所要の質量の捨石を3個並び以上とし，中詰石を用いる場合は，表層よりも質量の小さいものを用いる。

《R4-37》

**2**

海岸の傾斜型護岸の施工に関する次の記述のうち，**適当でないもの**はどれか。

(1)　傾斜型護岸は，堤脚位置が海中にある場合には汀線付近で吸出しが発生することがあるので，層厚を厚くするとともに上層から下層へ粒径を徐々に小さくして施工する。

(2)　吸出し防止材を用いる場合には，裏込め工の下層に設置し，裏込め工下部の砕石等を省略して施工する。

(3)　表法に設置する裏込め工は，現地盤上に栗石・砕石層を50 cm以上の厚さとして，十分安全となるように施工する。

(4)　緩傾斜護岸の法面勾配は1：3より緩くし，法尻については先端のブロックが波を反射して洗掘を助長しないように，ブロックの先端を同一勾配で地盤に根入れして施工する。

《R3-37》

**3**

海岸堤防の施工に関する次の記述のうち，**適当でないもの**はどれか。

(1)　海上工事となる場合は，波浪，潮汐，潮流の影響を強く受け，作業時間が制限される場合もあるので，現場の施工条件に対する配慮が重要である。

(2)　強度の低い地盤に堤防を施工せざるを得ない場合には，必要に応じて押え盛土，地盤改良などを考慮する。

(3)　堤体の盛土材料には，原則として粘土を含まない粒径のそろった砂質又は砂礫質のものを用い，適当な含水量の状態で，各層，全面にわたり均等に締め固める。

(4)　堤体の裏法勾配は，堤体の安全性を考慮して定め，堤防の直高が大きい場合には，法面が長くなるため，小段を配置する。

《R2-38》

専門土木

**4** 離岸堤の施工に関する次の記述のうち，**適当でないもの**はどれか。

(1) 開口部や堤端部は，施工後の波浪によってかなり洗掘されることがあり，計画の1基分はなるべくまとめて施工する。

(2) 離岸堤を砕波帯付近に設置する場合は，沈下対策を講じる必要があり，従来の施工例からみれば捨石工よりもマット，シート類を用いる方が優れている。

(3) 離岸堤を大水深に設置する場合は，沈下の影響は比較的少ないが，荒天時に一気に沈下する恐れもあるので，容易に補強や嵩上げが可能な工法を選ぶ等の配慮が必要である。

(4) 離岸堤の施工順序は，侵食区域の上手側（漂砂供給源に近い側）から設置すると下手側の侵食の傾向を増長させることになるので，下手側から着手し，順次上手に施工する。

《R5-38》

---

**解説**

**1** (2) 異形ブロック根固工は，異形ブロック間の空隙が大きいため，その下部に**空隙の小さい**捨石層を設けることが望ましい。

**2** (2) 吸出し防止材を用いても，裏込め工下部の**砕石等を省略することはできない**。

**3** (3) 堤体の**盛土材料**は，原則として**多少粘土を含む砂質又は砂礫質**を用いる。

**4** (2) 離岸堤を砕波帯付近に設置する場合は，沈下対策を講じる必要があり，従来の施工例からみれば**マット，シート類よりも捨石工を用いる**方が優れている。

---

**試験によく出る重要事項**

堤防を構造型式により分類すると，傾斜型・直立型・混成型の3種類になる。

表法勾配は，重力式や擁壁式は鉛直，コンクリート被覆式・コンクリートブロック式は1：1.2が多く，緩傾斜の場合は1：3以上にする。

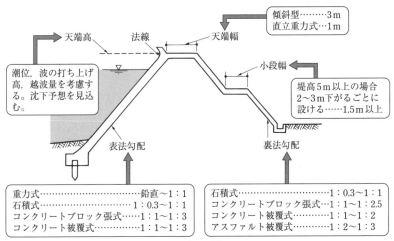

堤防の形状

## ● 2·5·2　海岸保全施設

**5** 海岸保全施設の養浜の施工に関する次の記述のうち，**適当でないもの**はどれか。
(1)　養浜材に浚渫土砂等の混合粒径土砂を効果的に用いる場合や，シルト分による海域への濁りの発生を抑えるためには，あらかじめ投入土砂の粒度組成を調整することが望ましい。
(2)　投入する土砂の養浜効果には投入土砂の粒径が重要であり，養浜場所にある砂よりも粗な粒径を用いた場合，その平衡勾配が小さいため沖合部の保全効果が期待できる。
(3)　養浜の施工においては，陸上であらかじめ汚濁の発生源となるシルト，有機物，ゴミ等を養浜材から取り除く等の汚濁の発生防止に努める必要がある。
(4)　養浜の陸上施工においては，工事用車両の搬入路の確保や，投入する養浜砂の背後地への飛散等，周辺への影響について十分検討し施工する。

《R5-37》

**6** 海岸の潜堤・人工リーフの機能や特徴に関する次の記述のうち，**適当でないもの**はどれか。
(1)　潜堤・人工リーフは，その天端水深，天端幅により堤体背後への透過波が変化し，波高の大きい波浪はほとんど透過し，小さい波浪を選択的に減衰させるものである。
(2)　潜堤・人工リーフは，天端が海面下であり，構造物が見えないことから景観を損なわないが，船舶の航行，漁船の操業等の安全に配慮しなければならない。
(3)　人工リーフは天端水深をある程度深くし，反射波を抑える一方，天端幅を広くすることにより，波の進行に伴う波浪減衰を効果的に得るものである。
(4)　潜堤は天端幅が狭く，天端水深を浅くし，反射波と強制砕波によって波浪減衰効果を得るものである。

《R4-38》

**7** 海岸保全施設の養浜の施工に関する次の記述のうち，**適当でないもの**はどれか。
(1)　養浜の投入土砂は，現況と同じ粒径の細砂を用いた場合，沖合部の海底面を保持する上で役立ち，汀線付近での保全効果も期待できる。
(2)　養浜の施工方法は，養浜材の採取場所，運搬距離，社会的要因等を考慮して，最も効率的で周辺環境に影響を及ぼさない工法を選定する。
(3)　養浜の陸上施工においては，工事用車両の搬入路の確保や，投入する養浜砂の背後地への飛散等，周辺への影響について十分検討し施工する。
(4)　養浜の施工においては，陸上であらかじめ汚濁の発生源となるシルト，有機物，ごみ等を養浜材から取り除く等，適切な方法により汚濁の発生防止に努める。

《R3-38》

**8** 離岸堤に関する次の記述のうち，**適当でないもの**はどれか。
(1)　砕波帯付近に離岸堤を設置する場合は，沈下対策を講じる必要があり，従来の施工例からみればマット，シート類よりも捨石工が優れている。

(2) 開口部や堤端部は，施工後の波浪によってかなり洗掘されることがあり，計画の1基分はなるべくまとめて施工することが望ましい。

(3) 離岸堤は，侵食区域の下手側（漂砂供給源に遠い側）から設置すると上手側の侵食傾向を増長させることになるので，原則として上手側から着手し，順次下手に施工する。

(4) 汀線が後退しつつある区域に護岸と離岸堤を新設する場合は，なるべく護岸を施工する前に離岸堤を設置し，その後に護岸を設置するのが望ましい。

《H30-37》

### 解説

**5** (2) 投入する土砂の養浜効果には投入土砂の粒径が重要であり，養浜場所にある砂よりも粗な粒径を用いた場合，その平衡勾配が**大きいため汀線付近での保全効果が期待**できる。

**6** (1) 潜堤・人工リーフは，その天端水深，天端幅により堤体背後への透過波が変化し，**波高の小さい波浪**はほとんど透過し，**大きい波浪**を選択的に減衰させるものである。

**7** (1) 養浜の投入土砂は，**現況と同じ粒径の細砂**を用いた場合，沖合部の海底面を保持する上で役立つが，**汀線付近での保全効果は期待できない**。

**8** (3) 離岸堤は，原則として**下手側**（漂砂供給源に遠い側）**から着手し，順次上手側**に施工する。

### 試験によく出る重要事項

① **離岸堤**：汀線から離れた沖側の水深5m程度の海面に，汀線にほぼ平行して設置される構造物である。消波または波高減衰のために，また，その背後に砂を貯えて浸食防止や海浜の造成（トンボロ）を図ることを目的とする。一般的には，異形ブロックによる透過式が多い（右図）。

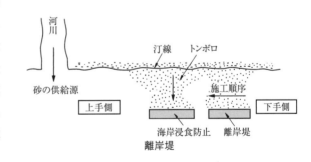

② 汀線が後退しつつあって，護岸と離岸堤を新設しようとするときは，**護岸を施工する前に離岸堤を設置**し，その後，護岸に着手する。

③ 離岸堤は，浸食区域の上手から設置すると下手側の浸食傾向を増長させるので，**下手側から着手し，順次上手を施工**する。土砂の供給源となる河川がある場合は，最も離れた下手から着手する。

④ **離岸堤計画の1基分**は，まとめて施工するのがよい。**開口部は，堤長の1／2程度**が一般的である。

## ● 2・5・3　防波堤・消波工

**9**

ケーソンの施工に関する次の記述のうち，**適当でないもの**はどれか。

(1) ケーソン製作に用いるケーソンヤードには，斜路式，ドック式，吊り降し方式等があり，製作函数，製作期間，製作条件，用地面積，土質条件，据付現場までの距離，工費等を検討して最適な方式を採用する。

(2) ケーソンの据付けは，函体が基礎マウンド上に達する直前でいったん注水を中止し，最終的なケーソン引寄せを行い，据付け位置を確認，修正を行ったうえで一気に注水着底させる。

(3) ケーソン据付け時の注水方法は，気象，海象の変わりやすい海上の作業を手際よく進めるために，できる限り短時間で，かつ，隔室ごとに順次満水にする。

(4) ケーソンの中詰作業は，ケーソンの安定を図るためにケーソン据付け後直ちに行う必要があり，ケーソンの不同沈下や傾斜を避けるため，中詰材がケーソンの各隔室でほぼ均等に立ち上がるように中詰材を投入する。

《R4-39》

**10**

港湾構造物の基礎捨石の施工に関する次の記述のうち，**適当でないもの**はどれか。

(1) 捨石に用いる石材は，台船，グラブ付運搬船（ガット船），石運船等の運搬船で施工場所まで運び投入する。

(2) 捨石の均しには荒均しと本均しがあり，荒均しは直接上部構造物と接する部分を整える作業であり，本均しは直接上部構造物と接しない部分を堅固な構造とする作業である。

(3) 捨石の荒均しは，均し基準面に対し凸部と凹部の差があまり生じないように，石材の除去や補充をしながら均す作業で，面がほぼ揃うまで施工する。

(4) 捨石の本均しは，均し定規を使用し，大きい石材で基礎表面を形成し，小さい石材を間詰めに使用して緩みのないようにかみ合わせて施工する。

《R3-39》

**11**

港湾の防波堤の施工に関する次の記述のうち，**適当でないもの**はどれか。

(1) 傾斜堤は，施工設備が簡単であるが，直立堤に比べて施工時の波の影響を受け易いので，工程管理に注意を要する。

(2) ケーソン式の直立堤は，本体製作をドライワークで行うことができるため，施工が確実であるが，荒天日数の多い場所では海上施工日数に著しい制限を受ける。

(3) ブロック式の直立堤は，施工が確実で容易であり，施工設備も簡単であるなどの長所を有するが，各ブロック間の結合が十分でなく，ケーソン式に比べ一体性に欠ける。

(4) 混成堤は，水深の大きい箇所や比較的軟弱な地盤にも適し，捨石部と直立部の高さの割合を調整して経済的な断面とすることができるが，施工法及び施工設備が多様となる。

《R1-39》

**12** 港湾工事における混成堤の基礎捨石部の施工に関する次の記述のうち，**適当でないもの**はどれか。

(1) 捨石は，基礎として上部構造物の荷重を分散させて地盤に伝えるため，材質は堅硬，緻密，耐久的なもので施工する。

(2) 捨石の荒均しは，均し面に対し凸部は取り除き，凹部は補足しながら均すもので，ほぼ面が揃うまで施工する。

(3) 捨石の本均しは，均し定規を使用し，石材料のうち大きい石材で基礎表面を形成し，小さい石材を間詰めに使用して緩みのないようにかみ合わせて施工する。

(4) 捨石の捨込みは，標識をもとに周辺部より順次中央部に捨込みを行い，極度の凹凸がないように施工する。

《H29-39》

専門土木

### 解説

**9** (3) ケーソンの据付け時の注水方法は，気象，海象の変りやすい海上の作業を手際よく進めるために，できる限り短時間で，かつ，**隔室に平均的に注水**する。

**10** (2) 捨石の均しで，**本均しは直接上部構造物と接する部分**，**荒均しは直接上部構造物と接しない部分**を行う作業である。

**11** (1) **直立堤**は，**傾斜堤に比べて**施工時の**波の影響を受け易い**ので，工程管理に注意を要する。

**12** (4) **捨石の捨込み**は，標識をもとに**中央部より順次周辺部に捨込み**を行う。

### 試験によく出る重要事項

**防波堤**は，港内の静穏度と一定の水深を維持し，船舶・港湾施設，背後地を波浪・津波・高潮から守るため，港湾の外部に建造される建造物であり，傾斜堤・直立堤・混成堤及び消波ブロック被覆堤の4種類に大別される。

**消波工**は，波の打上げ高や越波量及び衝撃砕波圧を低減する目的で堤防の前面に施工される。

**空隙率**は，異形ブロックの種類，大きさ，積み方にかかわらず50〜60％とする。

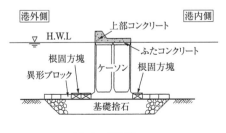

(a) ケーソン式

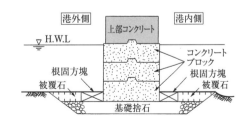

(b) コンクリートブロック式

直立防波堤断面例

## ● 2·5·4　浚渫工

出題頻度　低■■■■□□高

**13**

港湾における浚渫工事のための事前調査に関する次の記述のうち，**適当でないもの**はどれか。

(1)　浚渫工事の浚渫能力が，土砂の硬さや強さ，締り具合や粒の粗さ等に大きく影響することから，土質調査としては，一般に粒度分析，平板載荷試験，標準貫入試験を実施する。

(2)　水深の深い場所での深浅測量は音響測深機による場合が多く，連続的な記録が取れる利点があるが，海底の状況をよりきめ細かく測深する場合には未測深幅を狭くする必要がある。

(3)　水質調査の目的は，海水汚濁の原因が，バックグラウンド値か浚渫による濁りか確認するために実施するもので，事前及び浚渫中の調査が必要である。

(4)　磁気探査を行った結果，一定値以上の磁気反応を示す異常点がある場合は，その位置を求め潜水探査を実施する。

《R5-39》

**14**

港湾の浚渫工事の調査に関する次の記述のうち，**適当でないもの**はどれか。

(1)　機雷など危険物が残存すると推定される海域においては，浚渫に先立って工事区域の機雷などの探査を行い，浚渫工事の安全を確保する必要がある。

(2)　浚渫区域が漁場に近い場合には，作業中の濁りによる漁場などへの影響が問題となる場合が多く，事前に漁場などの利用の実態，浚渫土質，潮流などを調査し，工法を検討する必要がある。

(3)　水質調査の主な目的は，海水汚濁の原因が，バックグラウンド値か浚渫工事による濁りかを確認するために実施するもので，事前又は，浚渫工事完成後の調査のいずれかを行う必要がある。

(4)　浚渫工事の施工方法を検討する場合には，海底土砂の硬さや強さ，その締まり具合や粒の粗さなど，土砂の性質が浚渫工事の工期，工費に大きく影響するため，事前調査を行う必要がある。

《R1-40》

**15**

浚渫船の特徴に関する次の記述のうち，**適当でないもの**はどれか。

(1)　バックホウ浚渫船は，かき込み型（油圧ショベル型）掘削機を搭載した硬土盤用浚渫船で，大規模浚渫工事に使用される。

(2)　ポンプ浚渫船は，掘削後の水底面の凹凸が比較的大きいため，構造物の築造箇所ではなく，航路や泊地の浚渫に使用される。

(3)　グラブ浚渫船は，適用される地盤は軟泥から岩盤までの範囲できわめて広く，浚渫深度の制限も少ないのが特徴である。

(4)　ドラグサクション浚渫船は，浚渫土を船体の泥倉に積載し自航できることから機動性に優れ，主に船舶の往来が頻繁な航路などの維持浚渫に使用されることが多い。

《H30-40》

港湾の浚渫施工の事前調査に関する次の記述のうち，**適当でないもの**はどれか。

(1)　浚渫工事の施工方法を検討する場合には，海底土砂の性質が工期，工費に大きく影響するため，事前に土質調査を行う必要がある。

(2)　機雷などの危険物が残存すると推定される海域においては，浚渫に先立って工事区域の機雷などの探査を行い，浚渫工事の安全を確保しなければならない。

(3)　土厚が 4 m 程度以上の浚渫を実施する場合は，磁気探査の有効探査厚が 4 m 程度であるため，層別に磁気探査及び潜水探査を実施する必要がある。

(4)　深浅測量の範囲は，必要区域より法部などを考慮したある程度外側までする必要があり，測線間隔は 50 m とする。

《H26-40》

---

**解説**

**13**　(1)　浚渫工事の浚渫能力が，土砂の硬さや強さ，締り具合や粒の粗さ等に大きく影響することから，土質調査としては，一般に粒度分析，**比重試験**，標準貫入試験を実施する。

**14**　(3)　水質調査は，**事前，浚渫中及び浚渫工事完成後のいずれも**調査を行う必要がある。

**15**　(1)　**バックホウ浚渫船**は硬土盤用浚渫船で，**大規模浚渫工事には向いていない。**

**16**　(4)　深浅測量の**測線間隔**は，**条件により 5 m〜50 m** とする。

---

**試験によく出る重要事項**

　**浚渫工事**は，掘削・運搬・捨土に大別され，作業に応じて適当な船を選択する。土質条件と浚渫船の選定のめやすを，右表に示す。

　**浚渫船**には，浚渫作業を連続してできるポンプ浚渫船，バケット浚渫船，不連続なグラブ浚渫船，ディッパ浚渫船があり，それぞれ自航式と非航式がある。

**土質と浚渫船の組合せ**

| 土　　質 | | | 適 応 船 種 | 備　考 |
|---|---|---|---|---|
| 分　類 | 状　態 | N　値 | | |
| 土　砂 | 軟　質 | N = 10未満 | G　P　D　砕 | G：グラブ船<br>D：ディッパ船<br>P：ポンプ船<br>砕：砕岩船<br>発：発破 |
| | 中　質 | N = 10〜20 | | |
| | 硬　質 | N = 20〜30 | | |
| | 最硬質 | N = 30以上 | | |
| 礫混り<br>土　砂 | 軟　質 | N = 30未満 | G | |
| | 硬　質 | N = 30以上 | | |
| 岩　盤 | 軟　質 | ディッパ船可能 | D　砕　発 | |
| | 硬　質 | ディッパ船不可能 | | |

# 2·6　鉄道・塗装

## ● 2·6·1　鉄道路盤

出題頻度　低■■■■■■高

**1** 鉄道のコンクリート路盤の施工に関する次の記述のうち，**適当でないもの**はどれか。

(1)　粒度調整砕石層の締固めは，ロードローラ又は振動ローラ等にタイヤローラを併用し，所定の密度が得られるまで十分に締め固める。

(2)　プライムコートの施工は，粒度調整砕石層を仕上げた後，速やかに散布し，粒度調整砕石に十分に浸透させ砕石部を安定させる。

(3)　鉄筋コンクリート版の鉄筋は，正しい位置に配置し鉄筋相互を十分堅固に組み立て，スペーサーを介して型枠に接する状態とする。

(4)　鉄筋コンクリート版のコンクリートは，傾斜部は高い方から低い方へ打ち込み，棒状バイブレータを用いて十分に締め固める。

《R5-41》

**2** 鉄道の路床の施工に関する次の記述のうち，**適当でないもの**はどれか。

(1)　路床は，軌道及び路盤を安全に支持し，安定した列車走行と良好な保守性を確保するとともに，軌道及び路盤に変状を発生させない等の機能を有するものとする。

(2)　路床の範囲に軟弱な層が存在する場合には，軌道の保守性の低下や，走行安定性に影響が生じるおそれがあるため，軟弱層は地盤改良を行うものとする。

(3)　切土及び素地における路床の範囲は，一般に列車荷重の影響が大きい施工基面から下3mまでのうち，路盤を除いた地盤部をいう。

(4)　地下水及び路盤からの浸透水の排水を図るため，路床の表面には排水工設置位置へ向かって10％程度の適切な排水勾配を設ける。

《R4-41》

**3** 鉄道の砕石路盤の施工に関する次の記述のうち，**適当でないもの**はどれか。

(1)　砕石路盤の材料としては，列車荷重を支えるのに十分な強度があることを考慮して，クラッシャラン等の砕石，又は良質な自然土等を用いる。

(2)　砕石路盤の仕上り精度は，設計高さに対して±25mm以内を標準とし，有害な不陸が出ないようにできるだけ平坦に仕上げる。

(3)　砕石路盤の施工は，材料の均質性や気象条件等を考慮して，所定の仕上り厚さ，締固めの程度が得られるように入念に行う。

(4)　砕石路盤の敷均しは，モータグレーダ等，又は人力により行い，1層の仕上り厚さが300mm程度になるよう敷き均す。

《R3-41》

**4** 鉄道のコンクリート路盤の施工に関する次の記述のうち，**適当でないもの**はどれか。

(1) 鉄筋コンクリート版に用いるセメントは，ポルトランドセメントを標準とし，使用する骨材の最大粒径は，版の断面形状及び施工性を考慮して，最大粒径25mmとする。

(2) コンクリート路盤相互の連結部となる伸縮目地は，列車荷重などによるせん断力の伝達を円滑に行い，目違いの生じない構造としなければならない。

(3) 路床面の仕上り精度は，設計高さに対して±15mmとし，雨水による水たまりができて表面の排水が阻害されるような有害な不陸ができないように，できる限り平たんに仕上げる。

(4) 粒度調整砕石の締固めが完了した後は，十分な監視期間を取ることで砕石層のなじみなどによる変形が収束したのを確認した上でプライムコートを施工する。

《R2-41》

**5** 鉄道路盤改良における噴泥対策工に関する次の記述のうち，**適当でないもの**はどれか。

(1) 噴泥は，大別して路盤噴泥と道床噴泥に分けられ，路盤噴泥は地表水又は地下水により軟化した路盤の土が，道床の間げきを上昇するものである。

(2) 噴泥対策工の一つである道床厚増加工法は，在来道床を除去し，軌きょうをこう上して新しい道床を突き固める工法である。

(3) 路盤噴泥の発生を防止するには，その発生の誘因となる水，路盤土，荷重の三要素のすべてを除去しなければならない。

(4) 噴泥対策工の一つである路盤置換工法は，路盤材料を良質な噴泥を発生しない材料で置換し，噴泥を防止する工法である。

《H30-41》

**解説**

**1** (4) 鉄筋コンクリート版のコンクリートは，傾斜部は**低い方から高い方へ打ち込み**，棒状バイブレータを用いて十分に締め固める。

**2** (4) 路床の表面には，排水工設置位置へ向かって**3%程度**の適切な排水勾配を設ける。

**3** (4) **砕石路盤の敷均しは，1層の仕上り厚さが150mm以内**になるよう敷き均す。

**4** (4) 粒度調整砕石の締固めが完了した後は，**速やかにプライムコート**を施工する。

**5** (3) **路盤噴泥の発生を防止するには，その発生の誘因となる水，路盤土，荷重のいずれかを除去する。**

**試験によく出る重要事項**

**鉄道路床・路盤**

① **盛土1層の仕上がり厚さ**：30cm以内。路盤面より1m以内は，大きな岩塊やコンクリート塊などを混入させない。

② **砕石路盤1層の仕上がり厚さ**：15cm以内。

③ **路床の排水勾配**：排水工設置位置へ向かって3〜5%程度の勾配を設ける。

④ 毎日の作業終了時に，排水対策として，盛土表面に3〜5%程度の横断勾配をつける。

## ● 2·6·2　営業線近接工事　出題頻度 低■■■■■■高

**6**

鉄道（在来線）の営業線及びこれに近接して工事を施工する場合の保安対策に関する次の記述のうち，**適当でないもの**はどれか。

(1) 既設構造物等に影響を与える恐れのある工事の施工にあたっては，異常の有無を検測し，これを監督員等に報告する。

(2) 建設用大型機械は，直線区間の建築限界の外方1m以上離れた場所で，かつ列車の運転保安及び旅客公衆等に対し安全な場所に留置する。

(3) 列車見張員は，作業等の責任者及び従事員に対して列車接近の合図が可能な範囲内で，安全が確保できる離れた場所に配置する。

(4) 工事管理者は，線閉責任者に列車又は車両の運転に支障がないことを確認するとともに，自らも作業区間における建築限界内支障物の確認を行う。

《R5-43》

**7**

鉄道（在来線）の営業線及びこれに近接して工事を施工する場合の保安対策に関する次の記述のうち，**適当でないもの**はどれか。

(1) 踏切と同種の設備を備えた工事用通路には，工事用しゃ断機，列車防護装置，列車接近警報機を備えておくものとする。

(2) 建設用大型機械の留置場所は，直線区間の建築限界の外方1m以上離れた場所で，かつ列車の運転保安及び旅客公衆等に対し安全な場所とする。

(3) 線路閉鎖工事実施中の線閉責任者の配置については，必要により一時的に現場を離れた場合でも速やかに現場に帰還できる範囲内とする。

(4) 列車見張員は，停電時刻の10分前までに，電力指令に作業の申込みを行い，き電停止の要請を行う。

《R4-43》

**8**

鉄道（在来線）の営業線内又はこれに近接した工事における保安対策に関する次の記述のうち，適当なものはどれか。

(1) 可搬式特殊信号発光機の設置位置は，隣接線を列車が通過している場合でも，作業現場から800m以上離れた位置まで列車が進来したときに，列車の運転士が明滅を確認できる建築限界内を基本とする。

(2) 軌道短絡器は，作業区間から800m以上離れた位置に設置し，列車進入側の信号機に停止信号を現示する。

(3) 既設構造物などに影響を与えるおそれのある工事の施工にあたっては，異常の有無を検測し，異常が無ければ監督員などへの報告を省略してもよい。

(4) 列車の振動，風圧などによって，不安定かつ危険な状態になるおそれのある工事又は乗務員に不安を与えるおそれのある工事は，列車の接近時から通過するまでの間は，特に慎重に作業する。

《R1-43》

## 解説

**6** (4) 工事管理者は，列車又は車両の運転状況，**作業員等の退避状況**の確認を行う。

**7** (4) **停電責任者**は，停電時刻の10分前までに，き電停止の要請を行う。

**8** (1) 記述は，適当である。

   (2) **軌道短絡器**は，作業区間の近傍に設置する。

   (3) 異常の有無を検測し，**異常の有無にかかわらず監督員に報告**する。

   (4) 当該の工事は，列車の接近時から通過するまで**作業を中止**する。

専門土木

## 試験によく出る重要事項

### 営業線近接工事の保安対策

① **工事の適用範囲**：近接工事の適用範囲は，右図のようである。

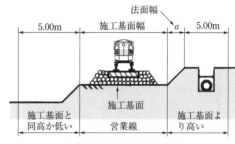

営業線近接工事の適用範囲

② **異常時の処置**：事故発生，または，その恐れがある場合は，直ちに列車を停止させたり，徐行させたりする列車防護の手配を行う。その後，手配を列車運転手へ通告し，速やかに駅長や関係者へも通報する。

③ **列車見張員**：複線区間では，全ての線に見張員を配置する。

④ **作業員の歩行**：施工基面上を列車に向かって歩かせる。

⑤ **作業表示標識**：工事前に，列車進行方向の左側，乗務員が見やすい位置へ建植する。

⑥ **線路閉鎖工事**：工事中，定めた区間に列車を侵入させない保安処置をとった工事のこと。線路閉鎖工事を行えるのは区長である。

⑦ **作業の一時中止**：クレーンや重機を使用する工事，列車の振動・風圧などによって危険な状態になるおそれのある工事，または乗務員に不安を与えるおそれのある工事は，列車の接近から通過まで作業を一時中止する。

## ● 2・6・3　維持管理

**9**

鉄道の軌道における維持管理に関する次の記述のうち，**適当でないもの**はどれか。

(1)　スラブ軌道は，プレキャストコンクリートスラブを堅固な路盤に据え付け，スラブと路盤との間に填充材を注入したものであり，敷設位置の修正が困難である。

(2)　水準変位は，左右のレールの高さの差のことであり，曲線部では内側レールが沈みやすく，一様に連続した水準変位が発生する傾向がある。

(3)　PC マクラギは，木マクラギに比べ初期投資は多額となり，重量が大きく交換が困難であるが，耐用年数が長いことから保守費の削減が可能である。

(4)　軌道変位の増大は，脱線事故にもつながる可能性があるため，軌道変位の状態を常に把握し不良箇所は速やかに補修する必要がある。

《R5-42》

**10**

鉄道の軌道における維持・管理に関する次の記述のうち，**適当なもの**はどれか。

(1)　ロングレールでは，温度変化による伸縮が全長にわたって発生する。

(2)　犬くぎは，マクラギ上のレールの位置を保ち，レールの浮き上がりを防止するためのものとして使用される。

(3)　重いレールを使用すると保守量が増加するため，走行する車両の荷重，速度，輸送量等に応じて使用するレールを決める必要がある。

(4)　直線区間ではレール頭部が摩耗し，曲線区間では曲線の内側レールが顕著に摩耗する。

《R4-42》

**11**

鉄道の軌道における維持管理に関する次の記述のうち，**適当でないもの**はどれか。

(1)　バラストは，列車通過のたびに繰り返しこすれ合うことにより，次第に丸みを帯び，軌道に変位が生じやすくなるため，丸みを帯たバラストは順次交換する必要がある。

(2)　スラブ軌道は，プレキャストコンクリートスラブを高架橋等の堅固な路盤に据え付け，スラブと路盤との間に填充材を注入したものであり，保守作業の軽減を図ることができる。

(3)　PC マクラギは，木マクラギに比べ初期投資は多額となるものの，交換が容易であることから維持管理の面で有利である。

(4)　レールは温度変化によって伸縮を繰り返すため，レールの継目部に遊間を設けることで処理するが，遊間の整正はレールの伸縮が著しい夏期及び冬期に先立ち行うのが適当である。

《R3-42》

**12** 鉄道の軌道の維持管理に関する次の記述のうち，**適当でないもの**はどれか。

(1) 軌道狂いは，軌道が列車荷重の繰返し荷重を受けて次第に変形し，車両走行面の不整が生ずるものであり，在来線では軌間，水準，高低，通り，平面性，複合の種類がある。

(2) 道床バラストは，材質が強固でねばりがあり，摩損や風化に対して強く，適当な粒形と粒度を持つ材料を用いる。

(3) 軌道狂いを整正する作業として，有道床軌道において最も多く用いられる作業は，マルチプルタイタンパによる道床つき固め作業である。

(4) ロングレール敷設区間では，冬季の低温時でのレール張出し，夏季の高温時でのレールの曲線内方への移動防止などのため保守作業が制限されている。

《R1-42》

---

### 解説

**9** (2) 水準変位は，左右のレールの高さの差のことであり，**曲線部では外側レールが沈みやすい**。

---

**10** (1) ロングレールでは，温度変化による伸縮が**端部に発生**する。

(2) 記述は，適当である。

(3) 重いレールを使用すると**保守量が減少**する。

(4) 直線区間ではレール頭部が摩耗し，曲線区間では曲線の**外側レール**が顕著に摩耗する。

---

**11** (3) PCマクラギは，**交換が不要**であることから維持管理の面で有利である。

---

**12** (4) ロングレール敷設区間では，**夏季の高温時でのレールの張出し，冬季の低温時でのレールの曲線内方への移動防止**などのため保守作業が制限されている。

---

### 試験によく出る重要事項

**軌道構造**

① 直線部を図 (a) に示す。曲線部では，図 (b) に示すように，カントやスラックをつける。カントやスラック量は，曲線半径が小さいほど大きくなる。

② 有道床軌道の軌道狂いは，マルチプルタイタンパでの道床突き固めで整正する。

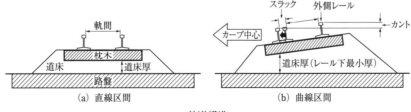

軌道構造

## ● 2·6·4 塗装

**13** 鋼構造物の防食法に関する次の記述のうち，**適当でないもの**はどれか。

(1) 海岸地域で現場塗装を行う場合は，飛来塩分や海水の波しぶき等によって，塩分が被塗装面に付着することのないよう確実な養生を行う必要がある。

(2) 耐候性鋼材では，その表面に緻密なさび層が形成されるまでの期間は，普通鋼材と同様にさび汁が生じるため，耐候性鋼用表面処理が併用されることがある。

(3) 溶融亜鉛めっき被膜は硬く，良好に施工された場合は母材表面に合金層が形成されるため損傷しにくく，また一旦損傷を生じても部分的に再めっきを行うことが容易である。

(4) 金属溶射の施工にあたっては，温度や湿度等の施工環境条件の制限があるとともに，下地処理と粗面処理の品質確保が重要である。

《R4-45》

**14** 鋼構造物の塗装における塗膜の劣化に関する次の記述のうち，**適当でないもの**はどれか。

(1) チェッキングは，塗膜の表面が粉化して次第に消耗していく現象であり，紫外線等により塗膜表面が分解することで生じる。

(2) 膨れは，塗膜の層間や鋼材面と塗膜の間に発生する気体，又は液体による圧力が，塗膜の付着力や凝集力より大きくなった場合に発生するもので，高湿度条件等で生じやすい。

(3) クラッキングは，塗膜の内部深く，又は鋼材面まで達する割れを指し，目視で容易に確認ができるものである。

(4) はがれは，塗膜と鋼材面，又は塗膜と塗膜間の付着力が低下したときに生じ，塗膜が欠損している状態であり，結露の生じやすい下フランジ下面等に多くみられる。

《R3-45》

**15** 鋼橋の防食に関する次の記述のうち，**適当でないもの**はどれか。

(1) 金属溶射は，鋼材表面に形成した溶射被膜が腐食の原因となる酸素と水や，塩類などの腐食を促進する物質を遮断し鋼材を保護する防食法である。

(2) 耐候性鋼は，腐食速度を低下できる合金元素を添加した低合金鋼であり，鋼材表面に生成される緻密なさび層によって腐食の原因となる酸素や水から鋼材を保護するものである。

(3) 塗装は，鋼材表面に形成した塗膜が腐食の原因となる酸素と水や，塩類などの腐食を促進する物質を遮断し鋼材を保護する防食法である。

(4) 電気防食は，鋼材に電流を流して表面の電位差を大きくし，腐食電流の回路を形成させない方法である。

《R2-45》

**16** 鋼構造物の塗装作業に関する次の記述のうち，**適当でないもの**はどれか。

(1)　塗料は，可使時間を過ぎると性能が十分でないばかりか欠陥となりやすくなる。

(2)　鋼道路橋の塗装作業には，スプレー塗り，はけ塗り，ローラーブラシ塗りの方法がある。

(3)　塗装の塗り重ね間隔が短い場合は，下層の未乾燥塗膜は，塗り重ねた塗料の溶剤によってはがれが生じやすくなる。

(4)　塗装の塗り重ね間隔が長い場合は，下層塗膜の乾燥硬化が進み，上に塗り重ねる塗料との密着性が低下し，後日塗膜間で層間剥離が生じやすくなる。

《H30-45》

---

**解説**

**13**　(3)　溶融亜鉛めっき被膜は，一旦損傷を生じると部分的に再めっきを行うことが**困難**である。

**14**　(1)　**チェッキングは，塗膜の表面が浅く割れる現象**。粉化して次第に消耗していく現象はチョーキング（白亜化）である。

**15**　(4)　**電気防食は，鋼材に電流を流して表面の電位差を小さくし**，回路を形成させない方法である。

**16**　(3)　**塗装の塗り重ね間隔が短い**と，下層の未乾燥塗膜は塗り重ねた塗料の溶剤によって膨張し，しわが生じやすくなる。

---

**═══ 試験によく出る重要事項 ═══**

**塗膜の欠陥の原因と対策**

|  |  | 原　　因 | 対　　策 |
|---|---|---|---|
| ① | 流れ（だれ） | 希釈しすぎ，厚塗りしすぎ | 厚塗り，希釈に注意 |
| ② | しわ | 厚塗り，乾燥温度の高すぎ，乾燥前の上塗り | 厚塗りを避けて，下地は十分に乾燥させる |
| ③ | 白化 | 湿度が高く，水滴が表面に付着する | 湿度の高いときを避けるリターダを用いる |
| ④ | はじき | 塗面に水または油が付着 | 素地調整，はけの掃除をする |
| ⑤ | にじみ | 下塗りに染料が混入しているとき，下地の油がにじみ出る | にじまない顔料を用い，素地を調整する |
| ⑥ | 色分かれ | 混合が不十分<br>溶剤の加えすぎ<br>顔料粒子の分散性の違い | 混合を十分に行う<br>厚塗りを避ける<br>はけ目を少なくする |
| ⑦ | つやの不良 | 下地の吸込みが著しい<br>下地が粗すぎる<br>希釈のしすぎ | 下塗り専用塗料を用いる<br>下塗りを重ねる<br>適度に塗り重ねる |

## 2·7 地下構造物・薬液注入

### ● 2·7·1 シールド工法

出題頻度 低■■■■■■高

**1**

シールド工法の施工に関する次の記述のうち，**適当でないもの**はどれか。

(1) 掘進にあたっては，土質，土被り等の変化に留意しながら，掘削土砂の取り込み過ぎや，チャンバー内の閉塞を起こさないように切羽の安定を図らなければならない。

(2) セグメントの組立ては，所定の内空を確保するために正確かつ堅固に施工し，セグメントの目開きや目違い等の防止について，精度の高い管理を行う。

(3) 裏込め注入工は，セグメントからの漏水の防止，トンネルの蛇行防止等に役立つため，シールド掘進後に周辺地山が安定してから行わなければならない。

(4) 地盤変位を防止するためには，掘進に伴うシールドと地山との摩擦を低減し，周辺地山をできるかぎり乱さないように，ヨーイングやピッチング等を少なくして蛇行を防止する。

《R5-44》

**2**

シールド工法の施工管理に関する次の記述のうち，**適当でないもの**はどれか。

(1) 泥水式シールド工法では，地山の条件に応じて比重や粘性を調整した泥水を加圧循環し，切羽の土水圧に対抗する泥水圧によって切羽の安定を図るのが基本である。

(2) 土圧式シールド工法において切羽の安定を保持するには，カッターチャンバ内の圧力管理，塑性流動性管理及び排土量管理を慎重に行う必要がある。

(3) シールドにローリングが発生した場合は，一部のジャッキを使用せずシールドに偏心力を与えることによってシールドに逆の回転モーメントを与え，修正するのが一般的である。

(4) シールドテールが通過した直後に生じる沈下あるいは隆起は，テールボイドの発生による応力解放や過大な裏込め注入圧等が原因で発生することがある。

《R4-44》

**11**

シールド工法のセグメントに関する次の記述のうち，**適当でないもの**はどれか。

(1) くさび継手は，くさび作用を用いてセグメントを引き寄せて締結する継手であり，セグメントの組立て時間を短縮するために，くさびを先付けする形式のものがある。

(2) ボルト継手は，エレクター若しくはシールドジャッキを用いて隣接するセグメントリングにセグメントを押し付けることで締結が完了するため，作業効率がよい継手構造である。

(3) 鋼製セグメントは，材質が均質で強度も保証されており，比較的軽量である一方，鉄筋コンクリート製セグメントと比較して施工の影響により変形しやすいため注意が必要である。

(4)　合成セグメントは，同じ断面であれば高い耐力と剛性を付与することが可能なことから，鉄筋コンクリート製セグメントに比べ，セグメント高さを低減できる利点がある。

《R3-44》

**4**　シールド工法の施工に関する次の記述のうち，**適当でないもの**はどれか。

(1)　セグメントを組み立てる際は，掘進完了後，速やかに全数のシールドジャッキを同時に引き戻し，セグメントをリング状に組み立てなければならない。

(2)　粘着力が大きい硬質粘性土を掘削する際は，掘削土砂に適切な添加材を注入し，カッターチャンバー内やカッターヘッドへの掘削土砂の付着を防止する。

(3)　裏込め注入工は，地山の緩みと沈下を防ぐとともに，セグメントからの漏水の防止，セグメントリングの早期安定やトンネルの蛇行防止などに役立つため，速やかに行わなければならない。

(4)　軟弱粘性土の場合は，シールド掘進による全体的な地盤の緩みや乱れ，過剰な裏込め注入などに起因して後続沈下が発生することがある。

《R2-44》

**解説**

**1**　(3)　裏込め注入工は，セグメントからの漏水の防止，トンネルの蛇行防止等に役立つため，**シールド掘進と同時または直後**に行わなければならない。

**2**　(3)　シールドにローリングが発生した場合は，**カッターの回転方向を変える**ことにより，修正するのが一般的である。

**3**　(2)　ボルト継手は，**エレクターおよび組立てジャッキ**を用いて隣接するセグメントリングにセグメントを押し付けることで締結が完了するため，作業効率がよい継手構造である。

**4**　(1)　セグメントを組み立てる際は，**組立てに必要な最小限の本数**のシールドジャッキを引き戻し，セグメントをリング状に組み立てる。

**════════ 試験によく出る重要事項 ════════**

①　**シールド工法の施工方式**には，圧気式シールド・ブラインド式シールド・土圧式シールド・泥水加圧式シールド等がある。

②　泥水式シールドにおける切羽の安定を確保するために管理する泥水の圧力は，上限値として，「静土圧＋水圧＋変動圧」を用い，下限値としては，「主動土圧＋水圧＋変動圧」を用いることが多い。

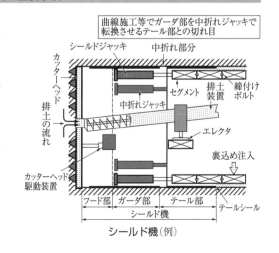

シールド機（例）

## ● 2・7・2　開削工法

**5** 土留め支保工の施工に関する次の記述のうち，**適当でないもの**はどれか。

(1) 土留めに作用する土圧は，掘削後，時間の経過とともに増加し，土留め壁のはらみ出しや土留め壁背後の地盤沈下を引き起こす恐れがある。

(2) 土留め壁背面の水位が高い粘性土地盤を掘削する場合は，ボイリングに対する安全性を検討する。

(3) 粘性土地盤の掘削にあたっては，ヒービングに対する安全性を検討する。

(4) 支保工の部材として，リース加工製品を使用する場合は，接合面の全ボルト孔をボルトで締め付けておく。

《H17-43》

**6** 切梁式土留め支保工の施工に関する次の記述のうち，**適当でないもの**はどれか。

(1) 土留め支保工は，掘削の進行に伴いすみやかに所定の位置に設置し，土留め壁の掘削坑内へのはらみ出しを防止する。

(2) 火打ちを切梁に取り付ける場合は，必ず左右対称に取り付け，切梁に偏心荷重による曲げモーメントが生じないようにする。

(3) 腹起しと土留め壁の間には，土留め壁面の不揃い等で隙間が生じやすいため，その隙間にパッキング材を挿入して，土留め壁と腹起しとを密着させる。

(4) 掘削幅が大きいなどの理由で，切梁にやむを得ず継手を設ける場合には，継手の位置は，中間杭からできる限り離すようにする。

《H18-43：一部修正》

**7** 土留め工に用いる鋼矢板の継手に関する次の記述のうち，**適当でないもの**はどれか。

(1) 継手溶接作業は，矢板の長さを調整するため，原則として，現場建込み後に行う。

(2) 継手工法に現場溶接を用いる場合は，継手部の断面剛性を高めるため，突合せ溶接と添接溶接の併用とするのがよい。

(3) 継手工法としてボルト接合を用いる場合は，応力伝達はボルト接合のみで受け持たせ，ボルト接合と突合せ溶接を併用する場合には，この溶接は止水のみを目的とする。

(4) 継手位置は，できるだけ応力の大きい位置を避け，隣接矢板の継手とは上下方向に少なくとも1m離れた千鳥配置とする。

《H20-47》

| 解説 |
| --- |

**5** (2)　粘性土地盤の掘削にあたっては，**ヒービング**に対する安定性の検討を行う。

**6** (4)　継手位置は**中間杭付近に設け**，ジョイントプレート等で補強する。

**7** (1)　矢板の長さは，**施工前に検討**を行う。施工中に矢板の長さを調整することはない。

| 試験によく出る重要事項 |
| --- |

　**開削工法**は，地下構造を構築する工法としては最も標準的な工法であり，地表面から掘り下げ，地下所定の位置に構造物を構築した後埋め戻し，地表面を元通り復旧する工法である。

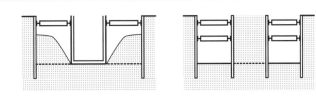

(a) アイランド工法　　　(b) トレンチ工法
部分掘削工法

　開削工法には，土留め工なしで行う**素掘式開削工法**，土留め工を行って全断面を掘削していく**全断面開削工法**，構造物の規模や既設構造物の関係で部分的に開削していく**部分開削工法**（アイランド工法・トレンチ工法）がある。全断面工法が一般的である。

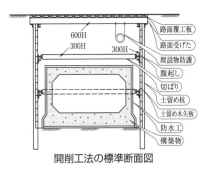

開削工法の標準断面図

専門土木

## ● 2・7・3　薬液注入

出題頻度　低■■■■■■高

**8**

下水道工事における，薬液注入工法の注入効果の確認方法に関する次の記述のうち，**適当でないもの**はどれか。

(1) 現場透水試験の評価は，注入改良地盤で行った現場試験の結果に基づき，透水性に関する目標値，設計値，得られた透水係数のばらつき等から総合的に評価する。

(2) 薬液注入による地盤の不透水化の改良効果を室内透水試験により評価するには，未注入地盤の透水係数と比較するか目標とする透水係数と比較する。

(3) 標準貫入試験結果の評価は薬液注入前後のN値の増減を見て行い，評価を行う際にはボーリング孔の全地層のN値を平均する等の簡易的な統計処理を実施する。

(4) 室内強度試験は，薬液注入によって改良された地盤の強度特性や変形特性等を求め改良効果を評価するものであり，薬液注入後の乱さない試料が得られた場合に実施する。

《R4-49》

**9**

薬液注入工事の施工管理に関する次の記述のうち，**適当でないもの**はどれか。

(1) 薬液注入工事においては，注入箇所から10 m以内に複数の地下水監視のために井戸を設置して，注入中のみならず注入後も一定期間，地下水を監視する。

(2) 薬液注入工事における注入時の管理を適正な配合とするためには，ゲルタイム（硬化時間）を原則として作業中に測定する。

(3) 薬液注入工事による構造物への影響は，瞬結ゲルタイムと緩結ゲルタイムを使い分けた二重管ストレーナー工法（複相型）の普及により少なくなっている。

(4) 薬液注入工事における25 m以上の大深度の削孔では，ダブルパッカー工法のパーカッションドリルによる削孔よりも，二重管ストレーナー工法（複相型）の方が削孔の精度は低い。

《R3-49》

**10**

薬液注入工事における注入効果の確認方法に関する次の記述のうち，**適当なもの**はどれか。

(1) 透水性の改善度合いを確認する場合は，現場透水試験の結果から，透水係数が $10^{-5}$ cm/sのオーダーの数値が得られたら薬液注入による地盤の改良度合いは悪いと判断する。

(2) 標準貫入試験で地盤の強度を確認する場合は，所定の高さからハンマを自由落下させて，サンプラーを30 cm打ち込むのに要する打撃数を求める。

(3) 砂地盤の強度の増加を三軸圧縮試験により確認する場合は，地盤の粘着力の値は変化しないといわれていることから，内部摩擦角の変化で判断する。

(4) 薬液の浸透状況を確認する場合は，薬液注入を行った箇所周辺を掘削して，アルカリ系薬液に反応して色が変化した状況を確認することにより，強度や透水性を数値で評価する。

《R2-49》

**11**  薬液注入工事の施工にあたり配慮すべき事項に関する次の記述のうち，**適当でないもの**はどれか。

(1) 注入速度は，現場における限界注入速度試験結果と施工実績とを参考として，設計時に設定した注入速度を見直しすることが望ましい。

(2) 注入圧力は，地盤の硬軟や土被り，地下水条件などにより異なり，計画時には目標値としての値を示し，試験工事や周辺での施工実績，現場での初期の値などを参考に決定していく。

(3) ステップ長は，注入管軸方向での注入間隔であり，二重管ストレーナー工法では 25 cm 又は 50 cm，二重管ダブルパッカー工法では 90 cm が一般的である。

(4) 注入孔の間隔は，1.0 m で複列配置を原則とし，改良範囲の形状は複雑で部分的には孔間隔に多少の差は生じるが，できるだけ原則に近い配置とする。

《R1-49》

---

**解説**

**8** (3) 標準貫入試験結果の評価は薬液注入前後の N 値の増減を見て行い，評価を行う際にはボーリング孔の**全地層の N 値を比較**する。

**9** (2) 薬液注入工事における，**ゲルタイム**（硬化時間）は原則として**作業前に測定**する。

**10** (1) 透水性の改良度合いで，**透水係数が $10^{-5}$cm/s のオーダーの数値**が得られたら，地盤の改良度合いに**効果があると判断**する。

(2) 記述は，適当である。

(3) 砂地盤への注入で，地盤の**粘着力の値は変化する**。

(4) 薬液の浸透状況は，アリカリ系薬液に反応して色が変化した状況でわかる。しかし，強度や透水性を**数値で評価**することはできない。

**11** (3) **ステップ長**は，二重管ダブルパッカー工法では **33 cm**，又は **50 cm** が一般的である。

---

**試験によく出る重要事項**

**薬液注入**

① **注入順序**：構造物から離れていく方向へ進める。

② **注入圧力**：地盤の噴発（リーク）が生じないように，最大圧力を調節する。

③ **注入試験**：注入施工開始前，午前・午後の 3 回以上行い，注入材のゲルタイムを現場で測定する。

④ **薬液（水ガラス系薬液）**：アルカリ性が高い。地下水などの水質基準は水素イオン濃度 pH8.6 以下とする。

消防法による危険物に指定されているので，基準に基づいて管理する。

# 2·8　上下水道

## ● 2·8·1　上水道

出題頻度　低■■■■■□高

**1**

上水道の配水管の埋設位置及び深さに関する次の記述のうち，**適当でないもの**はどれか。

(1)　配水管は，維持管理の容易性への配慮から，原則として公道に布設するもので，この場合は道路法及び関係法令によるとともに，道路管理者との協議による。

(2)　道路法施行令では，土被りの標準は 1.2 m と規定されているが，土被りの標準又は規定値までとれない場合は道路管理者と協議して 0.6 m まで減少できる。

(3)　配水管を他の地下埋設物と交差又は近接して布設するときは，維持補修や漏水による加害事故発生の恐れに配慮し，少なくとも 0.2 m 以上の間隔を保つものとする。

(4)　地下水位が高い場合又は高くなることが予想される場合には，管内空虚時に配水管の浮上防止のため最小土被りを確保する。

《R5-46》

**2**

上水道管の更新・更生工法に関する次の記述のうち，**適当でないもの**はどれか。

(1)　既設管内挿入工法は，挿入管としてダクタイル鋳鉄管及び鋼管等が使用されているが既設管の管径や屈曲によって適用条件が異なる場合があるため，挿入管の管種や口径等の検討が必要である。

(2)　既設管内巻込工法は，管を巻込んで引込作業後拡管を行うので，更新管路は曲がりには対応しにくいが，既設管に近い管径を確保することができる。

(3)　合成樹脂管挿入工法は，管路の補強が図られ，また，管内面は平滑であるため耐摩耗性が良く流速係数も大きいが，合成樹脂管の接着作業時の低温には十分注意する。

(4)　被覆材管内装着工法は，管路の動きに対して追随性が良く，曲線部の施工が可能で，被覆材を管内で反転挿入し圧着する方法と，管内に引き込み後，加圧し膨張させる方法とがあり，適用条件を十分調査の上で採用する。

《R4-46》

**3**

軟弱地盤や液状化のおそれのある地盤における上水道管布設に関する次の記述のうち，**適当でないもの**はどれか。

(1)　砂質地盤で地下水位が高く，地震時に間げき水圧の急激な上昇による液状化の可能性が高いと判定される場所では，適切な管種・継手を選定するほか必要に応じて地盤改良などを行う。

(2)　水管橋又はバルブ室など構造物の取付け部には，不同沈下にともなう応力集中が生じるので，伸縮可とう性の小さい伸縮継手を使用することが望ましい。

(3)　将来，管路の不同沈下を起こすおそれのある軟弱地盤に管路を布設する場合には，地盤状態や管路沈下量について検討し，適切な管種，継手，施工方法を用いる。

(4) 軟弱層が深い場合，あるいは重機械が入れないような非常に軟弱な地盤では，薬液注入，サンドドレーン工法などにより地盤改良を行うことが必要である。

《R2-46》

**4**
☐
☐
☐

上水道の管布設工に関する次の記述のうち，**適当でないもの**はどれか。

(1) 埋戻しは，片埋めにならないように注意しながら，厚さ50 cm以下に敷き均し，現地盤と同程度以上の密度となるように締め固めを行う。

(2) 床付面に岩石，コンクリート塊などの支障物が出た場合は，床付面より10 cm以上取り除き，砂などに置き換える。

(3) 鋼管の切断は，切断線を中心に，幅30 cmの範囲の塗覆装をはく離し，切断線を表示して行う。

(4) 配水管を他の地下埋設物と交差又は近接して布設するときは，少なくとも30 cm以上の間隔を保つ。

《R1-46》

**1** (3) 配水管を他の地下埋設物と交差又は近接して布設するときは，維持補修や漏水による加害事故発生の恐れに配慮し，少なくとも**0.3 m以上の間隔**を保つものとする。

**2** (2) 既設管内巻込工法は，管を巻込んで引込作業後拡管を行うので，更新管路は曲がりに**対応でき**，既設管に近い管径を確保することができる。

**3** (2) 水管橋など**構造物の取付け部**には，**伸縮可とう性の大きい伸縮継手**を使用する。

**4** (1) **埋戻しは**，片埋めにならないよう注意しながら，**厚さ20 cm以下**に敷き均す。

試験によく出る重要事項

**上水道管の施工**

① **基礎**：ダクタイル鋳鉄管の基礎は，原則として平底溝で，特別な基礎は不要である。

② **ダクタイル鋳鉄管の継手**：メカニカル継手・タイトン継手，大口径管には，U形継手などがある。

③ **配水管の種類と特徴**

| 管　種 | 特　徴 |
|---|---|
| 鋳鉄管 | 強度が大で，耐食性がある。長年月では管内面に錆こぶが出る。 |
| ダクタイル鋳鉄管 | 上記のほか，強靱性に富む。 |
| 鋼　管 | 軽い引張強さやたわみ性が大きく，溶接が可能である。塗覆装（ライニング）管が用いられる。 |
| 水道用硬質塩化ビニル管 | 耐食性が大で，価格が安い。電食の恐れがない。内面粗度が変化しない。衝撃・熱・紫外線に弱い。 |

## ● 2・8・2　下水道

**5**

下水道管渠の更生工法に関する次の記述のうち，**適当なもの**はどれか。

(1)　製管工法は，熱で硬化する樹脂を含浸させた材料をマンホールから既設管渠内に加圧しながら挿入し，加圧状態のまま樹脂が硬化することで更生管渠を構築する。

(2)　形成工法は，硬化性樹脂を含浸させた材料や熱可塑性樹脂で形成した材料をマンホールから引込み，加圧し，拡張及び圧着後，硬化や冷却固化することで更生管渠を構築する。

(3)　反転工法は，既設管渠より小さな管径で工場製作された二次製品をけん引挿入し，間隙にモルタル等などの充填材を注入することで更生管渠を構築する。

(4)　さや管工法は，既設管渠内に硬質塩化ビニル樹脂材等をかん合し，その樹脂パイプと既設管渠との間隙にモルタル等の充填材を注入することで更生管渠を構築する。

《R5-47》

**6**

下水道に用いられる剛性管きょの基礎の種類に関する次の記述のうち，**適当でないもの**はどれか。

(1)　砂又は砕石基礎は，砂又は細かい砕石などを管きょ外周部にまんべんなく密着するように締め固めて管きょを支持するもので，設置地盤が軟弱地盤の場合に採用する。

(2)　コンクリート及び鉄筋コンクリート基礎は，管きょの底部をコンクリートで巻き立てるもので，地盤が軟弱な場合や管きょに働く外圧が大きい場合に採用する。

(3)　はしご胴木基礎は，まくら木の下部に管きょと平行に縦木を設置してはしご状に作るもので，地盤が軟弱な場合や，土質や上載荷重が不均質な場合などに採用する。

(4)　鳥居基礎は，はしご胴木の下部を杭で支える構造で，極軟弱地盤でほとんど地耐力を期待できない場合に採用する。　　《R2-47》

**7**

下水道の管きょの接合に関する次の記述のうち，**適当でないもの**はどれか。

(1)　マンホールにおいて上流管きょと下流管きょの段差が規定以上の場合は，マンホール内での点検や清掃活動を容易にするため副管を設ける。

(2)　管きょ径が変化する場合又は2本の管きょが合流する場合の接合方法は，原則として管底接合とする。

(3)　地表勾配が急な場合には，管きょ径の変化の有無にかかわらず，原則として地表勾配に応じ，段差接合又は階段接合とする。

(4)　管きょが合流する場合には，流水について十分検討し，マンホールの形状及び設置箇所，マンホール内のインバートなどで対処する。　　《H30-47》

**8**

下水道マンホールに関する次の記述のうち，**適当でないもの**はどれか。

(1)　小型マンホールの埋設深さは，維持管理の作業が地上部から器具を使っての点検，清掃となることを考慮して2m程度が望ましい。

専門土木

(2) マンホールが深くなる場合は，維持管理上の安全面を考慮して，10 m ごとに踊り場（中間スラブ）を設けることが望ましい。

(3) マンホール部での管きょ接続は，水理損失を考慮し，上流管きょと下流管きょとの最小段差を 2 cm 程度設ける。

(4) 小型マンホールの最大設置間隔は，50 m を標準とする。

《H29-47》

### 解説

**5** (2) 記述は適当である。

(1)は反転工法，(3)はさや管工法，(4)は製管工法の説明である。

**6** (1) 砂又は砕石基礎は，設置地盤が**硬質土，普通土の場合**に採用する。

**7** (2) 管きょ径が変化する場合又は 2 本の管きょが合流する場合の接合方法は，原則として**水面接合か管頂接合**とする。

**8** (2) マンホールが深くなる場合は，**3 〜 5 m ごとに踊り場**（中間スラブ）を設けることが望ましい。

### 試験によく出る重要事項

## 下水道管きょの施工

① **流下方式**：下水道管は，自然流下方式で配管される。下流に行くに従って，埋設深さが深く，管径は大きくなる。

② **人孔**：管の合流点，勾配や管径の変化点に設ける。管の接合方法は，水理的に有利なものと，経済的に有利なものとがある。

③ **2 本の管の合流**：60° 以下の，流れを阻害しない角度で合流させる。

④ **曲線半径**：管きょが曲線をもって合流する場合の曲線半径は，内径の 5 倍以上とする。

### 管きょ接合の特徴

| 接合方法 | 特徴 |
|---|---|
| 水面接合 | 上下流管きょ内の水位面を，水理計算によって合わせる方法。最も合理的であるが，計算が複雑である。 |
| 管頂接合 | 上下流管きょ内の管頂高を一致させる。流水は円滑となるが，下流側管きょの掘削土量がかさむ。 |
| 管中心接合 | 上下流管きょの中心線を一致させる。水面接合と管頂接合の中間的なものである。 |
| 管底接合 | 上下流管きょの底部の高さを一致させる。下流側の掘削深さは増加しないので，工費が節減できる。上流部で動水勾配線が管頂より上がるなど，水理条件が悪くなる。また，2 本の管きょが合流する場合，乱流や渦流などで，流下能力の低下が生じる。 |
| 段差接合 | 地表の勾配が急なところでは，管径の変化の有無に係わらず，流速が大きくなり過ぎるのを防ぐため，マンホールを介して，段差接合にする。空気巻き込みを防ぐため，段差は 1.5 m 以内とする。管きょの段差が 60 cm 以上になるときは，副管付きマンホールを用いる。 |
| 階段管きょ | 地表の勾配が急なところで，大口径管きょの場合，管きょ底部に階段をつける。階段高は 0.3 m 以内とする。 |

## ● 2・8・3　小口径管推進工法

出題頻度　低■■■■■□高

**9**

下水道工事における小口径管推進工法の施工に関する次の記述のうち，**適当でないもの**はどれか。

(1)　圧入方式は，誘導管推進の途中で中断し時間をおくと，土質によっては推進管が締め付けられ推進が不可能となる場合があるため，推進中に中断せず一気に到達させなければならない。

(2)　オーガ方式は，高地下水圧に対抗する装置を有していないので，地下水位以下の粘性土地盤に適用する場合は，取り込み土量に特に注意しなければならない。

(3)　ボーリング方式は，先導体前面が開放しているので，地下水位以下の砂質土地盤に適用する場合は，補助工法の使用を前提とする。

(4)　泥水方式は，掘進機の変位を直接制御することができないため，変位の小さなうちに方向修正を加えて掘進軌跡の最大値が許容値を超えないようにする。　　《R5-48》

**10**

小口径管推進工法の施工に関する次の記述のうち，**適当でないもの**はどれか。

(1)　オーガ方式は，砂質地盤では推進中に先端抵抗力が急増する場合があるので，注水により切羽部の土を軟弱にする等の対策が必要である。

(2)　圧入方式は，排土しないで土を推進管周囲へ圧密させて推進するため，適用地盤の土質に留意すると同時に，推進路線に近接する既設建造物に対する影響にも注意する。

(3)　ボーリング方式は，先導体前面が開放しているので，地下水位以下の砂質地盤に対しては，補助工法により地盤の安定処理を行った上で適用する。

(4)　泥水方式は，透水性の高い緩い地盤では泥水圧が有効に切羽に作用しない場合があるので，送泥水の比重，粘性を高くし，状況によっては逸泥防止材を使用する。

《R3-48》

**11**

下水道工事における小口径管推進工法の施工に関する次の記述のうち，**適当でないもの**はどれか。

(1)　小型立坑の鏡切りは，切羽部の地盤が不安定であると重大事故につながるため，地山や湧水の状態，補助工法の効果などの確認は慎重に行う。

(2)　推進管理測量として行うレーザトランシット方式は，発進立坑に据え付けたレーザトランシットから先導体内のターゲットにレーザ光を照射する方式である。

(3)　高耐荷力方式は，硬質塩化ビニル管などを用い，先導体の推進に必要な推進力の先端抵抗を推進力伝達ロッドに作用させ，管には周面抵抗力のみを負担させ推進する施工方式である。

(4)　滑材注入による推進力の低減をはかる場合は，滑材吐出口の位置は先導体後部及び発進坑口止水器部に限定されるので，推進開始から推進力の推移をみながら厳密に管理をする。

《R2-48》

**12** 小口径管推進工法の施工に関する次の記述のうち，**適当でないもの**はどれか。

(1) 推進工事において地盤の変状を発生させないためには，切羽土砂を適正に取り込むことが必要であり，掘削土量と排土量，泥水管理に注意し，推進と滑材注入を同時に行う。

(2) 推進中に推進管に破損が生じた場合は，推進施工が可能な場合には十分な滑材注入などにより推進力の低減をはかり，推進を続け，推進完了後に損傷部分の補修を行う。

(3) 推進工法として低耐荷力方式を採用した場合は，推進中は管にかかる荷重を常に計測し，管の許容推進耐荷力以下であることを確認しながら推進する。

(4) 土質の不均質な互層地盤では，推進管が硬い土質の方に蛇行することが多いので，地盤改良工法などの補助工法を併用し，蛇行を防止する対策を講じる。

《R1-48》

専門土木

---

**解説**

**9** (2) オーガ方式は，高地下水圧に対抗する装置を有していないので，**地下水位以下の砂質土地盤に適用する場合**は，取込土量に特に注意しなければならない。

**10** (1) **オーガ方式**は，砂質地盤では**薬液注入による安定対策**が必要である。（注水は，砂地盤の崩壊のおそれがある。）

**11** (3) **高耐荷力方式**は，**鉄筋コンクリート管，ダクタイル鋳鉄管**などを用いる。

**12** (4) 土質の不均質な互層地盤では，**推進管は軟らかい土質の方に蛇行**することが多い。

---

**試験によく出る重要事項**

**小口径管推進工法**

700 mm 以下の管径の推進工法である。使用管種や排土方式，管布設方法などにより，多くの工法がある。

① **圧入方式**：軟弱な粘性土，シルト質地盤に適用。最初から所定の布設管を推進する1工程方式と，最初に先導体および誘導管を圧入推進した後，それを案内として推進管を推進する2工程方式とがある。

② **オーガ方式**：先導体内にオーガヘッドおよびスクリューコンベヤを装着し，これにより掘削排土を行いながら推進管を推進するもので，1工程式である。硬質地盤の場合に用いられる。先掘りはできない。

③ **管敷設方法**：掘削と敷設を一度に行う1工程式と，先導体による掘削と管の敷設を2工程にして行う2工程式がある。

④ **管きょの利用方式**：鉄筋コンクリート管，ダクタイル鋳鉄管などを用いる高耐荷力方式，硬質塩化ビニル管，強化プラスチック複合管などを用いる低耐荷力方式，硬質塩化ビニル管挿入鋼管などを用いる鋼製さや管方式などがある。

# 第3章　土木法規

土木法規

## ○過去6年間の出題内容と出題数○

| | 出題内容 | 年度 | 令和 | | | | 平成 | 計 |
|---|---|---|---|---|---|---|---|---|
| | | | 5 | 4 | 3 | 2 | 元 | 30 | |
| 労働法関係 | 就業規則，労働時間・休憩時間，明示すべき事項 | | | 2 | 1 | 2 | | 1 | 6 |
| | 女性・年少者就業制限 | | | | | | 1 | | 1 |
| | 解雇・賃金，労働契約 | | 1 | | 1 | | 1 | | 3 |
| | 災害補償 | | 1 | | | | | 1 | 2 |
| | 大臣，労働基準監督署長への計画の提出 | | | | | | 1 | | 1 |
| | 作業主任者の選任 | | 1 | 1 | 1 | | 1 | 1 | 5 |
| | 事業者の措置，安全衛生管理体制，特別の教育 | | 1 | 1 | 1 | 2 | | 1 | 6 |
| | 小計 | | 4 | 4 | 4 | 4 | 4 | 4 | |
| 国土交通省関係 | 技術者制度，施工体制台帳，請負契約，元請負人義務 | | 1 | 1 | 1 | 1 | 1 | 1 | 6 |
| | 道路占有の許可申請，車両制限令，特殊車両の通行許可 | | 1 | 1 | 1 | 1 | 1 | 1 | 6 |
| | 河川管理者の許可 | | 1 | 1 | 1 | 1 | 1 | 1 | 6 |
| | 仮設建築物規定 | | 1 | 1 | 1 | 1 | 1 | 1 | 6 |
| | 小計 | | 4 | 4 | 4 | 4 | 4 | 4 | |
| 環境関係・その他 | 火薬の取扱い，ダイナマイトを用いた発破作業 | | 1 | 1 | 1 | 1 | 1 | 1 | 6 |
| | 騒音規制：特定建設作業 | | 1 | 1 | 1 | 1 | 1 | 1 | 6 |
| | 振動規制：特定建設作業 | | 1 | 1 | 1 | | 1 | 1 | 5 |
| | 振動規制：地域指定・届出 | | | | | | 1 | | 1 |
| | 港則法：船舶の届出・許可，航法 | | 1 | 1 | 1 | 1 | 1 | 1 | 6 |
| | 小計 | | 4 | 4 | 4 | 4 | 4 | 4 | |
| | 合計 | | 12 | 12 | 12 | 12 | 12 | 12 | |

## 3·1 労働基準法

### ● 3·1·1 労働契約・賃金

**1** 労働者に支払う賃金に関する次の記述のうち，労働基準法令上，**誤っているもの**はどれか。

(1) 使用者は，労働契約の不履行について違約金を定め，又は損害賠償額を明示して契約しなければならない。

(2) 使用者は，労働者が出産，疾病，災害など非常の場合の費用に充てるために請求する場合においては，支払期日前であっても，既往の労働に対する賃金を支払わなければならない。

(3) 使用者は，出来高払制その他の請負制で使用する労働者については，労働時間に応じ一定額の賃金の保障をしなければならない。

(4) 使用者は，労働契約の締結に際し，労働者に対して賃金の決定，計算及び支払の方法，賃金の締切り及び支払の時期並びに昇給に関する事項を明示しなければならない。

《R5-50》

**2** 労働者に支払う賃金に関する次の記述のうち，労働基準法令上，**誤っているもの**はどれか。

(1) 使用者は，労働者が出産，疾病，災害の費用に充てるために請求する場合においては，支払期日前であっても，既往の労働に対する賃金を支払わなければならない。

(2) 使用者は，使用者の責に帰すべき事由による休業の場合においては，休業期間中当該労働者に，その平均賃金の100分の60以上の手当を支払わなければならない。

(3) 使用者は，出来高払制その他の請負制で使用する労働者については，労働時間に応じ一定額の賃金の保障をしなければならない。

(4) 使用者は，労働時間を延長し，労働させた場合においては，原則として通常の労働時間の賃金の計算額の2割以上6割以下の範囲内で割増賃金を支払わなければならない。

《R1-50》

**3** 労働基準法に定められている労働契約に関する次の記述のうち，**誤っているもの**はどれか。

(1) 使用者は，原則として，労働者を解雇しようとする予告をその30日前までにしない場合は，30日分以上の平均賃金を支払わなければならない。

(2) 使用者は，前借金その他労働することを条件とする前貸の債権と賃金を相殺してはならない。

(3) 労働者が退職の場合において，使用期間，業務の種類，賃金などについて証明書を請求した場合は，使用者は遅滞なくこれを交付しなければならない。

(4) 労働契約は，期間の定めのないものを除き，一定の事業の完了に必要な期間を定めるもののほかは，6年を超える期間について締結してはならない。

《H29-50》

**4**

□
□
□

労働基準法に定められている労働契約に関する次の記述のうち，**誤っているもの**はどれか。

(1) 使用者は，労働契約の締結に際し，労働者に対して賃金，労働時間その他の労働条件を明示しなければならない。

(2) 使用者は，労働者が業務上負傷し，又は疾病にかかり療養のために休業する期間及びその後30日間は，原則として，解雇してはならない。

(3) 使用者は，労働者を解雇しようとする場合において，30日前に予告をしない場合は，30日分以上の平均賃金を原則として，支払わなければならない。

(4) 使用者は，労働者の死亡又は退職の場合において，権利者からの請求の有無にかかわらず，賃金を支払い，労働者の権利に属する金品を返還しなければならない。

《R3-50》

---

**解説**

**1** (1) 使用者は，労働契約の不履行について違約金を定め，または**損害賠償額を明示して契約してはならない**。

---

**2** (4) **労働時間を延長**し，労働させた場合は，**25%以上の割増賃金**を支払わなければならない。

---

**3** (4) **労働契約**は**3年を超える期間**について**締結してはならない**。

---

**4** (4) **退職の場合**は，**本人に支払**わなければならない。

---

=== **試験によく出る重要事項** ===

**労働契約**

① **労働条件の明示**：使用者は，労働契約の締結に際し，賃金，労働時間その他の労働条件を明示しなければならない。明示された労働条件が事実と相違する場合は，労働者は，即時に労働契約を解除することができる。

② **法律違反の契約**：労働基準法で定める基準に達しない労働条件を定める労働契約は，その部分については無効とする。

③ **契約期間等**：労働契約は，3年を超える期間について締結してはならない。

④ **賠償予定の禁止**：使用者は，労働契約の不履行について違約金を定め，又は損害賠償額を予定する契約をしてはならない。

⑤ **前借金相殺の禁止**：使用者は，前借金その他労働することを条件とする前貸の債権と賃金を相殺してはならない。

⑥ **未成年者の労働契約**：親権者又は後見人は，未成年者に代って労働契約を締結してはならない。

## ● 3·1·2　労働時間・休憩・災害補償

出題頻度　低 ■■■■■□ 高

---

**5**

労働時間及び休憩に関する次の記述のうち，労働基準法上，**誤っているもの**はどれか。

(1)　使用者は，災害その他避けることのできない事由によって臨時の必要が生じ，労働時間を延長する場合においては，事態が急迫した場合であっても，事前に行政官庁の許可を受けなければならない。

(2)　使用者は，労働者に，休憩時間を除き1週間については40時間を超えて，1週間の各日については1日について8時間を超えて，労働させてはならない。

(3)　使用者が，労働者に労働時間を延長して労働させた場合においては，その時間の労働については，通常の労働時間の賃金の計算額に対して割増した賃金を支払わなければならない。

(4)　使用者は，労働時間が6時間を超える場合においては少なくとも45分，8時間を超える場合においては少なくとも1時間の休憩時間を労働時間の途中に，原則として一斉に与えなければならない。

《R4-51》

---

**6**

労働時間及び休暇・休日に関する次の記述のうち，労働基準法上，**正しいもの**はどれか。

(1)　使用者は，労働者の過半数を代表する者と書面による協定を定める場合でも，1箇月に100時間以上，労働時間を延長し，又は休日に労働させてはならない。

(2)　使用者は，労働時間が6時間を超える場合においては最大で45分，8時間を超える場合においては最大で1時間の休憩時間を労働時間の途中に与えなければならない。

(3)　使用者は，6箇月間継続勤務し全労働日の5割以上出勤した労働者に対して，継続し，又は分割した10労働日の有給休暇を与えなければならない。

(4)　使用者は，協定の定めにより労働時間を延長して労働させ，又は休日に労働させる場合でも，坑内労働においては，1日について3時間を超えて労働時間を延長してはならない。

《R3-51》

---

**7**

災害補償に関する次の記述のうち，労働基準法令上，**誤っているもの**はどれか。

(1)　労働者が業務上負傷し，又は疾病にかかった場合の療養のため，労働することができないために賃金を受けない場合においては，使用者は，休業補償を行わなければならない。

(2)　労働者が業務上負傷し，又は疾病にかかり補償を受ける場合，療養開始後3年を経過しても負傷又は疾病がなおらない場合においては，使用者は，打切補償を行い，その後はこの法律の規定による補償を行わなくてもよい。

(3)　労働者が業務上負傷し，又は疾病にかかった場合においては，使用者は，その費用で必要な療養を行い，又は必要な療養費用の100分の50を負担しなければならない。

---

(4) 労働者が重大な過失によって業務上負傷し，又は疾病にかかり，かつ使用者がその過失について行政官庁の認定を受けた場合においては，休業補償又は障害補償を行わなくてもよい。

《R5-51》

## 解説

**5** (1) 事態が急迫した場合は，事前に行政官庁の**許可を受けなくともよい**。ただし，**事後に遅滞なく届け出**なければならない。

**6** (1) 記述は，正しい。

(2) 6時間を超える場合は，**最少で45分**，8時間を超える場合は，**最少で1時間**の休憩時間を与える。

(3) 全労働日の**8割以上出勤**した労働者に対し，10労働日の有給休暇を与えなければならない。

(4) **1日2時間を超えて**労働時間を延長してはならない。

**7** (3) 労働者が業務上負傷し，または疾病にかかった場合においては，使用者は，その費用で必要な療養を行い，又は**必要な療養費用を全額負担**しなければならない。

## 試験によく出る重要事項

### 災害補償

① **療養補償**：労働者が業務上負傷し，又は疾病にかかった場合においては，使用者は，その費用で必要な療養を行い，又は必要な療養の費用を負担しなければならない。

② **休業補償**：労働者が災害による療養のため，労働することができないために賃金を受けない場合においては，使用者は，労働者の療養中，平均賃金の百分の六十の休業補償を行わなければならない。

③ **障害補償**：労働者が業務上負傷し，又は疾病にかかり，治った場合において，その身体に障害が存するときは，使用者は，その障害の程度に応じて，平均賃金に法令に定める日数を乗じて得た金額の障害補償を行わなければならない。

## ● 3·1·3　就業制限と就業規則

出題頻度　低■■■■□□高

**8**

常時 10 人以上の労働者を使用する使用者が，労働基準法上，**就業規則に必ず記載しなければならない事項**は次の記述のうちどれか。

(1)　臨時の賃金等（退職手当を除く。）及び最低賃金額に関する事項
(2)　退職に関する事項（解雇の事由を含む。）
(3)　災害補償及び業務外の傷病扶助に関する事項
(4)　安全及び衛生に関する事項

《R4-50》

**9**

労働基準法令に定められている就業に関する次の記述のうち，**誤っているもの**はどれか。

(1)　使用者は，土木工事において，児童が満 15 歳に達した日以後の最初の 3 月 31 日が終了するまで，この児童を使用してはならない。
(2)　使用者は，満 18 歳に満たない者を高さが 5 m 以上の場所で，墜落により労働者が危害を受けるおそれのあるところにおける業務に就かせてはならない。
(3)　使用者は，満 16 歳以上満 18 歳未満の男性を 10 kg 以上の重量物を断続的に取り扱う業務に就かせてはならない。
(4)　使用者は，産後 1 年を経過していない女性をさく岩機等，身体に著しい振動を与える機械器具を用いて行う業務に就かせてはならない。

《H29-51》

**10**

年少者・女性の就業に関する次の記述のうち，労働基準法令上，**正しいもの**はどれか。

(1)　使用者は，満 16 歳以上満 18 歳未満の者を，時間外労働でなければ，坑内で労働させることができる。
(2)　使用者は，満 16 歳以上満 18 歳未満の男性を，40 kg 以下の重量物を断続的に取り扱う業務に就かせることができる。
(3)　使用者は，妊娠中の女性及び産後 1 年を経過しない女性が請求した場合は，時間外労働，休日労働，深夜業をさせてはならない。
(4)　使用者は，妊娠中の女性及び産後 1 年を経過しない女性以外の女性についても，ブルドーザを運転させてはならない。

《R1-51》

**11**

就業規則に関する次の記述のうち，労働基準法令上，**誤っているもの**はどれか。

(1)　使用者は，原則として労働者と合意することなく，就業規則を変更することにより，労働者の不利益に労働契約の内容である労働条件を変更することはできない。
(2)　就業規則で定める基準に達しない労働条件を定める労働契約は，労働者と使用者が合意すれば，すべて有効である。

(3) 常時規定人数以上の労働者を使用する使用者は，就業規則を作成し，行政官庁に届け出なければならない。

(4) 就業規則には，始業及び終業の時刻，賃金の決定，退職に関する事項を必ず記載しなければならない。

《R2-50》

**解説**

**8** (2) **退職に関する事項**（解雇の事由を含む）は，**必ず記載**しなければならない。

**9** (3) 使用者は，満16歳以上満18歳未満の男性を**30 kg以上の重量物**を継続的に取り扱う業務に就かせてはならない。

**10** (1) 満18歳未満の者を，**坑内で労働させてはならない**。

(2) 満16歳以上満18歳未満の男性を，**30 kg以下**の重量物を断続的に取り扱う業務に就かせることができる。

(3) 記述は，正しい。

(4) 妊娠中の女性及び産後1年を経過しない女性以外の女性については，**ブルドーザを運転**させてもよい。

**11** (2) **基準に達しない労働条件**を定める労働契約は，**その部分は無効**である。

═══ 試験によく出る重要事項 ═══

就業制限

**1. 重量取扱い業務の禁止**（年少者労働基準規則第7条）

| 年齢 | 断続作業の場合の重量 | 継続作業の場合の重量 |
|---|---|---|
| 満16歳未満 | 女12 kg，男15 kg | 女8 kg，男10 kg |
| 満16歳以上満18歳未満 | 女25 kg，男30 kg | 女15 kg，男20 kg |
| 満18歳以上の女性 | 30 kg | 20 kg |

**2 妊産婦等の就業制限業務**[1]（抜粋）

| 業務範囲 | 妊婦 | 産婦 | その他の女性 |
|---|---|---|---|
| ① 深夜業の業務（妊産婦が請求をしたとき。） | △ | △ | ○ |
| ② 坑内労働（一部の業務の従事者を除く。） | × | × | × |
| ③ 吊り上げ荷重が5 t以上のクレーン，デリックの運転 | × | △ | ○ |
| ④ 土砂が崩壊するおそれのある場所または探さが5 m以上の地穴における業務 | × | ○ | ○ |
| ⑤ 高さ5 m以上の墜落のおそれのあるところにおける業務 | × | ○ | ○ |
| ⑥ さく岩機・鋲打機等，身体に著しい振動を与える機械・器具を用いて行う業務 | × | × | ○ |

[1]. ×…就かせてはならない業務　△…申し出た場合，就かせてはならない業務
○…就かせてもさしつかえない業務

## 3・2　労働安全衛生法

### ● 3・2・1　安全管理体制・届出・作業主任者の選任　出題頻度　低■■■■■■高

**1**　事業者が統括安全衛生責任者に統括管理させなければならない事項に関する次の記述のうち，労働安全衛生法上，**誤っているもの**はどれか。
(1)　作業場所の巡視を統括管理すること。
(2)　関係請負人が行う安全衛生教育の指導及び援助を統括管理すること。
(3)　協議組織の設置及び運営を統括管理すること。
(4)　労働災害防止のため，店社安全衛生管理者を統括管理すること。

《R3-52》

**2**　事業者が統括安全衛生責任者に統括管理させなければならない事項に関する次の記述のうち，労働安全衛生法令上，**誤っているもの**はどれか。
(1)　協議組織の設置及び運営を行うこと。
(2)　作業間の連絡及び調整を行うこと。
(3)　作業場所の巡視を行うこと。
(4)　店社安全衛生管理者の指導を行うこと。

《R2-52》

**3**　次の作業のうち，労働安全衛生法令上，**作業主任者の選任を必要とする作業**はどれか。
(1)　掘削面の高さが1mの地山の掘削（ずい道及びたて坑以外の坑の掘削を除く）の作業
(2)　掘削面の高さが2mの土止め支保工の切りばり又は腹起こしの取付け又は取り外しの作業
(3)　高さが3mの構造の足場の組立て，解体の作業
(4)　高さが4mのコンクリート橋梁上部構造の架設の作業

《R5-52》

**4**　次の作業のうち，労働安全衛生法令上，**作業主任者の選任を必要とする作業**はどれか。
(1)　高さが3mのコンクリート造の工作物の解体又は破壊の作業
(2)　高さが3mの土止め支保工の切りばり又は腹起こしの取付け又は取り外しの作業
(3)　高さが3m，支間が20mのコンクリート橋梁上部構造の架設の作業
(4)　高さが3mの構造の足場の組立て又は解体の作業

《R4-52》

〈p.134〜135の解答〉　正解　**8**(2)，**9**(3)，**10**(3)，**11**(2)

**5** 労働安全衛生法令上，工事の開始の日の 30 日前までに，厚生労働大臣に計画を届け出なければならない工事が定められているが，次の記述のうちこれに**該当しないもの**はどれか。

(1) ゲージ圧力が 0.2 MPa の圧気工法による建設工事

(2) 堤高が 150 m のダムの建設工事

(3) 最大支間 1,000 m のつり橋の建設工事

(4) 高さが 300 m の塔の建設工事

《R1-52》

---

**解説**

**1** (4) **店社安全衛生管理者を統括管理**することは**業務に含まれない。**

**2** (4) **店社安全衛生管理者の指導**を行うことは，**統括安全衛生責任者の業務に含まれない。**

**3** (2) 土止め支保工の切りばり又は腹起しの取付け又は取り外しの作業は，**掘削面の高さにかかわらず，作業主任者の選任を必要**とする。

**4** (2) 土止め支保工の切ばり，腹起しの取付け，取外しの作業は，**高さにかかわらず作業主任者の選任が必要**である。

(1) 高さが 5 m 以上，(3) 高さが 5 m 以上，支間が 30 m 以上，(4) 高さが 5 m 以上のとき，作業主任者の選任が必要となる。

**5** (1) ゲージ圧力が **0.3 MPa 以上の圧気工事は届け出る。**

---

**試験によく出る重要事項**

**作業主任者一覧表**

| | 名　称 | 選任すべき作業 |
|---|---|---|
| ① | 高圧室内作業主任者（免） | 高圧室内作業 |
| ② | ガス溶接作業主任者（免） | アセチレン等を用いて行う金属の溶接・溶断・加熱作業 |
| ③ | コンクリート破砕器作業主任者（技） | コンクリート破砕器を用いて行う破砕作業 |
| ④ | 地山掘削作業主任者（技） | 掘削面の高さが 2 m 以上となる地山掘削作業 |
| ⑤ | 土止め支保工作業主任者（技） | 土止め支保工の切ばり・腹起しの取付け・取外し作業 |
| ⑥ | 型枠支保工の組立等作業主任者（技） | 型枠支保工の組立解体作業 |
| ⑦ | 足場の組立等作業主任者（技） | 吊り足場・張出し足場または高さ 5 m 以上の構造の足場の組立解体作業（ゴンドラを除く） |
| ⑧ | 酸素欠乏危険作業主任者（技） | 酸素欠乏・硫化水素危険場所における作業 |
| ⑨ | ずい道等の掘削等作業主任者（技） | ずい道等の掘削作業またはこれに伴うずり積み，ずい道支保工の組立，ロックボルトの取付け，もしくはコンクリートの吹付け作業 |
| ⑩ | ずい道等の覆工作業主任者（技） | ずい道等の覆工作業 |
| ⑪ | コンクリート造の工作物の解体等作業主任者（技） | その高さが 5 m 以上のコンクリート造の工作物の解体または破壊の作業 |
| ⑫ | コンクリート橋架設等作業主任者（技） | 上部構造の高さが 5 m 以上のものまたは支間が 30 m 以上のコンクリート造の橋梁の架設・解体または変更の作業 |
| ⑬ | 鋼橋架設等作業主任者（技） | 上部構造の高さが 5 m 以上のものまたは支間が 30 m 以上の金属製の部材により構成される橋梁の架設・解体または変更の作業 |

（免）免許を受けた者　（技）技能講習を修了した者

（土木法規）

## ● 3·2·2 コンクリート造の解体

**6** 高さが5m以上のコンクリート造の工作物の解体作業における危険を防止するために，事業者又はコンクリート造の工作物の解体等作業主任者が行うべき事項に関する次の記述のうち，労働安全衛生法令上，誤っているものはどれか。

(1) 事業者は，外壁，柱等の引倒し等の作業を行うときは，引倒し等について一定の合図を定め，関係労働者に周知させなければならない。

(2) コンクリート造の工作物の解体等作業主任者は，作業の方法及び労働者の配置を決定し，作業を直接指揮しなければならない。

(3) コンクリート造の工作物の解体等作業主任者は，作業を行う区域内には関係労働者以外の労働者の立入りを禁止しなければならない。

(4) 事業者は，強風，大雨，大雪等の悪天候のため，作業の実施について危険が予想されるときは，当該作業を中止しなければならない。　　　　　　　《R5-53》

**7** 高さが5m以上のコンクリート造の工作物の解体作業における危険を防止するために，事業者が行わなければならない事項に関する次の記述のうち，労働安全衛生法令上，誤っているものはどれか。

(1) 器具，工具等を上げ，又は下ろすときは，つり綱，つり袋等を労働者に使用させなければならない。

(2) あらかじめ当該工作物の形状，き裂の有無等について調査を実施し，その調査により知り得たところに適応する作業計画を定めなければならない。

(3) 外壁，柱等の引倒し等の作業を行うときは，引倒し等について作業指揮者を定め，関係労働者に周知させなければならない。

(4) 強風，大雨，大雪等の悪天候のため，作業の実施について危険が予想されるときは，当該作業を中止しなければならない。　　　　　　　《R4-53》

**8** 労働安全衛生法令上，高さが5m以上のコンクリート造の工作物の解体作業における危険を防止するために，事業者が行わなければならない事項に関する次の記述のうち，誤っているものはどれか。

(1) 事業者は，作業を行う区域内には，関係労働者以外の労働者の立入りを禁止しなければならない。

(2) 事業者は，器具，工具等を上げ，又は下ろすときは，つり綱，つり袋等を労働者に使用させなければならない。

(3) 事業者は，コンクリート造の工作物の解体等作業主任者特別教育を修了した者のうちから，コンクリート造の工作物の解体等作業主任者を選任しなければならない。

(4) 事業者は，強風，大雨，大雪等の悪天候のため，作業の実施について危険が予想されるときは，当該作業を中止させなければならない。　　　　　　　《R2-53》

**9** 高さが5m以上のコンクリート造の工作物の解体等の作業における危険を防止するために，事業者又はコンクリート造の工作物の解体等作業主任者（以下，解体等作業主任者という）が行わなければならない事項に関する次の記述のうち，労働安全衛生法令上，誤っているものはどれか。

(1) 解体等作業主任者は，作業の方法及び労働者の配置を決定し，作業を直接指揮しなければならない。

(2) 事業者は，外壁，柱等の引倒し等の作業を行うときは，引倒し等について一定の合図を定め，関係労働者に周知させなければならない。

(3) 事業者は，コンクリート造の工作物の解体等作業主任者技能講習を修了した者のうちから，解体等作業主任者を選任しなければならない。

(4) 解体等作業主任者は，物体の飛来又は落下による労働者の危険を防止するため，当該作業に従事する労働者に保護帽を着用させなければならない。

《R3-53》

**土木法規**

<hr>

**解説**

**6** (3) 事業者は，作業を行う区域内には関係労働者以外の労働者の立入りを禁止しなければならない。**作業主任者の行うべき事項ではない。**

**7** (3) 引倒し等について**一定の合図を定め**，関係労働者に周知させなければならない。

**8** (3) **技能講習の修了者**から，コンクリート造工作物の解体等作業主任者を選任しなければならない。

**9** (4) 労働者に**保護帽を着用**させるのは**事業者の役割**である。**作業主任者**は，**使用状況を監視**する。

<hr>

**━━━ 試験によく出る重要事項 ━━━**

**1. 事業者**

① 当該工作物の状況を調査し，作業計画を定め，当該作業計画により作業を行う。

② 作業を行う区域内に，関係労働者以外の労働者の立入りを禁止する。

③ 技能講習を修了した者から，作業主任者を選任する。

④ 強風・大雨・大雪等の悪天候のときは，作業を中止する。

⑤ 器具・工具等を上げ，下ろすときは，つり綱，つり袋を労働者に使用させる。

⑥ 引倒し等について，一定の合図を定め関係者に周知させる。

⑦ 当該作業に従事する労働者に保護帽を使用させる。

**2. 作業主任者**

① 作業方法を決定し，作業を直接指揮する。

② 材料の欠陥，器具・工具を点検し，不良品を取り除く。

③ 安全帯・保護帽の使用状況を監視する。

# 3·3　建設業法

出題頻度　低■■■■■■高

**1**　元請負人の義務に関する次の記述のうち，建設業法令上，**誤っているもの**はどれか。

(1)　元請負人は，その請け負った建設工事を施工するために必要な工程の細目，作業方法その他元請負人において定めるべき事項を定めようとするときは，あらかじめ，下請負人の意見をきかなければならない。

(2)　元請負人は，請負代金の出来形部分に対する支払を受けたときは，施工した下請負人に対して，下請代金の一部を，当該支払を受けた日から40日以内で，かつ，できる限り短い期間内に支払わなければならない。

(3)　元請負人は，前払金の支払を受けたときは，下請負人に対して，資材の購入，労働者の募集その他建設工事の着手に必要な費用を前払金として支払うよう適切な配慮をしなければならない。

(4)　元請負人は，下請負人からその請け負った建設工事が完成した旨の通知を受けたときは，当該通知を受けた日から20日以内で，かつ，できる限り短い期間内に，その完成を確認するための検査を完了しなければならない。　　　　　　　　　《R5-54》

**2**　元請負人の義務に関する次の記述のうち，建設業法令上，**誤っているもの**はどれか。

(1)　元請負人は，その請け負った建設工事を施工するために必要な工程の細目，作業方法その他元請負人において定めるべき事項を定めようとするときは，あらかじめ，下請負人の意見をきかなければならない。

(2)　元請負人は，請負代金の出来形部分に対する支払を受けたときは，その支払の対象となった建設工事を施工した下請負人に対して，その下請負人が施工した出来形部分に相応する下請代金を，当該支払を受けた日から一月以内で，かつ，できる限り短い期間内に支払わなければならない。

(3)　元請負人は，前払金の支払を受けたときは，下請負人に対して，資材の購入，労働者の募集その他建設工事の着手に必要な費用を前払金として支払うよう適切な配慮をしなければならない。

(4)　元請負人は，下請負人からその請け負った建設工事が完成した旨の通知を受けたときは，当該通知を受けた日から一月以内で，かつ，できる限り短い期間内に，その完成を確認するための検査を完了しなければならない。　　　　　　　　　《R4-54》

**3**　技術者制度に関する次の記述のうち，建設業法令上，**誤っているもの**はどれか。

(1)　主任技術者及び監理技術者は，建設業法で設置が義務付けられており，公共工事標準請負契約約款に定められている現場代理人を兼ねることができる。

(2)　発注者から直接建設工事を請け負った特定建設業者は，当該建設工事を施工するために締結した下請契約の請負代金が政令で定める金額以上の場合，工事現場に監理技術者を置かなければならない。

(3) 主任技術者及び監理技術者は，工事現場における建設工事を適正に実施するため，当該建設工事の施工計画の作成，工程管理，品質管理その他の技術上の管理及び当該建設工事に関する下請契約の締結を行わなければならない。

(4) 工事現場における建設工事の施工に従事する者は，主任技術者又は監理技術者がその職務として行う指導に従わなければならない。 《R3-54》

---

**4** 技術者制度に関する次の記述のうち，建設業法令上，**誤っているもの**はどれか。

(1) 主任技術者及び監理技術者は，建設業法で設置が義務付けられており，公共工事標準請負契約約款に定められている現場代理人を兼ねることができる。

(2) 発注者から直接建設工事を請け負った特定建設業者は，当該建設工事を施工するために締結した下請契約の請負代金の額にかかわらず，工事現場に監理技術者を置かなければならない。

(3) 主任技術者及び監理技術者は，工事現場における建設工事を適正に実施するため，当該建設工事の施工計画の作成，工程管理，品質管理その他の技術上の管理及び当該建設工事の施工に従事する者の技術上の指導監督を行わなければならない。

(4) 工事現場における建設工事の施工に従事する者は，主任技術者又は監理技術者がその職務として行う指導に従わなければならない。 《R2-54》

---

### 解説

**1** (2) 当該支払を受けた日から **1ヶ月以内**で，かつ，できる限り短い期間内に支払わなければならない。

**2** (4) 通知を受けた日から **20日以内**で，できるだけ短い期間内に，その完成を確認するための検査を完了しなければならない。

**3** (3) **下請契約の締結**を行うのは，**事業者の役目**である。

**4** (2) 下請契約の**請負代金の合計が 4,000万円以上の場合**は，**工事現場に監理技術者**を置かなければならない。

---

### 試験によく出る重要事項

**技術の確保**

① **監理技術者を設置する工事**：発注者から直接請け負った工事で，下請契約の総額が 4,000万円（建築一式工事については 6,000万円）以上の工事。

② **現場代理人**：工事の運営・取締りを行うほか，この契約に基づく請負者の一切の権限を行使する。ただし，請負代金額の請求・変更・受領などの，契約金額に関する権限はない。

③ **兼務**：現場代理人・監理技術者・主任技術者は，兼ねることができる。

④ **施工体制台帳の作成**：公共工事については，発注者から直接工事を請け負った業者は，下請契約の金額にかかわらず，作成する。

⑤ **記載事項**：施工体制台帳には，一次・二次など，すべての下請負人を記載する。

⑥ **施工体制台帳の保存**：工事目的物の引き渡しから 5年間，担当営業所に保存しなければならない。

土木法規

## 3·4 道路法

出題頻度 低■■■■■■高

**1** 道路上で行う工事，又は行為についての許可，又は承認に関する次の記述のうち，道路法令上，誤っているものはどれか。

(1) 道路管理者以外の者が，沿道で行う工事のために交通に支障を及ぼすおそれのない道路の区域内に，工事材料の置き場を設ける場合は，道路管理者の許可を受ける必要がない。

(2) 道路管理者以外の者が，民地への車両乗入れのために歩道切下げ工事を行う場合は，道路管理者の承認を受ける必要がある。

(3) 道路占用者が，電線，上下水道，ガス等を道路に設け，継続して道路を使用する場合は，道路管理者の許可を受ける必要がある。

(4) 道路占用者が，道路の構造又は交通に支障を及ぼすおそれがないと認められる重量の増加を伴わない占用物件の構造を変更する場合は，あらためて道路管理者の許可を受ける必要がない。　　　　　　《R5-56》

**2** 道路占用工事における道路の掘削に関する次の記述のうち，道路法令上，誤っているものはどれか。

(1) 占用のために掘削した土砂を埋め戻す場合においては，層ごとに行うとともに，確実に締め固めること。

(2) 舗装道の舗装の部分の切断は，のみ又は切断機を用いて，原則として直線に，かつ，路面に垂直に行うこと。

(3) わき水又はたまり水の排出に当たっては，いかなる場合でも道路の排水施設や路面に排出しないよう措置すること。

(4) 道路の掘削面積は，道路の交通に著しい支障を及ぼすことのないよう覆工を施工するなどの措置をした場合を除き，当日中に復旧可能な範囲とすること。　《R4-56》

**3** 車両制限令で定められている通行車両の最高限度を超過する特殊な車両の通行に関する次の記述のうち，道路法上，誤っているものはどれか。

(1) 特殊な車両を通行させようとする者は，通行する道路の道路管理者が複数となる場合には，通行するそれぞれの道路管理者に通行許可の申請を行わなければならない。

(2) 特殊な車両の通行は，当該車両の通行許可申請に基づいて，道路の構造の保全，交通の危険防止のために通行経路，通行時間等の必要な条件が付された上で，許可される。

(3) 特殊な車両の通行許可を受けた者は，当該許可に係る通行中，当該許可証を当該車両に備え付けていなければならない。

(4) 特殊な車両を許可なく又は通行許可条件に違反して通行させた場合には，運転手に罰則規定が適用されるほか，事業主に対しても適用される。　　　　　《R2-56》

**4** 道路上で行う工事，又は行為についての許可，又は承認に関する次の記述のうち，道路法令上，**誤っている**ものはどれか。

(1) 道路管理者以外の者が，工事用車両の出入りのために歩道切下げ工事を行う場合は，道路管理者の承認を受ける必要がある。

(2) 道路管理者以外の者が，沿道で行う工事のために道路の区域内に，工事用材料の置き場や足場を設ける場合は，道路管理者の許可を受ける必要がある。

(3) 道路占用者が，電線，上下水道，ガスなどを道路に設け，これを継続して使用する場合は，道路管理者と協議し同意を得れば，道路管理者の許可を受ける必要はない。

(4) 道路占用者が重量の増加を伴わない占用物件の構造を変更する場合，道路の構造又は交通に支障を及ぼすおそれがないと認められるものは，あらためて道路管理者の許可を受ける必要はない。

《R3-56》

---

**解説**

**1** (1) 道路管理者以外の者が，沿道で行う工事のために交通に支障を及ぼすおそれのない道路の区域内に，工事材料の置き場を設ける場合は，**道路管理者の許可を受ける必要がある**。

**2** (3) わき水又はたまり水の排水は，**道路の排水施設を利用**する。

**3** (1) **すべて市町村道の場合**，それぞれの道路管理者に通行許可の申請を行う。全部または一部が**市町村道以外**の場合，当該市町村道以外の道路管理者の**いずれかから許可を受ける**ことができる。

**4** (3) 道路管理者の**許可を受ける必要**がある。

---

════════ 試験によく出る重要事項 ════════

## 車両の制限

①幅 2.5 m，②高さ 3.8 m（認めて指定した道路は 4.1 m），③長さ 12 m，④最小回転半径 12 m（最外側のわだち），⑤総重量（高速自動車国道 25 t，その他の道路 20 t），⑥軸重 10 t，⑦輪荷重 5 t

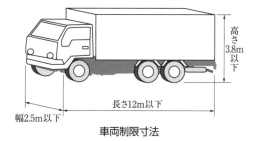

車両制限寸法

（高さ 3.8 m 以下，長さ12m以下，幅2.5m以下）

土木法規

## 3·5　河川法

出題頻度　低■■■■■高

**1**

河川管理者以外の者が河川区域（高規格堤防特別区域を除く）で工事を行う場合の許可に関する次の記述のうち，河川法令上，**誤っている**ものはどれか。

(1)　河川区域内の土地の地下を横断して工業用水のサイホンを設置する場合は，河川管理者の許可を受ける必要がある。

(2)　河川区域内の野球場に設置されている老朽化したバックネットを撤去する場合は，河川管理者の許可を受ける必要がない。

(3)　河川区域内に設置されている取水施設の機能維持のために取水口付近に積もった土砂を撤去する場合は，河川管理者の許可を受ける必要がない。

(4)　河川区域内で一時的に仮設の資材置場を設置する場合は，河川管理者の許可を受ける必要がある。

《R5-57》

**2**

河川管理者以外の者が河川区域（高規格堤防特別区域を除く）で行う行為の許可に関する次の記述のうち，河川法上，**誤っている**ものはどれか。

(1)　モルタル練り混ぜ水として，河川からバケツ等でごく少量の水を汲み上げる取水は，河川管理者の許可は必要ない。

(2)　水道取水施設の補修で河川区域内の転石や浮石を工事材料として採取する場合は，河川管理者の許可が必要である。

(3)　河川区域内に電柱を設けず上空を通過する電線等を設置する場合でも，河川管理者の許可が必要である。

(4)　河川区域内にある民有地で公園等を整備する場合は，民有地であるため河川管理者の許可は必要ない。

《R4-57》

**3**

河川管理者以外の者が，河川区域内（高規格堤防特別区域を除く）で工事を行う場合の手続きに関する次の記述のうち，**誤っている**ものはどれか。

(1)　河川管理者の許可を受けて設置されている取水施設の機能維持するための取水口付近の土砂等の撤去は，河川管理者の許可を受ける必要がある。

(2)　河川区域内に一時的に仮設の資材置場を設置する場合は，河川管理者の許可を受ける必要がある。

(3)　河川区域内において土地の掘削，盛土など土地の形状を変更する行為は，民有地においても河川管理者の許可を受ける必要がある。

(4)　河川区域内の上空を通過する電線や通信ケーブルを設置する場合は，河川管理者の許可を受ける必要がある。

《R3-57》

土木法規

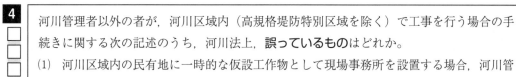

**4** 河川管理者以外の者が，河川区域内（高規格堤防特別区域を除く）で工事を行う場合の手続きに関する次の記述のうち，河川法上，**誤っているもの**はどれか。

(1) 河川区域内の民有地に一時的な仮設工作物として現場事務所を設置する場合，河川管理者の許可を受けなければならない。

(2) 河川区域内の民有地において土地の掘削，盛土など土地の形状を変更する行為の場合，河川管理者の許可を受けなければならない。

(3) 河川区域内の土地に工作物の新築について河川管理者の許可を受けている場合，その工作物を施工するための土地の掘削に関しても新たに許可を受けなければならない。

(4) 河川区域内の土地の地下を横断して農業用水のサイホンを設置する場合，河川管理者の許可を受けなければならない。

《R2-57》

**土木法規**

**解説**

**1** (2) 河川区域内の野球場に設置されている老朽化したバックネットを撤去する場合は，**河川管理者の許可を受ける必要がある。**

**2** (4) 河川区域内にある民有地で公園等を整備する場合は，民有地であっても**河川管理者の許可は必要である。**

**3** (1) **河川管理者の許可を受ける必要はない。**

**4** (3) 工作物の新築について河川管理者の許可を受けている場合，土地の掘削については，**新たに許可を受ける必要はない。**

──── **試験によく出る重要事項** ────

## 河川管理者の許可

| 行　為 | | 具体的な内容 |
|---|---|---|
| 河川区域 | 土地の占用 | 公園，広場，鉄塔，橋台，工事用道路，上空の電線，高圧線，橋梁，地下のサイホン，下水管などの埋設物 |
| | 土石等の採取 | 砂，竹木，あし，かや，笹，埋木，じゅん菜，竹木の栽植・伐採工事の際の土石の搬出・搬入 |
| | 工作物の新築等 | 工作物の新築・改築・除却，上空・地下，仮設物も対象 |
| | 土地の掘削等 | 土地の掘削・盛土・切土，その他，土地の形状を変更する行為 |
| | 流水の占用 | 排他独占的で，長期的な使用 |
| 河川保全区域の行為（河川法施行令第34条） | | ①土地の掘削または切土（深さ1m以上），②盛土（高さ3m以上，堤防に沿う長さ20m以上），その他，土地の形状を変更する行為，③コンクリート造，石造・れんが造等の堅固なもの，および，貯水池・水槽・井戸・水路等，水が浸水する恐れがあるもの等，堅固な工作物や水路等の，水が浸透する工作物の新築および改築 |

# 3·6 建築基準法

**1** 工事現場に設置する仮設の現場事務所に関する次の記述のうち，建築基準法令上，**正しいもの**はどれか。

(1) 現場事務所を建築する場合は，当該工事に着手する前に，その計画が建築基準関係規定に適合するものであることについて，建築主事の確認を受けなければならない。

(2) 現場事務所を湿潤な土地，出水のおそれの多い土地に建築する場合においては，盛土，地盤の改良その他衛生上又は安全上必要な措置を講じなければならない。

(3) 現場事務所ががけ崩れ等による被害を受けるおそれのある場合においては，擁壁の設置その他安全上適当な措置を講じなければならない。

(4) 現場事務所は，自重，積載荷重，積雪荷重，風圧，土圧及び水圧並びに地震その他の震動及び衝撃に対して安全な構造でなければならない。

《R5-58》

**2** 工事現場に延べ面積 45 m² の仮設現場事務所を設置する場合，建築基準法上，**適用されるもの**は次の記述のうちどれか。

(1) 建築物の敷地は，これに接する道の境より高くなければならず，建築物の地盤面は，これに接する周囲の土地より高くなければならない。

(2) 建築物の建築面積の敷地面積に対する割合は，工業地域内にあっては 10 分の 5 又は 10 分の 6 のうち当該地域に関する都市計画で定められた数値を超えてはならない。

(3) 防火地域又は準防火地域内の建築物の屋根の構造は，建築物の火災の発生を防止するために屋根に必要とされる性能に関して政令で定める技術的基準に適合しなければならない。

(4) 居室には，換気のための窓その他の開口部を設け，その換気に有効な部分の面積は，その居室の床面積に対して，原則として，20 分の 1 以上としなければならない。

《R4-58》

**3** 工事現場に設ける仮設建築物の制限の緩和に関する次の記述のうち，建築基準法令上，**適用されないもの**はどれか。

(1) 建築主は，建築物を建築する場合は，工事着手前に，その計画が建築基準関係規定に適合するものであることについて，建築主事の確認を受けなければならない。

(2) 建築物の敷地には，雨水及び汚水を排出し，又は処理するための適当な下水管，下水溝又はためますその他これらに類する施設を設置しなければならない。

(3) 建築物の各部分の高さは，建築物を建築しようとする地域，地区又は区域及び容積率の限度の区分に応じて決定される高さ以下としなければならない。

(4) 建築物の所有者，管理者又は占有者は，その建築物の敷地，構造及び建築設備を常時適法な状態に維持するように努めなければならない。

《R3-58》

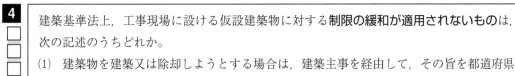

**4** 建築基準法上，工事現場に設ける仮設建築物に対する**制限の緩和が適用されないもの**は，次の記述のうちどれか。

(1)　建築物を建築又は除却しようとする場合は，建築主事を経由して，その旨を都道府県知事に届け出なければならない。

(2)　建築物の床下が砕石敷均し構造で，最下階の居室の床が木造である場合は，床の高さを直下の砕石面からその床の上面まで 45 cm 以上としなければならない。

(3)　建築物の敷地は，道路に 2 m 以上接し，建築物の延べ面積の敷地面積に対する割合（容積率）は，区分ごとに定める数値以下でなければならない。

(4)　建築物は，自重，積載荷重，積雪荷重，風圧，土圧及び地震等に対して安全な構造のものとし，定められた技術基準に適合するものでなければならない。

《R2-58》

---

**解説**

**1**　(1)　**建築主事の確認**は**受けなくてよい**。

(2)　建築物の敷地の**衛生，安全の規定**は**適用されない**。

(3)　敷地の**衛生，安全の規定**は**適用されない**。

(4)　記述は，正しい。

**2**　(4)　居室の採光・換気のための窓の設置は，**建築基準法が適用**される。

**3**　(4)　**建築物の構造**や**電気設備の安全**は，建築基準法の**制限の緩和は適用されない**。

**4**　(4)　**建築物**は，自重，積載荷重，積雪荷重，風圧，土圧及び地震等に対して**安全な構造のもの**とし，**制限緩和が適用されない**。

---

**試験によく出る重要事項**

**1．建築基準法の適用が除外される主な項目**

　① 建築確認申請，② 建築工事完了届，③ 建築着工届，④ 除却届，⑤ 敷地の安全・衛生の規定（敷地面が道路より高いこと，湿潤な土地などの場合における，盛土・雨水排水・汚水の排出・処理など），⑥ 建築物の敷地は 2 m 以上道路に接すること（接道義務），⑦ 容積率・建ぺい率，⑧ 用途地域ごとの制限，など

**2．仮設建築物**

**建築基準法が適用される主な項目**

① **建築物の構造**：自重，積載荷重，積雪荷重，風圧，地震などに対する安全な構造とする。

② **窓**：居室の採光および換気のため，窓を設置する。

③ 電気設備の安全および防火（電気事業法の規定に従うこと）。

④ 防火地域または準防火地域内に 50 m² を超える建築物を設置する場合は，屋根の構造を不燃材料で造るか葺かなければならない（50 m² 以内は適用除外）。

土木法規

## 3·7　火薬類取締法

出題頻度　低■■■■■高

**1**

火薬の取扱いに関する次の記述のうち，火薬類取締法令上，**正しいもの**はどれか。

(1)　火薬類取扱所には，帳簿を備え，責任者を定めて，火薬類の受払い及び消費残数量をその都度明確に記録させること。

(2)　消費場所において火薬類を取り扱う場合の火薬類を収納する容器は，木その他電気不良導体で作った丈夫な構造のものとし，内面は鉄類で表したものとすること。

(3)　火薬類取扱所には地下構造の建物を設け，その構造は，火薬類を存置するときに見張人を常時配置する場合を除き，盗難及び火災を防ぎ得る構造とすること。

(4)　火薬類取扱所の周囲には，保安距離を確保し，かつ，「立入禁止」，「火気厳禁」等と書いた警戒札を掲示すること。　　　　　　　　　　　　　　　《R5-55》

**2**

火薬類取扱い等に関する次の記述のうち，火薬類取締法令上，**誤っているもの**はどれか。

(1)　何人も，火薬類の製造所又は火薬庫においては，製造業者又は火薬庫の所有者若しくは占有者の指定する場所以外の場所で，喫煙し，又は火気を取り扱ってはならない。

(2)　火薬類を取り扱う者は，所有し，又は占有する火薬類，譲渡許可証，譲受許可証又は運搬証明書を喪失し，又は盗取されたときには遅滞なくその旨を警察官又は海上保安官に届け出なければならない。

(3)　火薬類の発破を行う場合には，発破場所においては，責任者を定め，火薬類の受渡し数量，消費残数量及び発破孔又は薬室に対する装てん方法をあらかじめ消防署に届け出なければならない。

(4)　火薬類の発破を行う場合には，附近の者に発破する旨を警告し，危険がないことを確認した後でなければ点火してはならない。　　　　　　　　　　《R4-55》

**3**

火薬類取締法令上，火薬類の取扱い等に関する次の記述のうち，**正しいもの**はどれか。

(1)　火薬類取扱所の建物の屋根の外面は，金属板，スレート板，かわらその他の不燃性物質を使用し，建物の内面は，板張りとし，床面には鉄類を表さなければならない。

(2)　火薬類取扱所において存置することのできる火薬類の数量は，その週の消費見込量以下としなければならない。

(3)　装填が終了し，火薬類が残った場合には，発破終了後に始めの火薬類取扱所又は火工所に返送しなければならない。

(4)　火薬類の発破を行う場合には，発破場所に携行する火薬類の数量は，当該作業に使用する消費見込量をこえてはならない。　　　　　　　　　　　《R3-55》

**4** 火薬類取締法令上，火薬類の取扱い等に関する次の記述のうち，**正しいもの**はどれか。

(1) 火薬類を取り扱う者は，所有し，又は占有する火薬類，譲渡許可証，譲受許可証又は運搬証明書を喪失し，又は盗取されたときは，遅滞なくその旨を消防署に届け出なければならない。

(2) 発破母線は，点火するまでは点火器に接続する側の端の心線を長短不揃にし，発破母線の電気雷管の脚線に接続する側は短絡させておくこと。

(3) 火薬類取扱所の建物の屋根の外面は，金属板，スレート板，かわらその他の不燃性物質を使用し，建物の内面は，板張りとし，床面には鉄類を表さなければならない。

(4) 火薬類を運搬するときは，衝撃等に対して安全な措置を講じ，工業雷管，電気雷管若しくは導火管付き雷管を坑内に運搬するときは，背負袋，背負箱等を使用すること。

《R2-55》

**解説**

**1** (1) 記述は，正しい。

(2) 内面に**鉄類は表さない**。　(3)　**平屋建て鉄筋コンクリート造り，コンクリートブロック造り**とする。　(4)　適当な**境界柵を設ける**。

**2** (3) 火薬類の発破を行う場合には，発破場所においては，責任者を定め，**そのつど記録させなければならない**。

**3** (1) 火薬類取扱所の建物の内面は，板張りとし，**床面には鉄類を表さない**。

(2) 火薬類取扱所に存置する火薬類の数量は，**1日に使用する消費見込量以下**とする。

(3) 火薬類が残った場合には，**直ちに始めの火薬類取扱所又は火工所に返送する**。

(4) 記述は，正しい。

**4** (1) 火薬類を取り扱う者は，火薬類，譲渡許可証，譲受許可証又は運搬証明書を喪失したときは，遅滞なくその旨を**警察官又は海上保安官に届け出なければならない**。

(2) 発破母線は，点火するまでは点火器に接続する側の心線を短絡させておき，電気雷管の脚線に接続する側は長短不揃にさせておく。

(3) **3**(1)の解説と同じである。

(4) 記述は，正しい。

**試験によく出る重要事項**

**火薬類取締法**

① **火薬庫の設置・移転，構造変更**：都道府県知事の許可を受ける。

② **火薬類取扱いの年齢制限**：満18歳未満の者は，いかなる場合も火薬類の取扱いをしてはならない。

③ **盗取などの場合の届出**：所有または占有する火薬類，譲渡許可証または運搬証明書を喪失または盗取された場合は，遅滞なく警察官または海上保安官へ届け出る。

④ **火薬類取扱所**：火薬類の消費場所において，その管理および発破の準備をする所。ただし，火工所の作業は除く。一つの消費場所について，1か所設けなければならない。

⑤ **火工所**：火薬類の消費場所において，薬包に工業雷管もしくは電気雷管を取り付け，または，これらを取り付けた薬包を取り扱う作業を行う所。

## 3·8　騒音・振動規制法

### ● 3·8·1　騒音規制法

出題頻度　低■■■■■■高

**1**　騒音規制法令上，指定地域内で行う次の建設作業のうち，特定建設作業に該当しないものはどれか。

ただし，当該作業がその作業を開始した日に終わるもの，及び使用する機械が一定の限度を超える大きさの騒音を発生しないものとして環境大臣が指定するものを除く。

(1)　原動機の定格出力70kW以上のトラクターショベルを使用して行う掘削積込み作業

(2)　電動機を動力とする空気圧縮機を使用する削岩作業

(3)　アースオーガーと併用しないディーゼルハンマを使用するくい打ち作業

(4)　原動機の定格出力40kW以上のブルドーザを使用して行う盛土の敷均し作業

《R4-59》

**2**　騒音規制法令上，指定地域内で行う次の建設作業のうち，特定建設作業に該当しないものはどれか。

ただし，当該作業がその作業を開始した日に終わるもの，及び使用する機械が一定の限度を超える大きさの騒音を発生しないものとして環境大臣が指定するものを除く。

(1)　原動機の定格出力66kWのブルドーザを使用して行う盛土の敷均し，転圧作業

(2)　原動機の定格出力108kWのトラクターショベルを使用して行う掘削積込み作業

(3)　切削幅2mの路面切削機を使用して行う道路の切削オーバーレイ作業

(4)　削岩機を使用して1日あたり20mの範囲を行う擁壁の取り壊し作業

《R3-59》

**3**　騒音規制法令上，特定建設作業における環境省令で定める基準に関する次の記述のうち，誤っているものはどれか。

(1)　特定建設作業に伴って発生する騒音が，特定建設作業の場所の敷地の境界線において，75dBを超える大きさのものでないこと。

(2)　都道府県知事が指定した第1号区域では，原則として午後7時から翌日の午前7時まで行われる特定建設作業に伴って騒音が発生するものでないこと。

(3)　特定建設作業の全部又は一部に係る作業の期間が当該特定建設作業の場合においては，原則として連続して6日間を超えて行われる特定建設作業に伴って騒音が発生するものでないこと。

(4)　都道府県知事が指定した第1号区域では，原則として1日10時間を超えて行われる特定建設作業に伴って騒音が発生するものでないこと。

《R5-59》

**4** 騒音規制法令上，特定建設作業に関する次の記述のうち，**誤っているもの**はどれか。

(1) 指定地域内において特定建設作業を伴う建設工事を施工しようとする者は，当該特定建設作業の開始までに，環境省令で定める事項に関して，市町村長の許可を得なければならない。

(2) 指定地域内において特定建設作業に伴って発生する騒音について，騒音の大きさ，作業時間，作業禁止日など環境大臣は規制基準を定めている。

(3) 市町村長は，特定建設作業に伴って発生する騒音の改善勧告に従わないで工事を施工する者に，期限を定めて騒音の防止方法の改善を命ずることができる。

(4) 特定建設作業とは，建設工事として行われる作業のうち，当該作業が作業を開始した日に終わるものを除き，著しい騒音を発生する作業であって政令で定めるものをいう。

《R2-59》

**解説**

**1** (2) 電動機を動力とする空気圧縮機を使用する削岩作業は，**特定建設作業に該当しない**。

**2** (3) **切削機を使用する作業**は，**特定建設作業に該当しない**。

**3** (1) 特定建設作業に伴って発生する騒音が，特定建設作業の場所の敷地の境界線において，**85dB** を超える大きさのものでないこと。

**4** (1) 指定地域内の特定建設作業は，**開始する 7 日前**までに**市町村長に届け出**なければならない。

=== 試験によく出る重要事項 ===

**騒音規制法**

① **規制の設定など**：騒音規制法・振動規制法ともに，規制基準は国が定め，規制する地域は知事が指定する。作業の届出は市町村長へ行う。作業に対する改善勧告は，市町村長が行う。

② **規制基準**：敷地境界線において，85 デシベル（dB）を超えないこと。

③ **夜間深夜作業の禁止**：1 号区域：午後 7 時から翌日午前 7 時まで
　　　　　　　　　　　　　　2 号区域：午後 10 時から翌日午前 6 時まで

④ **1 日の作業時間**：1 号区域は 1 日 10 時間，2 号区域は 14 時間を超えないこと。

⑤ **作業期間の制限**：同一場所で連続 6 日間を超えて発生させないこと。

## ● 3·8·2　振動規制法

出題頻度　低■■■■■■高

**5** 振動規制法令上，特定建設作業に関する次の記述のうち，**誤っているもの**はどれか。

(1) 特定建設作業における環境省令の振動規制基準は，特定建設作業の場所の敷地の境界線において，75 dBを超える大きさのものでないことである。

(2) 市町村長は，特定建設作業に伴って発生する振動の改善勧告を受けた者がその勧告に従わないで特定建設作業を行っているときは，期限を定めて，その勧告に従うべきことを命ずることができる。

(3) 特定建設作業を伴う建設工事における振動を防止することにより生活環境を保全するための地域を指定しようとする市町村長は，都道府県知事の意見を聴かなければならない。

(4) 指定地域内において特定建設作業を伴う建設工事を施工しようとする者は，当該特定建設作業の開始の日の7日前までに，環境省令で定める事項を市町村長に届け出なければならない。

《R4-60》

**6** 振動規制法令上，指定地域内で行う次の建設作業のうち，特定建設作業に**該当しないもの**はどれか。ただし，当該作業がその作業を開始した日に終わるものを除く。

(1) ジャイアントブレーカを使用したコンクリート構造物の取り壊し作業

(2) 1日の移動距離が50m未満の舗装版破砕機による道路舗装面の破砕作業

(3) 1日の移動距離が50m未満の振動ローラによる路体の締固め作業

(4) ディーゼルハンマによる既製コンクリート杭の打込み作業

《R5-60》

**7** 振動規制法令上，指定地域内で行う次の建設作業のうち，特定建設作業に**該当しないもの**はどれか。

(1) 1日あたりの移動距離が40mで舗装版破砕機による道路舗装面の破砕作業で，5日間を要する作業

(2) 圧入式くい打機によるシートパイルの打込み作業で，同一地点において3日間を要する作業

(3) ディーゼルハンマを使用したPC杭の打込み作業で，同一地点において5日間を要する作業

(4) ジャイアントブレーカを使用した橋脚1基の取り壊し作業で，3日間を要する作業

《R3-60》

**8**

振動規制法令上，指定地域内で特定建設作業を伴う建設工事を施工しようとする者が，市町村長に届け出なければならない事項に**該当しないもの**は，次のうちどれか。

(1) 氏名又は名称及び住所並びに法人にあっては，その代表者の氏名

(2) 建設工事の目的に係る施設又は工作物の種類

(3) 建設工事の特記仕様書及び工事請負契約書の写し

(4) 特定建設作業の種類，場所，実施期間及び作業時間

《R2-60》

---

**解説**

**5** (3) 特定建設作業を伴う建設工事における，地域を指定しようとする**都道府県知事は，市町村長の意見**を聴かなければならない。

**6** (3) 振動ローラによる作業は，**特定建設作業に該当しない**。

**7** (2) 圧入式くい打機の作業は，**特定建設作業に該当しない**。

**8** (3) 特記仕様書及び工事請負契約書の写しは，**届出事項に該当しない**。

---

**試験によく出る重要事項**

**振動規制法**

① **特定建設作業**：

| 振動規制法上の特定建設作業 |
| --- |
| (1) 杭打ち機(モンケン・圧入式を除く)・杭抜き機(油圧式を除く) を用いた建設作業 |
| (2) 鋼球を用いた工作物の破壊作業 |
| (3) 舗装版破砕機(1日50m以上移動するものを除く) を用いた建設作業 |
| (4) ブレーカ(手持ち式，1日50m以上移動するものを除く) を用いた建設作業 |

② **規制基準**：敷地境界線において75デシベル（dB）を超えないこと。

③ **届出**：指定地域内において，特定建設作業を伴う建設工事を施工しようとする者は，当該特定建設作業開始日の7日前までに，市町村長に届け出なければならない。ただし，災害，その他，非常事態の発生により，特定建設作業を緊急に行う必要がある場合は，この限りでない。

土木法規

# 3·9 港則法

出題頻度 低■■■■■高

**1**

港長の許可又は届け出に関する次の記述のうち，港則法令上，**正しいもの**はどれか。

(1) 特定港内又は特定港の境界附近で工事又は作業をしようとする者は，港長に届け出なければならない。

(2) 船舶は，特定港に入港したとき又は特定港を出港しようとするときは，国土交通省令の定めるところにより，港長の許可を受けなければならない。

(3) 特定港内において竹木材を船舶から水上に卸そうとする者は，港長の許可を受けなければならない。

(4) 船舶は，特定港内又は特定港の境界附近において危険物を運搬しようとするときは，港長に届け出なければならない。

《R5-61》

**2**

船舶の入出港及び停泊に関する次の記述のうち，港則法令上，**誤っているもの**はどれか。

(1) 船舶は，特定港に入港したとき，又は特定港を出港しようとするときは，国土交通省令の定めるところにより，港長の許可を受けなければならない。

(2) 特定港内においては，汽艇等以外の船舶を修繕し，又は係船しようとする者は，その旨を港長に届け出なければならない。

(3) 特定港内に停泊する船舶は，港長にびょう地を指定された場合を除き，各々そのトン数，又は積載物の種類に従い，当該特定港内の一定の区域内に停泊しなければならない。

(4) 汽艇等及びいかだは，港内においては，みだりにこれを係船浮標若しくは他の船舶に係留し，又は他の船舶の交通の妨げとなるおそれのある場所に停泊させ，若しくは停留させてはならない。

《R4-61》

**3**

船舶の航行，又は工事の許可等に関する次の記述のうち，港則法上，**正しいもの**はどれか。

(1) 船舶は，特定港内又は特定港の境界附近において危険物を運搬しようとするときは，事後に港長に届け出なければならない。

(2) 特定港内又は特定港の境界附近で工事又は作業をしようとする者は，国土交通大臣の許可を受けなければならない。

(3) 航路外から航路に入り，又は航路から航路外に出ようとする船舶は，航路を航行する他の船舶の進路を避けなければならない。

(4) 汽船が港の防波堤の入口又は入口附近で他の汽船と出会うおそれのあるときは，出航する汽船は，防波堤の内で入航する汽船の進路を避けなければならない。

《R3-61》

**4** 船舶の航行又は港長の許可に関する次の記述のうち，港則法令上，**誤っているもの**はどれか。

(1) 航路から航路外に出ようとする船舶は，航路を航行する他の船舶の進路を避けなければならない。

(2) 船舶は，港内においては，防波堤，ふとうなどを右げんに見て航行するときは，できるだけ遠ざかって航行しなければならない。

(3) 特定港内において竹木材を船舶から水上に卸そうとする者は，港長の許可を受けなければならない。

(4) 特定港内において使用すべき私設信号を定めようとする者は，港長の許可を受けなければならない。

《R2-61》

---

**解説**

**1** (1) **港長の許可を受けなければならない。**

(2) **港長に届け出**なければならない。

(3) 記述は，正しい。

(4) **港長の許可を受けなければならない。**

**2** (1) 船舶は，特定港に入港したとき，又は特定港を出港しようとするときは，**港長に届出なければならない。**

**3** (1) 船舶は，特定港内又は特定港の境界附近において危険物を運搬しようとするときは，**事前に港長の許可を受けなければならない。**

(2) 特定港内又は特定港の境界附近での工事又は作業は，**港長の許可を受けなければならない。**

(3) 記述は，正しい。

(4) 汽船が港の防波堤の入口又は入口附近で他の汽船と出会うおそれのあるときは，**入航する汽船は，防波堤の外で出航する汽船の進路を避けなければならない。**

**4** (2) 港内においては，**防波堤，ふとうなどを右げんに見て航行**するときは，**できるだけ近寄って航行**しなければならない。

---

**━━━━ 試験によく出る重要事項 ━━━━**

**港則法**

**航法規則**

① **航路内優先**：航路に入り，または，航路外に出ようとする船舶は，航路を航行する他の船舶の進路を避けなければならない。

② **並列航行禁止**：航路内において，並列航行してはならない。

③ **右側通行**：航路内は，右側を航行しなければならない。

④ **追越し禁止**：航路内においては，他の船舶を追い越してはならない。

⑤ **出船優先**：入港する船舶は，防波堤の外で出港する船舶の進路を避けなければならない。

# 3·10　　その他の法規

**1**

土壌汚染対策法に定められている対策工法に関する次の記述のうち，**誤っているもの**はどれか。

(1) 「遮断工封じ込め」は，汚染土壌を掘削し，その土地に水密性・耐久性を有する構造物を設置し，その内部に掘削した汚染土壌を埋め戻す方法である。

(2) 「土壌汚染の除去」には，汚染土壌を掘削し，掘削された場所に汚染土壌以外の土壌により埋め戻す方法がある。

(3) 「原位置封じ込め」は，汚染土壌のある地盤上に厚く盛土して覆う方法である。

(4) 「不溶化埋め戻し」は，掘削した汚染土壌を特定有害物質が水に溶出しないように性状を変更し，その土地に埋め戻す方法である。

《H20-60》

**2**

海洋汚染等及び海上災害の防止に関する法律上，海洋汚染の防止に関する次の記述のうち，**誤っているもの**はどれか。

(1) すべての船舶には，船長を補佐して船舶からの油の不適正な排出の防止に関する業務の管理を行う油濁防止管理者が乗り組まなければならない。

(2) 船舶内の船員その他の者の日常生活に伴い生じるごみは，一定の基準に従えば海域に排出することができる。

(3) 船舶から基準を超える濃度と量の重油の排出があり，それが1万 $m^2$ を超えてひろがるおそれがある場合には，船長は直ちに最寄りの海上保安機関に通報しなければならない。

(4) 海域においては，自航，非自航の種類を問わず，すべての船舟類は，海洋汚染等及び海上災害の防止に関する法律の規定を守らなければならない。

《H23-61》

**3**

海上衝突防止法上，港内において，浚渫船が日没後に浚渫作業を行うとき，他の船舶の通航の妨害となる恐れがある場合に，表示しなければならない灯火に関する次の記述のうち，**誤っているもの**はどれか。

(1) 作業によって他の船舶の通航の妨害となる恐れがある側のげんに，紅色の全周灯2個を垂直線上に掲げる。

(2) 対水速度がある場合は，マスト灯2個及びげん灯一対を掲げ，かつ，できる限り船尾近くに船尾灯1個を掲げる。

(3) 最も見えやすい場所に紅色のせん光灯1個を掲げ，かつ，その垂直線上の上方及び下方にそれぞれ紅色の全周灯1個を掲げる。

(4) 他の船舶が通航することができる側のげんに，緑色の全周灯2個を垂直線上に掲げる。

《H21-61》

**解説**

土壌汚染対策法・海上衝突予防法，海洋汚染及び海上災害の防止に関する法律など，新規の法律から出題される傾向が強まっている。

**1** (3) 「原位置封じ込め」は，汚染土壌のある区域の側面に，不透水層のうち最も浅い位置にあるものの深さまで，地下水の浸出の防止のための構造物を設置する方法である。

**2** (1) **油濁防止管理者**を別途乗船させる必要はない。当該船舶に乗り組む**船舶職員のうちから**選任する。

**3** (3) 最も見えやすい場所に**白色の全周灯を1個**を掲げ，かつ，その垂直線上の上方及び下方にそれぞれ**紅色の全周灯を1個**掲げる。

用語　**全周灯**：360°にわたる水平の弧を照らす灯火である。
用語　**せん光灯**：一定の間隔で毎分120回以上のせん光を発する全周灯である。

土木法規

─────── **試験によく出る重要事項** ───────

**港内・境界付近における港長の許可などが必要な行為**

| 区　分 | 場　　所 | 対象となる行為 |
|---|---|---|
| 港長の許可 | 特定港内 | 危険物の積込，積替または荷卸するとき |
| | | 使用する私設信号を定めようとする者 |
| | | 竹木材を船舶から水上に卸そうとする者 |
| | | いかだをけい留，または巡航しようとする者 |
| | 特定港内および特定港の境界付近 | 工事または作業をしようとする者 |
| | | 危険物を運搬しようとするとする者 |
| 港長に届出 | 特定港 | 入港または出港しようとするとき |
| | 特定港内 | 船舶（雑種船以外）を修繕またはけい船しようとする者 |
| 港長の指定 | 特定港内 | けい留施設以外にけい留して停泊するときのびょう泊すべき場所 |
| | | 修繕中またはけい船中の船舶の停泊すべき場所 |
| | | 危険物を積載した船舶の停泊または停留すべき場所 |
| 港長の指揮 | 爆発物その他の危険物を積載した船舶が入港しようとするときは，特定港の境界外で指揮を受ける。 | |

# 第4章 共通工学

○過去6年間の出題内容と出題数○

| 出題内容 | | 年度 | 令和 | | | | | 平成 | 計 |
|---|---|---|---|---|---|---|---|---|---|
| | | | 5 | 4 | 3 | 2 | 元 | 30 | |
| 共通工学 | TS, 測量機器の概要・特徴 | | 1 | 1 | 1 | 1 | 1 | 1 | 6 |
| | 公共工事標準請負約款, かし担保, 請負者の責任・義務 | | 1 | 1 | 1 | 1 | 1 | 1 | 6 |
| | 土積曲線の説明, 配筋図の鉄筋名, 溶接記号 | | 1 | 1 | 1 | 1 | 1 | 1 | 6 |
| | 建設機械, 排出ガス対策機械, 機械の性能・動向, 電気一般 | | 1 | 1 | 1 | 1 | 1 | 1 | 6 |
| 合　　　計 | | | 4 | 4 | 4 | 4 | 4 | 4 | |

共通工学

## 4·1　測　量

出題頻度　低■■■■■■高

## ● 4·1·1　トータルステーションの測量

**1**

TS（トータルステーション）を用いて行う測量に関する次の記述のうち，**適当でない**ものはどれか。

(1)　TS での鉛直角観測は，1 視準 1 読定，望遠鏡正及び反の観測を 2 対回とする。

(2)　TS での水平角観測において，対回内の観測方向数は，5 方向以下とする。

(3)　TS での距離測定は，1 視準 2 読定を 1 セットとする。

(4)　TS での水平角観測，鉛直角観測及び距離測定は，1 視準で同時に行うことを原則とする。

《R5-1》

**2**

TS（トータルステーション）を用いて行う測量に関する次の記述のうち，**適当でない**ものはどれか。

(1)　TS での距離測定は，測定開始直前又は終了直後に，気温及び気圧の測定を行う。

(2)　TS での水平角観測において，目盛変更が不可能な機器は，1 対回の繰り返し観測を行う。

(3)　TS では，器械高，反射鏡高及び目標高は，センチメートル位まで測定を行う。

(4)　TS では，水平角観測の必要対回数に合せ取得された距離測定値は，その平均値を用いる。

《R4-1》

**3**

TS（トータルステーション）を用いて行う測量に関する次の記述のうち，**適当でない**ものはどれか。

(1)　TS での鉛直角観測は，1 視準 1 読定，望遠鏡正及び反の観測 1 対回とする。

(2)　TS での水平角観測は，対回内の観測方向数を 10 方向以下とする。

(3)　TS での観測の記録は，データコレクタを用いるが，これを用いない場合には観測手簿に記載するものとする。

(4)　TS での距離測定に伴う気象補正のための気温，気圧の測定は，距離測定の開始直前，又は終了直後に行うものとする。

《R3-1》

**4** TS（トータルステーション）を用いて行う測量に関する次の記述のうち，**適当でないものはどれか。**

(1) TSでは，水平角観測，鉛直角観測及び距離測定は，1視準で同時に行うことを原則とする。

(2) TSでの鉛直角観測は，1視準1読定，望遠鏡正及び反の観測を1対回とする。

(3) TSでの距離測定にともなう気温及び気圧などの測定は，TSを整置した測点で行い，3級及び4級基準点測量においては，標準大気圧を用いて気象補正を行うことができる。

(4) TSでは，水平角観測の必要対回数に合わせ，取得された鉛直角観測値及び距離測定値はすべて採用し，その最小値を用いることができる。

《R2-1》

---

**解説**

**1** (1) TSでの鉛直角観測は，1視準1読定，望遠鏡正及び反の観測を**1対回**とする。

**2** (3) TSでは，器械高，反射鏡高及び目標高は，**ミリメートル位**まで測定を行う。

**3** (2) TSでの水平角観測，対回内の観測方向数を**5方向以下**とする。

**4** (4) TSでは，取得された鉛直観測値及び距離測定値はすべて採用し，その**平均値を用いる**。

共通工学

---

**━━ 試験によく出る重要事項 ━━**

**測量基準点**

① **標高の基準**：日本の高さの基準は，東京湾平均海面（TP）である。

② **平面直角座標系**：地球を平面として捉え，位置を示す。全国を19の座標系に区分し，それぞれに座標原点（$X = 0.000$ m，$Y = 0.000$ m）および標高を定めている。北南方向が$X$軸，東西方向が$Y$軸となる。

③ **基本三角点（国家三角点）**：全ての測量の基準となる点で，一等から四等まである。

④ **基本水準点（国家水準点）**：国道・主要道路上に一定の割合で設置されている。

⑤ **電子基準点**：国土地理院が設置しているGNSSの連続観測点。GPS衛星から24時間，測位信号を受信して，全国の地殻変動を調べるために位置座標が追跡されている。

# 4·2 契約・設計

## ● 4·2·1　公共工事請負契約約款

出題頻度　低■■■■■高

**1** 公共工事標準請負契約約款に関する次の記述のうち，**適当でないもの**はどれか。

(1) 工期を変更する場合は，発注者と受注者が協議して定めるが，所定の期日までに協議が整わないときは，発注者が定めて受注者に通知する。

(2) 発注者は，必要があると認めるときは，設計図書の変更内容を受注者に通知して，設計図書を変更することができる。

(3) 受注者は，現場代理人を工事現場に常駐させなければならないが，工事現場における運営等に支障がなく，かつ，発注者との連絡体制が確保されれば受注者の判断で，工事現場への常駐を必要としないことができる。

(4) 受注者は，工事目的物の引渡し前に，天災等で発注者と受注者のいずれの責めにも帰すことができないものにより，工事目的物等に損害が生じたときは，発注者が確認し，受注者に通知したときには損害による費用の負担を発注者に請求することができる。

《R5-2》

**2** 公共工事標準請負契約約款に関する次の記述のうち，**適当でないもの**はどれか。

(1) 受注者は，設計図書において監督員の検査を受けて使用すべきものと指定された工事材料が，検査の結果不合格と決定された場合，工事現場内に保管しなければならない。

(2) 受注者は，工事目的物の引渡し前に，天災等で発注者と受注者のいずれの責めにも帰すことができないものにより，工事目的物等に損害が生じたときは，その事実の発生直後直ちにその状況を発注者に通知しなければならない。

(3) 発注者は，工期の延長又は短縮を行うときは，この工事に従事する者の労働時間その他の労働条件が適正に確保されるよう，やむを得ない事由により工事等の実施が困難であると見込まれる日数等を考慮しなければならない。

(4) 発注者は，設計図書の変更を行った場合において，必要があると認められるときは，工期若しくは請負代金額を変更しなければならない。

《R4-2》

**3** 公共工事標準請負契約約款に関する次の記述のうち，**誤っているもの**はどれか。

(1) 受注者は，設計図書と工事現場が一致しない事実を発見したときは，その旨を直ちに監督員に口頭で通知しなければならない。

(2) 発注者は，検査によって工事の完成を確認した後，受注者が工事目的物の引渡しを申し出たときは，直ちに当該工事目的物の引渡しを受けなければならない。

(3) 受注者は，災害防止等のため必要があると認められるときは，臨機の措置をとらなければならない。

(4) 発注者は，受注者の責めに帰すことができない自然的，又は人為的事象により，工事を施工できないと認められる場合は，工事の全部，又は一部の施工を一時中止させなければならない。

《R3-2》

**4**

公共工事標準請負契約約款において，工事の施工にあたり受注者が監督員に通知し，その確認を請求しなければならない事項に**該当しないもの**は，次の記述のうちどれか。

(1) 設計図書に誤りがあると思われる場合又は設計図書に表示すべきことが表示されていないこと。

(2) 設計図書で明示されていない施工条件について，予期することのできない特別な状態が生じたこと。

(3) 設計図面と仕様書の内容が一致しないこと。

(4) 設計図書に，工事に使用する建設機械の明示がないこと。

《R1-2》

**解説**

**1** (3) 受注者は，現場代理人を工事現場に常駐させなければならないが，発注者との連絡体制が確保されれば**発注者の判断**で，常駐を必要としないことができる。

**2** (1) 受注者は，検査の結果不合格と決定された場合，工事現場内に**保管してはいけない**。

**3** (1) 設計図書と工事現場不一致を発見した場合，**監督員に通知し確認**しなければならない。

**4** (4) 設計図書には，工事に**使用する機械を明示しない**。（工事に使用する**機械の選定**は請負者の責任において行う。）

**共通工学**

**━━━ 試験によく出る重要事項 ━━━**

## 契約関係

① **総合評価方式**：入札価格が予定価格の制限の範囲内にあるもののうち，評価値の最も高いものと契約する。

② **設計図書の種類**：図面・仕様書・現場説明書・質問回答書。

③ **契約工期**：請負者は，工事を契約工期内に完了させなければならない。ただし，検査は含まれない。

④ **施工方法など**：請負者は，設計図書に特別の定めがある場合を除き，仮設，施工方法など，工事目的物を完成させるために必要な一切の手段について，自分の責任において定める。

⑤ **共同企業体**：請負者が共同企業体を結成している場合，契約に基づく全ての行為は，共同企業体の代表者に対して行う。

## ● 4・2・2　設計図書

**5**

下図は，擁壁の配筋図を示したものである。**かかと部の引張鉄筋に該当する鉄筋番号**は，次のうちどれか。

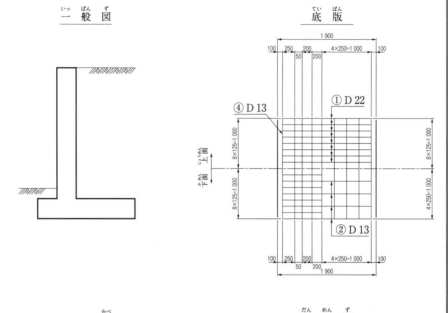

一般図　　底版

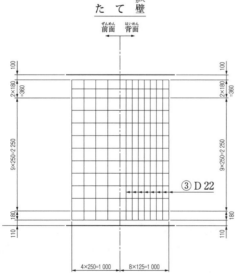

たて壁

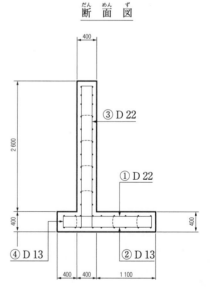

断面図

- (1)　① D22
- (2)　② D13
- (3)　③ D22
- (4)　④ D13

《R5-3》

**6** 下図は，ボックスカルバートの配筋図を示したものである。この図における配筋に関する次の記述のうち，**適当でないもの**はどれか。

頂 版 S=1：50
A－A

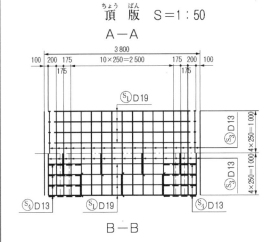

B－B

断 面 図 S=1：50
C－C

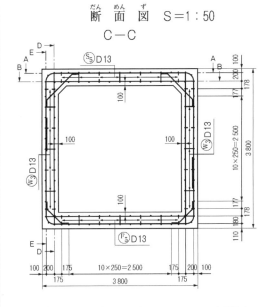

側 壁 S=1：50
D－D E－E

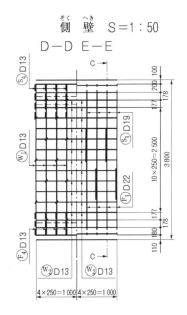

(1) 頂版の主鉄筋は，径 19 mm の異形棒鋼である。
(2) 頂版の下面主鉄筋の間隔は，ボックスカルバート軸方向に 250 mm で配置されている。
(3) 側壁の内面主鉄筋は，径 22 mm の異形棒鋼である。
(4) 側壁の外面主鉄筋の間隔は，ボックスカルバート軸方向に 250 mm で配置されている。

**7**

下図は，工事起点 No. 0 から工事終点 No. 5（工事区間延長 500 m）の道路改良工事の土積曲線（マスカーブ）を示したものであるが，次の記述のうち，**適当でないもの**はどれか。

(1)　No. 0 から No. 2 までは，盛土区間である。

(2)　当該工事区間では，盛土区間より切土区間の方が長い。

(3)　No. 0 から No. 3 までは，切土量と盛土量が均衡する。

(4)　当該工事区間では，残土が発生する。

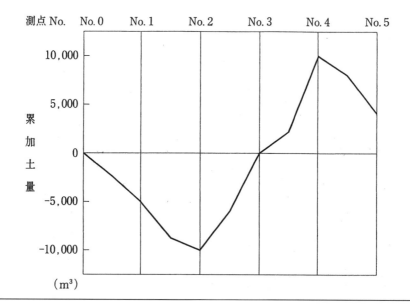

《R2-3》

**8**

工事の設計図面に使用する溶接部の「表示方法」と「説明」との組合せとして次のうち，**適当なもの**はどれか。

〔表示方法〕　　　　　　　〔説明〕

(1)　…全周すみ肉溶接を千鳥で行う場合

(2)　…全周すみ肉溶接を現場で行う場合

(3)　…すみ肉溶接を機械仕上げする場合

(4)　…すみ肉溶接を脚長 6 mm で現場で行う場合

《H17-4》

## 解説

**5** (1) かかと部の引張鉄筋に該当する鉄筋番号は，(1)の① D22 である。

**6** (3) 側壁の内面主鉄筋は，**径13mm**の異形棒鋼である。

**7** (2) 当該工事区間では，**盛土区間**は No.0 ～ No.2 と No.4 ～ No.5 の 300 m，**切土区間**は No.2 ～ No.4 の 200 m で，切土区間の方が短い。

**8** (1)の表示方法は，全周両側連続すみ肉溶接を行うもの

(2)の表示方法は，片側の全周連続すみ肉溶接を工場で行うもの

(3)の表示方法は，すみ肉溶接をグラインダ仕上げを行うもの

(4)の表示方法は，適当である。

## 試験によく出る重要事項

### 1. 材料記号

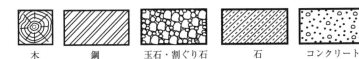

木　　　鋼　　　玉石・割ぐり石　　　石　　　コンクリート

### 2. 溶接記号

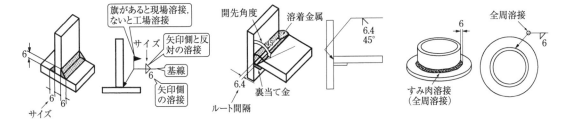

## 4・3　機械・電気

出題頻度 低■■■■■■高

共通工学

**1** 道路工事における締固め機械に関する次の記述のうち，**適当でないもの**はどれか。

(1)　振動ローラは，自重による重力に加え，転圧輪を強制振動させて締め固める機械であり比較的小型でも高い締固め効果を得ることができる。

(2)　タイヤローラは，タイヤの空気圧を変えて輪荷重を調整し，バラストを付加して接地圧を増加させ締固め効果を大きくすることができ，路床，路盤の施工に使用される。

(3)　ロードローラは，鉄輪を用いた締固め機械でマカダム型とタンデム型があり，アスファルト混合物や路盤の締固め及び路床の仕上げ転圧等に使用される。

(4)　タンピングローラは，突起の先端に荷重を集中させることができ，土塊や岩塊等の破砕や締固めに効果があり，厚層の土の転圧に適している。

《R5-4》

**2** 工事用電力設備に関する次の記述のうち，**適当でないもの**はどれか。

(1)　工事現場における電気設備の容量は，月別の電気設備の電力合計を求め，このうち最大となる負荷設備容量に対して受電容量不足をきたさないように決定する。

(2)　小規模な工事現場等で契約電力が，電灯，動力を含め50 kW未満のものについては，低圧の電気の供給を受ける。

(3)　工事現場で高圧にて受電し現場内の自家用電気工作物に配電する場合，電力会社との責任分界点に保護施設を備えた受電設備を設置する。

(4)　工事現場に設置する変電設備の位置は，一般にできるだけ負荷の中心から遠い位置を選定する。

《R4-4》

**3** 建設工事における電気設備等に関する次の記述のうち，労働安全衛生規則上，**誤っているもの**はどれか。

(1)　水中ポンプやバイブレータ等の可搬式の電動機械器具を使用する場合は，漏電による感電防止のため自動電撃防止装置を取り付ける。

(2)　アーク溶接等（自動溶接を除く）の作業に使用する溶接棒等のホルダーについては，感電の危険を防止するために必要な絶縁効力及び耐熱性を有するものを使用する。

(3)　仮設の配線を通路面で使用する場合は，配線の上を車両等が通過すること等によって絶縁被覆が損傷するおそれのないような状態で使用する。

(4)　電気機械器具の操作を行う場合には，感電や誤った操作による危険を防止するために操作部分に必要な照度を保持する。

《R3-4》

**4** 建設機械用エンジンの特徴に関する次の記述のうち，**適当でないもの**はどれか。

(1) ガソリンエンジンは，一般に負荷に対する即応性，燃料消費率及び保全性などが良好であり，ほとんどの建設機械に使用されている。

(2) ガソリンエンジンは，エンジン制御システムの改良に加え排出ガスを触媒（三元触媒）を通すことで，窒素酸化物，炭化水素，一酸化炭素をほぼ100 ％近く取り除くことができる。

(3) ディーゼルエンジンとガソリンエンジンでは，エンジンに供給された燃料のもつエネルギーのうち正味仕事として取り出せるエネルギーは，ガソリンエンジンの方が小さい。

(4) ディーゼルエンジンは，排出ガス中に多量の酸素を含み，すすや硫黄酸化物を含むことから後処理装置（触媒）によって排出ガス中の各成分を取り除くことが難しい。

《R2-4》

**解説**

**1** (2) タイヤローラは，タイヤの空気圧を変えて**接地圧を調整**し，バラストを付加して**輪荷重を増加**させる。

**2** (4) 工事現場に設置する変電設備の位置は，一般にできるだけ**負荷の中心に近い位置**を選定する。

**3** (1) 水中ポンプやバイブレータ等の**可搬式の電動機械器具**を使用する場合は，漏電による感電防止のため**感電防止用漏電しゃ断装置**を取り付ける。

**4** (1) **ディーゼルエンジン**は，一般に負荷に対する既往性，燃料消費率及び保全性などが良好であり，**ほとんどの建設機械に使用**されている。

**試験によく出る重要事項**

1. 工事現場に設置する自家用変電設備の位置は，一般にできるだけ負荷の中心から近い位置を選定する。

2. **ディーゼルエンジンとガソリンエンジンの性能の比較**

| 原動機の種類／項目 | ディーゼルエンジン | ガソリンエンジン |
|---|---|---|
| 使 用 燃 料 | 軽 油 | ガソリン |
| 点 火 方 式 | 圧縮による自己着火 | 電気火花着火 |
| 圧 縮 比 | 1：15〜20 | 1：5〜10 |
| 熱 効 率 | 30〜40% | 25〜30% |
| 燃 料 消 費 率 | 220〜300 g／kW・h | 270〜380 g／kW・h |
| 馬力当たりの機関重量 | 大きい | 小さい |
| 馬力当たりの価格 | 高 い | 安 い |
| 運 転 経 費 | 安 い | 高 い |
| 火災に対する危険度 | 少ない | 多 い |
| 故 障 | 少ない | 多 い |

共通工学

| 出題内容 | 年度 | 令和 | | | | | 平成 | 計 |
|---|---|---|---|---|---|---|---|---|
| | | 5 | 4 | 3 | 2 | 元 | 30 | |
| 環境保全・他 | 工事に伴う騒音・振動対策，情報化施工 | 1 | 1 | 2 | 1 | 1 | 1 | 7 |
| | 説明会，発生汚濁水，基礎工事対策，土壌汚染対策 | 1 | 1 | | 1 | 1 | 1 | 5 |
| | 建設リサイクル，指定副産物，特定建設資材，再生資源利用 | 1 | 1 | 1 | 1 | 1 | 1 | 6 |
| | 産業廃棄物の処理・処分，管理票，汚染土壌の運搬 | 1 | 1 | 1 | 1 | 1 | 1 | 6 |
| | 小計 | 4 | 4 | 4 | 4 | 4 | 4 | |
| 合　　　計 | | 16 | 16 | 16 | 31 | 31 | 31 | |

〈p.168〜169 の解答〉 　正解　 **1**(2)，**2**(4)，**3**(1)，**4**(1)

# 第5章 施工管理法
## （基礎知識）

○過去6年間の出題内容と出題数○

| 出題内容 | 年度 | 令和5 | 令和4 | 令和3 | 令和2 | 令和元 | 平成30 | 計 |
|---|---|---|---|---|---|---|---|---|
| 施工計画立案の事前調査，環境保全対策 | | 1 | 1 | | | 1 | 1 | 4 |
| 仮設計画，仮設物の安全率，土留仮設工 | | | | | | 1 | | 1 |
| 施工体制台帳・施工体系図，標識 | | | | | 1 | 1 | 1 | 3 |
| 施工計画の目的，作成手順，留意事項 | | | | | 1 | | | 1 |
| 関係機関への届出 | | | | 1 | 1 | | 1 | 3 |
| 原価管理 | | | | | | 1 | 1 | 2 |
| 建設機械の選定，施工速度，資材調達 | | | | | 1 | 2 | 1 | 4 |
| 小計 | | 1 | 1 | 1 | 5 | 5 | 5 | |
| 工程計画の目的・管理，原価と工程の関係，最適工程 | | | | | 1 | 2 | 1 | 4 |
| 各種工程表の概要・比較・特徴 | | | | | 1 | | 1 | 2 |
| ネットワークの計算，用語の意味 | | 1 | 1 | 1 | 1 | 1 | 1 | 6 |
| 日程計画，管理曲線・バナナ曲線の管理方法 | | | | | 1 | 1 | 1 | 3 |
| 小計 | | 1 | 1 | 1 | 4 | 4 | 4 | |
| 安全管理体制，教育・安全活動，健康管理 | | 1 | | 1 | | 1 | 1 | 4 |
| 元方事業者の措置義務，就業規制 | | 1 | 1 | | 1 | 1 | 1 | 5 |
| 労働災害発生要因，職業性疾病の予防，健康管理 | | | | 1 | 1 | 1 | | 3 |
| 建設工事公衆災害防止対策要綱，労働災害の防止対策 | | | 1 | | 1 | | 1 | 3 |
| 危険に対する調査と防止対策，異常気象時の安全対策 | | 1 | | 1 | 1 | | | 3 |
| 足場の構造，安全作業，組立解体，悪天候の定義 | | 1 | 1 | | 1 | 1 | 1 | 5 |
| 土留め支保工・型枠支保工・道路工事表示施設 | | | 1 | 1 | | | 2 | 4 |
| 移動式クレーン，玉掛作業，高圧線近接工事 | | | | | 2 | | 1 | 3 |
| 明り掘削，急傾斜地掘削，ずい道工事，土石流，埋設物 | | 1 | 1 | 1 | 1 | 3 | 2 | 9 |
| 車両系建設機械の安全作業 | | | | | | 1 | 1 | 2 |
| 酸素欠乏作業，危険有害業務，粉じん災害，解体作業 | | 1 | 1 | 1 | 1 | 1 | 1 | 6 |
| 保護具，親綱，ワイヤロープ，安全ネット，墜落災害の防止 | | 1 | 2 | 1 | | 2 | 1 | 7 |
| 小計 | | 7 | 7 | 7 | 11 | 11 | 11 | |
| 品質管理全般，管理手順，試験頻度，管理図 | | | | | 1 | 1 | 1 | 3 |
| コンクリートの品質管理，基準・レミコンの受入検査 | | 1 | 1 | 1 | 1 | 1 | 1 | 6 |
| 路床・路盤の品質管理，プルーフローリング試験，アスコン品質管理，盛土の品質管理，品質特性と試験 | | 1 | 2 | 2 | 2 | 3 | 2 | 12 |
| 道路舗装品質管理，試験 | | 1 | | | 1 | | 1 | 3 |
| 鉄筋の加工組立，検査基準 | | | | | 1 | 1 | 1 | 3 |
| コンクリート非破壊試験，劣化対策 | | | | | 1 | 1 | 1 | 3 |
| 小計 | | 3 | 3 | 3 | 7 | 7 | 7 | |

施工管理法

# 5・1 施工計画

## ● 5・1・1　事前調査と届出

出題頻度　低■■■■□高

**1**

施工計画立案のための事前調査に関する次の記述のうち，**適当でないもの**はどれか。

(1) 市街地の工事や既設施設物に近接した工事の事前調査では，既設施設物の変状防止対策や使用空間の確保等を施工計画に反映することが必要である。

(2) 下請負業者の選定にあたっての調査では，技術力，過去の実績，労働力の供給，信用度，専門性等と安全管理能力を持っているか等について調査することが重要である。

(3) 資機材の輸送調査では，事前に輸送ルートの道路状況や交通規制等を把握し，不明な点がある場合には，陸運事務所や所轄警察署に相談して解決しておくことが重要である。

(4) 現場条件の調査では，調査項目の落ちがないように選定し，複数の人で調査したり，調査回数を重ねる等により，精度を高めることが必要である。

《R5-5》

**2**

施工計画立案のための事前調査に関する次の記述のうち，**適当でないもの**はどれか。

(1) 契約関係書類の調査では，工事数量や仕様などのチェックを行い，契約関係書類を正確に理解することが重要である。

(2) 現場条件の調査では，調査項目の落ちがないよう選定し，複数の人で調査をしたり，調査回数を重ねるなどにより，精度を高めることが重要である。

(3) 資機材の輸送調査では，輸送ルートの道路状況や交通規制などを把握し，不明な点がある場合は，道路管理者や労働基準監督署に相談して解決しておくことが重要である。

(4) 下請負業者の選定にあたっての調査では，技術力，過去の実績，労働力の供給，信用度，安全管理能力などについて調査することが重要である。

《R1-5》

**3**

工事の施工に伴う関係機関への届出及び許可に関する次の記述のうち，**適当でないもの**はどれか。

(1) 騒音規制法に係わる指定地域内において特定建設作業を伴う建設工事を施工しようとする者は，当該特定建設作業の実施を市町村長に7日前までに届け出なければならない。

(2) 道路上に工事用板囲，足場，詰所その他の工事用施設を設置し，継続して道路を使用する者は，道路管理者から道路占用の許可を受けなければならない。

(3) 特殊な車両にあたる自走式建設機械を通行させようとする者は，所轄の警察署長に申請し，特殊車両の通行許可を受けなければならない。

(4) 吊り足場又は張出し足場の組立てから解体までの期間が60日以上となる場合は，所轄の労働基準監督署長にその計画を届け出なければならない。

《R3-5》

**4** 建設工事の施工にともなう関係機関への届出及び許可に関する次の記述のうち，**適当なも**
**の**はどれか。

(1) 道路上に工事用板囲，足場，詰所その他の工事用施設を設置し，継続して道路を使用
する場合は，所轄の警察署長に道路占用の許可を受けなければならない。

(2) 型枠支保工の支柱の高さが3.5 m以上のコンクリート構造物の工事現場の場合は，所
轄の労働基準監督署長に計画を届け出なければならない。

(3) 車両の構造又は車両に積載する貨物が特殊である車両を通行させる場合は，地方運輸
局長に特殊車両の通行許可を受けなければならない。

(4) つり足場，張出し足場以外の足場で，高さが10 m以上，組立から解体までの期間が
60日以上の場合は，市町村長に計画を届け出なければならない。

《R2-6》

**解説**

**1** (3) **道路管理者**や所轄警察署に相談して解決しておくことが重要である。

**2** (3) 輸送ルートに不明の点がある場合は，**道路管理者や警察署に相談**して解決する。

**3** (3) **道路管理者に申請**し，通行許可を受けなければならない。

**4** (1) 継続して道路を使用する場合は，**道路管理者の許可**を受ける。

(2) 記述は，適当である。

(3) **特殊である車両**を通行させる場合は，**道路管理者に通行許可**を受ける。

(4) つり足場，張出し足場以外の足場で，高さが10 m以上，期間が60日以上の場合は，所
轄の**労働基準監督署長に届け**る。

━━━━━━━━━━ **試験によく出る重要事項** ━━━━━━━━━━

**1. 事前調査**

① **契約条件の調査**：(a)事業損失，不可抗力による損害の取扱，(b)工事中止による損害の取扱，
(c)資材・労務費の変動，数量の増減の取扱，(d)かし担保の範囲など。

② **設計図書の調査**：(a)図面と現場との相違，数量の違算，(b)図面・仕様書・施工管理基準など
の規格値や基準値，(c)現場説明事項の内容。

③ **現場条件の調査**：(a)チェックリストの作成，(b)地形・地質・気象，搬入および搬出道路，環
境条件，(c)施工方法，段取り，建設機械の機種選定，工期などを念頭に，過去の災害やその土
地の隠れた情報などの収集。

**2. 主な届出書類と提出先等**

| 届出等書類 | 提出先 | 根拠法令 |
|---|---|---|
| 道路使用許可申請 | 所管警察署長 | 道路交通法 |
| 道路占用許可申請 | 道路管理者 | 道路法 |
| 特殊車両通行許可申請 | 道路管理者 | 道路法 |
| 特定建設作業実施届 | 市町村長 | 騒音（振動）規制法 |
| 電気設備設置届 | 消防署長 | 消防法 |

施工管理法

## ● 5·1·2　施工計画の留意事項

出題頻度　低■■■■□□高

**5**

施工計画立案に関する次の記述のうち，**適当でないもの**はどれか。

(1)　施工計画立案に使用した資料は，施工過程における計画変更等に重要な資料となったり，工事を安全に完成するための資料となる。

(2)　施工計画立案のための資機材等の輸送調査では，輸送ルートの道路状況や交通規制等を把握し，不明があれば道路管理者や労働基準監督署に相談して解決しておく必要がある。

(3)　施工計画の立案にあたっては，発注者から示された工程が最適工期とは限らないので，示された工程の範囲でさらに経済的な工程を探し出すことも大切である。

(4)　施工計画の立案にあたっては，発注者の要求品質を確保するとともに，安全を最優先にした施工を基本とした計画とする。

《R4-5》

**6**

資材・機械の調達計画立案に関する次の記述のうち，**適当でないもの**はどれか。

(1)　資材計画では，各工種に使用する資材を種類別，月別にまとめ，納期，調達先，調達価格などを把握しておく。

(2)　機械計画では，機械が効率よく稼働できるよう，短期間に生じる著しい作業量のピークに合わせて，工事の変化に対応し，常に確保しなければならない。

(3)　資材計画では，特別注文品など長い納期を要する資材の調達は，施工に支障をきたすことのないよう品質や納期に注意する。

(4)　機械計画では，機械の種類，性能，調達方法のほか，機械が効率よく稼働できるよう整備や修理などのサービス体制も確認しておく。

《R1-6》

**7**

施工計画に関する次の記述のうち，**適当でないもの**はどれか。

(1)　施工計画の検討は，現場担当者のみで行うことなく，企業内の組織を活用して，全社的に高い技術レベルでするものである。

(2)　施工計画の立案に使用した資料は，施工過程における計画変更などに重要な資料となったり，工事を安全に完成するための資料となるものである。

(3)　施工手順の検討は，全体工期，全体工費に及ぼす影響の小さい工種を優先にして行わなければならない。

(4)　施工方法の決定は，工事現場の十分な事前調査により得た資料に基づき，契約条件を満足させるための工法の選定，請負者自身の適正な利潤の追求につながるものでなければならない。

《R2-5》

8 施工計画の作成に関する次の記述のうち，**適当でないもの**はどれか。

(1) 施工計画の作成にあたっては，発注者から指示された工期が最適な工期とは限らないので，指示された工期の範囲でさらに経済的な工程を模索することも重要である。

(2) 施工計画の作成にあたっては，いくつかの代替案により，経済的に安全，品質，工程を比較検討して最良の計画を採用することに努める。

(3) 施工計画の作成にあたっては，技術の工夫改善に心がけるが，新工法や新技術は実績が少ないため採用を控え，過去の技術や実績に基づき作成する。

(4) 施工計画の作成にあたっては，事前調査の結果から工事の制約条件や課題を明らかにし，それらを基に工事の基本方針を策定する。

《H29-5》

## 解説

5 (2) 不明があれば，道路管理者や**警察署**に相談して解決しておく。

6 (2) **機械計画**では，**作業量を平均化する工夫**が必要である。

7 (3) 全体工期，全体工費に及ぼす**影響の大きい工種を優先**して行わなければならない。

8 (3) **新工法や新技術の採用**についても積極的に**検討する**。

## 試験によく出る重要事項

### 1. 施工計画立案の手順

① 事前調査
契約条件及び現場条件の調査

⇒

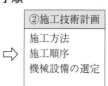
② 施工技術計画
施工方法
施工順序
機械設備の選定

⇒

③ 仮設備計画
仮設備の設計と配置計画

⇒

④ 調達計画
労務計画
機械計画
材料計画
輸送計画

⇒

⑤ 管理計画
実行予算
安全衛生管理
工程・品質・環境保全管理計画

### 2. 施工計画立案の留意事項

① **施工計画の目的**：安全を最優先に，工事目的物を所定の品質で最少の費用と最短工期で建設する。

② **新工法・新技術**：従来の経験だけで満足せず，常に改良を試み，新しい工法，新しい技術に積極的に取り組む。

③ **検討立案者**：関係する現場技術者に限定せず，会社内の他組織も活用して，全社的な高度の技術水準を活用するよう検討する。

④ **工　程**：発注者が設定した工期が，必ずしも最適工期とは限らない。契約工期内で，経済的な工程を検討する。

⑤ **計画数**：計画は，いくつかの代案を作り，経済性・施工性・安全性などを比較・検討して，最も適した計画を採用する。

⑥ **機械の組合せ**：主作業の機械能力を最大限に発揮させるために，従作業の機械は，主作業の機械能力より高めとする。

施工管理法

# 5·2 工程管理

## ● 5·2·1 ネットワーク手法

出題頻度 低■■■■■■高

**1**

下図のネットワーク式工程表で示される工事で，作業Fに4日の遅延が発生した場合，次の記述のうち，**適当なもの**はどれか。

ただし，図中のイベント間のA〜Jは作業内容，数字は作業日数を示す。

(1) 当初の工期どおり完了する。

(2) 当初の工期より2日遅れる。

(3) 当初の工期より3日遅れる。

(4) クリティカルパスの経路は当初と変わらない。

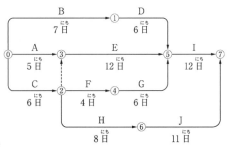

《R5-6》

**2**

下図のネットワーク式工程表で示される工事で，作業Gに3日の遅延が発生した場合，次の記述のうち，**適当なもの**はどれか。

ただし，図中のイベント間のA〜Jは作業内容，数字は作業日数を示す。

(1) 当初の工期より1日遅れる。

(2) 当初の工期より3日遅れる。

(3) 当初の工期どおり完了する。

(4) クリティカルパスの経路は当初と変わらない。

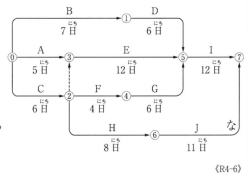

《R4-6》

**3**

下図のネットワーク式工程表に関する次の記述のうち，**適当なもの**はどれか。

ただし，図中のイベント間のA〜Kは作業内容，日数は作業日数を表す。

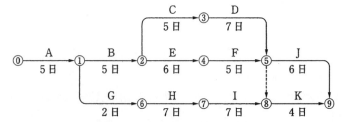

(1) クリティカルパスは，⓪→①→②→④→⑤→⑨である。

(2) ①→⑥→⑦→⑧の作業余裕日数は4日である。

(3) 作業Kの最早開始日は，工事開始後26日である。

(4) 工事開始から工事完了までの必要日数（工期）は28日である。

《R2-12》

**4** 下図のネットワーク式工程表で示される工事で，作業 E に 2 日間の遅延が発生した場合，次の記述のうち，**適当なもの**はどれか。

ただし，図中のイベント間の A ～ J は作業内容，数字は当初の作業日数を示す。

(1) 当初の工期より 1 日間遅れる。

(2) 当初の工期より 2 日間遅れる。

(3) 当初の工期どおり完了する。

(4) クリティカルパスの経路は当初と変わる。

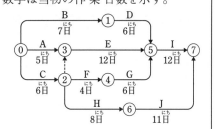

《R3-6》

---

**解説**

**1** (2) **クリティカルパス**を計算する。当初の工期⓪→②┄→③→⑤→⑦ = 6 + 0 + 12 + 12 = 30 日の作業が，F が 4 日遅れた工期 ⓪→②→④→⑤→⑦ = 6 + 8 + 6 + 12 = 32 日となる。したがって，当初の工期より 2 日遅れとなり，クリティカルパスも変わる。

**2** (1) クリティカルパスは，⓪→②→③→⑤→⑦ = 6 + 0 + 12 + 12 = 30 日

G が 9 日になるとクリティカルパスは，⓪→②→④→⑦ = 6 + 4 + 9 + 12 = **31 日**

したがって，当初工期より 1 日遅れとなる。

**3** (1) **クリティカルパス**は，⓪→①→②→③→⑤→⑨である。

(2) ①→⑥→⑦→⑧の**作業余裕日数**は 22 − 21 = 1 日である。

(3) 作業 K の**最早開始日**は，22 日である。

(4) 記述は，適当である。

**4** (2) クリティカルパスの経路は変わらず，工期は 2 日間遅れる。

---

## ネットワーク式工程表の基本ルール

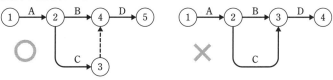

① イベント（結合点）には，番号または記号を付す。

② イベント番号は，同じ番号があってはならない。

③ イベント番号は，作業の進行方向に向かって大きな番号（数字）にする。番号は，先行結合点より後続結合点が大きければ，連続番号である必要はない。

④ イベントに入ってくる矢線（先行作業）が全て完了しないと，イベントから出る矢線（後続作業）は開始できない。

## 5·3　安全管理

### ● 5·3·1　安全管理体制

出題頻度　低■■■■■□高

**1**

安全管理体制における，安全衛生管理組織に関する次の記述のうち，労働安全衛生法令上，**誤っている**ものはどれか。

(1) 元方事業者は，関係請負人の労働者を含め，常時50人以上となる事業場（ずい道，圧気工法，一定の橋梁工事は除く）では，統括安全衛生責任者を選任する。

(2) 元方事業者は，関係請負人の労働者を含め，常時50人以上となる事業場では，安全管理者を選任する。

(3) 元方事業者は，関係請負人の労働者を含め，常時50人以上となる事業場では，衛生管理者を選任する。

(4) 元方事業者は，関係請負人の労働者を含め，常時50人以上100人未満となる事業場では，安全衛生推進者を選任する。

《R5-8》

**2**

安全衛生管理体制に関する次の記述のうち，労働安全衛生法令上，**誤っている**ものはどれか。

(1) 労働者数が，常時30人程度となる事業場は，安全衛生推進者を選任する。

(2) 安全衛生推進者は，元方安全衛生管理者の指揮，協議組織の設置及び運営を行う。

(3) 統括安全衛生責任者は，当該場所においてその事業の実施を統括管理する者が充たり，元方安全衛生管理者の指揮を行う。

(4) 特定元方事業者は，その労働者及び関係請負人の労働者を合わせた数が80人程度となる場所において作業を行うときは，統括安全衛生責任者を選任する。

《R3-7》

**3**

建設業の安全衛生管理体制に関する次の記述のうち，労働安全衛生法令上，**誤っているもの**はどれか。

(1) 総括安全衛生管理者が統括管理する業務には，安全衛生に関する計画の作成，実施，評価及び改善が含まれる。

(2) 安全管理者の職務は，総括安全衛生管理者の業務のうち安全に関する技術的な具体的事項について管理することである。

(3) 統括安全衛生責任者は，当該場所においてその事業の実施を統括管理する者が充たり，元方安全衛生管理者の指揮を行う。

(4) 衛生管理者の職務は，総括安全衛生管理者の業務のうち衛生に関する事務的な具体的事項について管理することである。

《R1-15》

**解説**

**1** (4) 元方事業者は，関係請負人の労働者を含め，常時 50 人以上 100 人未満となる事業所で
は，**統括安全衛生責任者**および**元方安全衛生管理者を選任**する。

**2** (2) **元方事業者**は，元方安全衛生管理者の指揮，協議会の設置及び運営を行う。

**3** (4) 衛生管理者の職務は，**労働衛生に関する技術的な事項**について管理することである。

**試験によく出る重要事項**

事業者は，政令で定める労働者数に応じて**安全管理体制組織**の確立および**総括安全衛生管理者**
等の選任を義務づけられている。

$\left.\begin{array}{l}\text{総括安全衛生管理者}\\ \text{統括安全衛生責任者}\end{array}\right\}$ の違いに気をつけること。

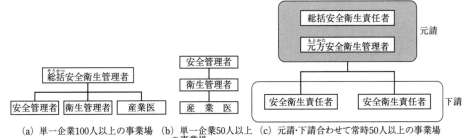

　(a) 単一企業100人以上の事業場　(b) 単一企業50人以上　(c) 元請・下請合わせて常時50人以上の事業場
　　　　　　　　　　　　　　　　　　　の事業場

**安全衛生管理体制**

施工管理法

## ● 5・3・2 特定元方事業者が講ずべき措置　出題頻度 低■■■■□□ 高

**4** 特定元方事業者が講ずべき措置等に関する次の記述のうち，労働安全衛生法令上，**誤っているもの**はどれか。

(1) 特定元方事業者は，すべての関係請負人が参加する協議組織を設置し，会議の運営を行わなければならない。

(2) 特定元方事業者は，関係請負人が行う労働者の安全又は衛生のための教育に対する指導及び援助を行わなければならない。

(3) 特定元方事業者は，工程，機械，設備の配置等に関する計画を作成しなければならない。

(4) 特定元方事業者は，当該作業場所の巡視を作業前日に行わなければならない。

《R5-7》

**5** 元方事業者が講ずべき措置等に関する次の記述のうち，労働安全衛生法令上，**誤っているもの**はどれか。

(1) 元方事業者は，関係請負人又は関係請負人の労働者が，当該仕事に関し，法律又はこれに基づく命令の規定に違反していると認めるときは，是正の措置を自ら行わなければならない。

(2) 元方事業者は，関係請負人及び関係請負人の労働者が，当該仕事に関し，法律又はこれに基づく命令の規定に違反しないよう必要な指導を行わなければならない。

(3) 元方事業者は，土砂等が崩壊するおそれのある場所において，関係請負人の労働者が当該事業の仕事の作業を行うときは，当該場所に係る危険を防止するための措置が適正に講ぜられるように，技術上の指導その他の措置を講じなければならない。

(4) 元方事業者の講ずべき技術上の指導その他の必要な措置には，技術上の指導のほか，危険を防止するために必要な資材等の提供，元方事業者が自ら又は関係請負人と共同して危険を防止するための措置を講じること等が含まれる。

《R4-7》

**6** 労働安全衛生法令上，技能講習を修了した者を**就業させる必要がある業務**は，次のうちどれか。

(1) 作業床の高さが10 m未満の能力の高所作業車の運転の業務（道路上を走行させる運転を除く）

(2) 機体重量が3 t以上の解体用機械（ブレーカ）の運転の業務（道路上を走行させる運転を除く）

(3) コンクリートポンプ車の作業装置の操作の業務

(4) 締固め機械（ローラ）の運転の業務（道路上を走行させる運転を除く）

《H30-17》

**7** 下図に示す施工体制の現場において，A社がB社に組み立てさせた作業足場でB社，C社，D社が作業を行い，E社はC社が持ち込んだ移動式足場で作業を行うこととなった。特定事業の仕事を行う注文者として積載荷重の表示，点検等の安全措置義務に関する次の記述のうち，労働安全衛生法令上，**正しいもの**はどれか。

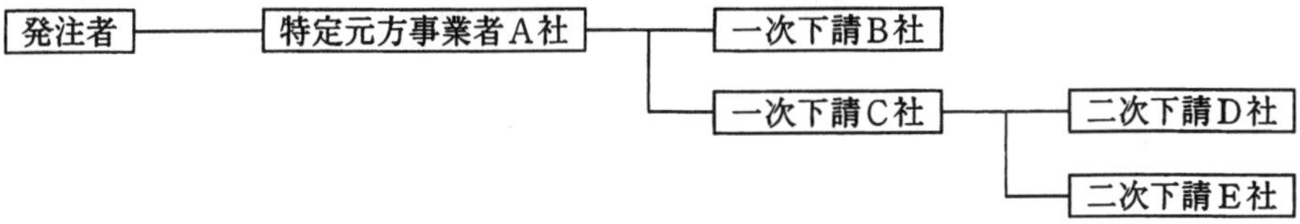

```
発注者 ── 特定元方事業者A社 ──┬── 一次下請B社
                            └── 一次下請C社 ──┬── 二次下請D社
                                            └── 二次下請E社
```

(1) A社は，作業足場について，B社，C社，D社の労働者に対し注文者としての安全措置義務を負わない。

(2) B社は，自社が組み立てた作業足場について，D社の労働者に対し注文者としての安全措置義務を負う。

(3) A社は，C社が持ち込んだ移動式足場について，E社の労働者に対し注文者としての安全措置義務を負わない。

(4) C社は，移動式足場について，事業者としての必要措置を行わなければならないが，注文者としての安全措置義務も負う。

《R1-14》

<hr>

**解説**

**4** (4) 特定元方事業者は，当該作業場所の巡視を**作業日**に行わなければならない。

**5** (1) 元方事業者は，違反していると認めるときは，**是正の措置を指導**しなければならない。（自らは行わない。）

**6** (1)，(3)，(4) 技能講習の終了した者を就業させる必要はない。
(2) **機体重量が3t以上の解体機械**（ブレーカ）の運転の業務は，車両系建設機械（解体用）**運転技能講習の修了者を就業させる必要**がある。したがって，(2)が該当する。

**7** (1) A社は，作業足場の注文者として，B社，C社，D社の労働者に対し安全措置義務を**負う**。
(2) B社は，注文者ではないので，D社の労働者に対し注文者としての安全措置義務を**負わない**。
(3) A社は，C社が持ち込んだ移動式足場の注文者としてE社の労働者に対して安全措置義務を**負う**。
(4) 記述は，正しい。

<hr>

**━━━ 試験によく出る重要事項 ━━━**

**特定元方事業者の行うべき措置**

① 協議組織の設置および運営を行うこと。

② 作業間の連絡および調整を行うこと。

③ 作業場所を毎日1回以上巡回すること。

④ 関係請負人が行う労働者への安全または衛生の教育に対する指導および援助を行うこと。

施工管理法

## ● 5·3·3　コンクリート構造物の解体作業

**8**

コンクリート構造物の解体作業に関する次の記述のうち，**適当でないもの**はどれか。

(1)　圧砕機及び大型ブレーカによる取壊しでは，解体する構造物からコンクリート片の飛散，構造物の倒壊範囲を予測し，作業員，建設機械を安全作業位置に配置しなければならない。

(2)　転倒方式による取壊しでは，解体する主構造部に複数本の引きワイヤを堅固に取付け，引きワイヤで加力する際は，繰返して荷重をかけるようにして行う。

(3)　カッタによる取壊しでは，撤去側躯体ブロックへのカッタ取り付けを禁止するとともに，切断面付近にシートを設置して冷却水の飛散防止を図る。

(4)　ウォータージェットによる取壊しでは，病院，民家等が隣接している場合にはノズル付近に防音カバーをしたり，周辺に防音シートによる防音対策を実施する。

《R5-13》

**9**

コンクリート構造物の解体作業に関する次の記述のうち，**適当でないもの**はどれか。

(1)　転倒方式による取り壊しでは，解体する主構造部に複数本の引きワイヤを堅固に取り付け，引きワイヤで加力する際は，繰り返し荷重をかけてゆすってはいけない。

(2)　ウォータージェットによる取り壊しでは，取り壊し対象物周辺に防護フェンスを設置するとともに，水流が貫通するので取り壊し対象物の裏側は立ち入り禁止とする。

(3)　カッタによる取り壊しでは，撤去側躯体ブロックにカッタを堅固に取り付けるとともに，切断面付近にシートを設置して冷却水の飛散防止をはかる。

(4)　圧砕機及び大型ブレーカによる取り壊しでは，解体する構造物からコンクリート片の飛散，構造物の倒壊範囲を予測し，作業員，建設機械を安全作業位置に配置しなければいけない。

《R4-13》

**10**

静的破砕剤と大型ブレーカを併用する工法で行う橋梁下部工の解体作業に関する次の記述のうち，**適当でないもの**はどれか。

(1)　大型ブレーカを用いる二次破砕，小割りは，静的破砕剤を充填後，ひび割れが発生する前に行う。

(2)　静的破砕剤の練混ぜ水は，清浄な水を使用し，適用温度範囲の上限を超えないように注意する。

(3)　大型ブレーカの作業では，コンクリート塊等の落下，飛散による事故防止のため立入禁止措置を講じる。

(4)　穿孔径については，削岩機などを用いて破砕リフトの計画高さまで穿孔し，適用可能径の上限を超えていないか確認する。

《R3-13》

**11**

☐
☐
☐

コンクリート構造物の解体作業に関する次の記述のうち，**適当でないもの**はどれか。

(1) 圧砕機，大型ブレーカによる取壊しでは，建設機械と作業員の接触を防止するため，誘導員を適切な位置に配置する。

(2) ワイヤソーによる取壊しでは，切断の進行に合わせ，適宜切断面へのキャンバー打ち込み，ずれ止めを設置する。

(3) 転倒方式による取壊しでは，解体する構造物の縁切り作業を数日間行い，その作業が完了してから転倒作業を行う。

(4) カッタによる取壊しでは，ブレード，防護カバーを確実に設置し，特にブレード固定用ナットは十分に締め付ける。

《R1-24》

---

**解説**

**8** (2) 転倒方式による取壊しでは，解体する主構造部に複数本の引きワイヤを堅固に取付け，引きワイヤで加力する際は，**繰返して荷重をかけゆすってはならない**。

**9** (3) カッタによる取り壊しでは，**撤去しない側の躯体ブロックにカッタを堅固に取り付ける**。

**10** (1) 大型ブレーカを用いる二次破砕，小割は，**亀裂が発生した後**に行う。

**11** (3) 転倒方式による取壊しでは，**縁切り作業と転倒作業を連続して行い**，1日で完了させる。

---

**試験によく出る重要事項**

**構造物取壊し工の工法と留意事項**

① **圧砕機，鉄骨切断機，大型ブレーカによる工法**：騒音・振動，防じんに対する周辺への影響に配慮すること。

② **転倒工法**：転倒作業は必ず一連の連続作業で実施し，その日中に終了させ，縁切した状態で放置しないこと。

③ **カッター工法**：撤去側躯体ブロックへのカッター取付けを禁止。

④ **ワイヤソーイング工法**：防護カバーを確実に設置すること。

⑤ **アブレッシブウォータージェット工法**：スラリーを処理すること。

⑥ **爆薬等を使用した取壊し工法**：取壊し条件に適した薬量を使用すること。

⑦ **静的破砕剤工法**：破砕剤充填後は，充填孔からの噴出に留意すること。

施工管理法

## ● 5·3·4 型枠支保工

**12** 型わく支保工に関する次の記述のうち,労働安全衛生法令上,**誤っているもの**はどれか。

(1) 型わく支保工を組立てるときは,支柱,はり,つなぎ,筋かい等の部材の配置,接合の方法及び寸法が示されている組立図を作成しなければならない。

(2) 型わく支保工は,支柱の脚部の固定,根がらみの取付け等,支柱の脚部の滑動を防止するための措置を講ずる。

(3) コンクリートの打込みにあたっては,当該作業に係る型わく支保工についてその日の作業開始前に点検し,異常が認められたときは補修を行う。

(4) 型わく支保工の材料については,著しい損傷,変形又は腐食があるものは補修して使用しなければならない。

《R3-10》

**13** 型枠支保工に関する次の記述のうち,事業者が講じるべき措置として,労働安全衛生法令上,**誤っているもの**はどれか。

(1) 型枠支保工の支柱の継手は,重ね継手とし,鋼材と鋼材との接合部及び交差部は,ボルト,クランプ等の金具を用いて緊結する。

(2) 型枠支保工については,敷角の使用,コンクリートの打設,くいの打込み等支柱の沈下を防止するための措置を講ずる。

(3) 型枠が曲面のものであるときは,控えの取付け等当該型枠の浮き上がりを防止するための措置を講ずる。

(4) コンクリートの打設について,その日の作業を開始する前に,当該作業に係る型枠支保工について点検し,異状を認めたときは補修する。

《R2-17》

**14** 型わく支保工に関する次の記述のうち,事業者が講じなければならない措置として,労働安全衛生法令上,**誤っているもの**はどれか。

(1) 型わく支保工を組み立てるときは,支柱,はり,つなぎ,筋かい等の部材の配置,接合の方法及び寸法が示されている組立図を作成し,かつ,当該組立図により組み立てなければならない。

(2) コンクリートの打設の作業を行なうときは,打設を開始した後,速やかに,当該作業箇所に係る型わく支保工について点検し,異状を認めたときは,補修する。

(3) 強風,大雨,大雪等の悪天候のため,作業の実施について危険が予想されるときは,型わく支保工の組立て等の作業に労働者を従事させない。

(4) 型わく支保工の組立ての作業においては,支柱の脚部の固定,根がらみの取付け等の脚部の滑動を防止するための措置を講じる。

《H30-19》

施工管理法

**15**  型わく支保工に関する次の記述のうち，労働安全衛生法令上，**誤っているもの**はどれか。

(1) 型わく支保工は，あらかじめ作成した組立図にしたがい，支柱の沈下や滑動を防止するため，敷角の使用，根がらみの取付け等の措置を講ずる。

(2) 型わく支保工で鋼管枠を支柱として用いる場合は，鋼管枠と鋼管枠との間に交差筋かいを設ける。

(3) コンクリートの打設にあたっては，当該箇所の型わく支保工についてあらかじめ点検し，異常が認められたときは補修を行うとともに，打設中に異常が認められた際の作業中止のため措置を講じておく。

(4) 型わく支保工の支柱の継手は，重ね継手とし，鋼材と鋼材との接合部及び交差部は，ボルト，クランプ等の金具で緊結する。

《H29-20》

**解説**

**12** (4) 型わく支保工の**材料**で，著しい損傷，変形又は腐食があるものを**使用してはならない**。

**13** (1) 型枠支保工の**支柱の継手**は，**突合せ継手**または**差込み継手**とし，鋼材と鋼材の接合部は，ボルト，クランプ等の金具を用いて緊結する。

**14** (2) コンクリートの打設作業を行うときは，**打設開始前**及び**打設中もたえず**当該作業箇所に係る型わく支保工について**点検**し，異常を認めたときは補修する。

**15** (4) 型わく支保工の**支柱の継手**は，**突合せ継手**または**差込み継手**とし，鋼材と鋼材との接合部および交差部は，ボルト，クランプ等の金具で緊結する。

━━━━━━━━ **試験によく出る重要事項** ━━━━━━━━

**型枠支保工**

**1. 組立・解体：**

① 組み立てるときは，組立図を作成する。

② 鋼材の許容応力度は，降伏強さの$\frac{2}{3}$以下。水平方向の荷重は，鋼管枠の場合は設計荷重の$\frac{2.5}{100}$，鋼管枠以外は$\frac{5}{100}$。

③ 材料・工具などの上げ・下げは，吊り網や吊り袋を使用する。

**2. 鋼管（単管）支柱による型枠支保工：**

① 高さ2 m以内ごとに，2方向に水平つなぎを設ける。

② 単管の接続部は，ボルト・クランプなどの専用金具を用いて緊結する。

③ 支柱の継手は，突合せか差込みとする。

**3. パイプサポート支柱による型枠支保工：**

① パイプサポートを，3本以上継いで用いてはならない。

② 継ぎ部は，4個以上のボルト，または，専用の金具を用いる。

③ 高さが3.5 mを超えるときは，2 m以内ごとに2方向に水平つなぎを設ける。また，水平つなぎの変形を防ぐため，斜材を設ける。

④ 部材の交差部は，ボルト・クランプなどの専用金具を用いて緊結する。

施工管理法

## ● 5·3·5　足　場

**16** 足場，作業床の組立て等に関する次の記述のうち，労働安全衛生法令上，**誤っている**ものはどれか。

(1)　高さ2m以上の足場（一側足場及びつり足場を除く）で作業を行う場合は，幅40cm以上の作業床を設けなければならない。

(2)　高さ2m以上の足場（一側足場及びわく組足場を除く）の作業床であって墜落の危険のある箇所には，高さ85cm以上の手すり又はこれと同等以上の機能を有する設備を設けなければならない。

(3)　高さ2m以上の足場（一側足場及びわく組足場を除く）の作業床であって墜落の危険のある箇所には，高さ35cm以上50cm以下の桟又はこれと同等以上の機能を有する設備を設けなければならない。

(4)　高さ2m以上の足場（一側足場を除く）の作業床には，物体の落下防止のため，高さ5cm以上の幅木，メッシュシート若しくは，防網等を設けなければならない。

《R5-10》

**17** 足場，作業床の組立等に関する次の記述のうち，労働安全衛生規則上，**誤っているもの**はどれか。

(1)　事業者は，足場の組立て等作業主任者に，作業の方法及び労働者の配置を決定し，作業の進行状況を監視するほか，材料の欠点の有無を点検し，不良品を取り除かせなければならない。

(2)　事業者は，強風，大雨，大雪等の悪天候若しくは中震（震度4）以上の地震の後において，足場における作業を行うときは，作業開始後直ちに，点検しなければならない。

(3)　事業者は，足場の組立て等作業において，材料，器具，工具等を上げ，又は下ろすときは，つり綱，つり袋等を労働者に使用させなければならない。

(4)　事業者は，足場の構造及び材料に応じて，作業床の最大積載荷重を定め，かつ，これを超えて積載してはならない。

《R4-10》

**18** 足場，作業床の組立て等に関する次の記述のうち，労働安全衛生法令上，**誤っているもの**はどれか。

(1)　足場高さ2m以上の作業場所に設ける作業床の床材（つり足場を除く）は，原則として転位し，又は脱落しないように2以上の支持物に取り付けなければならない。

(2)　足場高さ2m以上の作業場所に設ける作業床で，作業のため物体が落下し労働者に危険を及ぼすおそれのあるときは，原則として高さ10cm以上の幅木，メッシュシート若しくは防網を設けなければならない。

(3)　高さ 2 m 以上の足場の組立て等の作業で，足場材の緊結，取り外し，受渡し等を行うときは，原則として幅 40 cm 以上の作業床を設け，安全帯を使用させる等の墜落防止措置を講じなければならない。

(4)　足場高さ 2 m 以上の作業場所に設ける作業床（つり足場を除く）は，原則として床材間の隙間 5 cm 以下，床材と建地との隙間 15 cm 未満としなければならない。

《H30-18》

**解説**

**16**　(4)　**高さ 10 cm 以上の幅木**，メッシュシート，若しくは防網等を設けなければならない。

**17**　(2)　事業者は，強風，大雨，大雪等の悪天候若しくは中震（震度 4）以上の地震の後において，足場における作業を行うときは，**作業開始前**に，点検しなければならない。

**18**　(4)　足場高さ 2 m 以上の作業床は，**床材間の隙間 3 cm 以下**，**床材と建地の隙間は 12 cm 以下**としなければならない。

**━━━ 試験によく出る重要事項 ━━━**

**足場の安全**

①　**作業床**：高さ 2 m 以上で作業を行う場合，設ける。

②　**昇降設備**：高さまたは深さが 1.5 m を超える箇所は昇降設備を設ける。

③　**作業主任者**：高さ 5 m 以上の足場・吊り足場・張出し足場の組立・解体には，作業主任者を選任する。

④　**安全点検**：強風・大雨・大雪などの悪天候の後，中震以上の地震の後，足場を一部解体または変更したとき，および，吊り足場の作業前は点検を行う。点検は，事業者が指名した者が行う。

⑤　**足場板**：足場材の緊結・取外し・受渡しなどの作業をするとき，足場板は 3 箇所以上で支持する。足場板は，幅 20 cm 以上，長さ 3.6 m 以上，重ねは 20 cm 以上とする。

⑥　**足場計画の届出**：高さ 10 m 以上，設置期間 60 日以上の足場は，労働基準監督署へ仕事開始日の 30 日前までに届け出る。ただし，吊り足場・張り出し足場を除く。

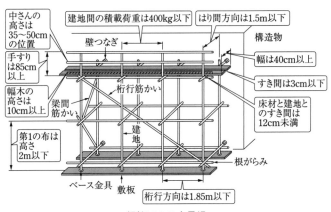

鋼管による本足場

## ● 5・3・6　悪天候・異常気象時の安全対策

出題頻度 低■■■■□□高

**19**

建設工事現場における異常気象時の安全対策に関する次の記述のうち，**適当でないも**のはどれか。

(1) 降雨によって冠水流出の恐れがある仮設物は，早めに撤去するか，水裏から仮設物内に水を呼び込み内外水位差による倒壊を防ぐか，補強する等の措置を講じること。

(2) 警報及び注意報が解除された場合は，工事現場の地盤のゆるみ，崩壊，陥没等の危険がないか，点検と併行しながら作業を再開すること。

(3) 強風によってクレーン，杭打ち機等のような風圧を大きく受ける作業用大型機械の休止場所での転倒，逸走防止には十分注意すること。

(4) 異常気象等の情報の収集にあたっては，事務所，現場詰所及び作業場所間の連絡伝達のため，複数の手段を確保し瞬時に連絡できるようにすること。

《R5-9》

**20**

建設工事現場における異常気象時の安全対策に関する次の記述のうち，**適当でないも**のはどれか。

(1) 気象情報の収集は，テレビ，ラジオ，インターネット等を常備し，常に入手に努めること。

(2) 天気予報等であらかじめ異常気象が予想される場合は，作業の中止を含めて作業予定を検討すること。

(3) 警報及び注意報が解除され，中止前の作業を再開する場合には，作業と併行し工事現場に危険がないか入念に点検すること。

(4) 大雨により流出のおそれのある物件は，安全な場所に移動する等，流出防止の措置を講ずること。

《R3-8》

施工管理法

**21**

施工中の建設工事現場における異常気象時の安全対策に関する次の記述のうち，**適当でないもの**はどれか。

(1) 現場における伝達は，現場条件に応じて，無線機，トランシーバー，拡声器，サイレンなどを設け，緊急時に使用できるよう常に点検整備しておく。

(2) 洪水が予想される場合は，各種救命用具（救命浮器，救命胴衣，救命浮輪，ロープ）などを緊急の使用に際して即応できるように準備しておく。

(3) 大雨などにより，大型機械などの設置してある場所への冠水流出，地盤の緩み，転倒のおそれなどがある場合は，早めに適切な場所への退避又は転倒防止措置をとる。

(4) 電気発破作業においては，雷光と雷鳴の間隔が短いときは，作業を中止し安全な場所に退避させ，雷雲が直上を通過した直後から作業を再開する。

《R2-15》

**22**

☐
☐
☐

悪天候等の後には足場を使用する作業の開始前に足場の点検を行うが，悪天候等の定義に関する次の記述のうち，労働安全衛生法令上，**誤っているもの**はどれか。

(1) 10分間の平均風速で毎秒10m以上の強風

(2) 1回の降雨量が30mm以上の大雨

(3) 1回の降雪量が25cm以上の大雪

(4) 震度階級4以上の地震

《R1-17》

---

**解説**

**19** (2) 警報および注意報が解除された場合は，工事現場の地盤のゆるみ，崩壊，陥没等の危険がないか，**点検が終わった後に作業を再開**する。

**20** (3) 警報及び注意報が解除された場合は，**入念に点検を行ってから**，中止前の**作業を再開**する。

**21** (4) 電気発破作業においては，雷雲が直上を通過した後も**雷光と雷鳴の間隔が長くなるまで**作業を**再開しない**こと。

**22** (2) 悪天候等の定義から，1回の降雨量が**50mm以上の大雨**である。

---

**試験によく出る重要事項**

悪天候等で工事や作業の中止すべき基準は，以下のとおりである。

① 10分間の平均風速で毎秒10m以上の強風

② 1回の降雨量が50mm以上の大雨

③ 1回の降雪量が25cm以上の大雪

④ 震度階級4（中震）以上の地震

施工管理法

## ● 5·3·7　明り掘削

**23** 土工工事における明り掘削の作業にあたり事業者が遵守しなければならない事項に関する次の記述のうち，労働安全衛生法令上，**誤っている**ものはどれか。

(1)　地山の崩壊等による労働者の危険を防止するため，点検者を指名して，その日の作業を開始する前，大雨の後及び中震（震度4）以上の地震の後，浮石及びき裂の有無及び状態並びに含水，湧水及び凍結の状態の変化を点検させなければならない。

(2)　地山の崩壊又は土石の落下により労働者に危険を及ぼすおそれのあるときは，予め土止め支保工を設け，防護網を張り，労働者の立入りを禁止する等の措置を講じなければならない。

(3)　土止め支保工の部材の取付け等については，切りばり及び腹おこしは，脱落を防止するため，矢板，くい等に確実に取り付けるとともに，圧縮材（火打ちを除く）の継手は，重ね継手としなければならない。

(4)　運搬機械等が，労働者の作業箇所に後進して接近するとき，又は転落するおそれのあるときは，誘導者を配置し，その者にこれらの機械を誘導させなければならない。

《R5-11》

**24** 土工工事における明り掘削の作業にあたり事業者が遵守しなければならない事項に関する次の記述のうち，労働安全衛生法令上，**正しい**ものはどれか。

(1)　運搬機械，掘削機械，積込機械については，運行の経路，これらの機械の土石の積卸し場所への出入りの方法を定め，地山の掘削作業主任者に知らせなければならない。

(2)　掘削機械，積込機械等の使用によるガス導管，地中電線路等の損壊により労働者に危険を及ぼすおそれのあるときは，これらの機械を使用してはならない。

(3)　地山の崩壊又は土石の落下により労働者に危険を及ぼすおそれのあるときは，あらかじめ，土止め支保工を設け，防護網を張り，労働者の立入り措置を講じなければならない。

(4)　掘削面の高さ2m以上の場合，土止め支保工作業主任者に，作業の方法を決定し，作業を直接指揮すること，器具及び工具を点検し，不良品を取り除くことを行わせる。

《R4-12》

**25** 土工工事における明り掘削の作業にあたり事業者が遵守しなければならない事項に関する次の記述のうち，労働安全衛生法令上，**正しい**ものはどれか。

(1)　地山の崩壊等による労働者の危険を防止するため，点検者を指名して，その日の作業開始前や大雨や中震（震度4）以上の地震の後に浮石及びき裂や湧水等の状態を点検させる。

(2)　地山の崩壊又は土石の落下により労働者に危険を及ぼすおそれのあるときは，あらかじめ，土止め支保工を設け，防護網を張り，労働者の立入りの措置を講じなければならない。

(3)　運搬機械，掘削機械，積込機械については，運行の経路，これらの機械の土石の積卸し場所への出入りの方法を定め，地山の掘削作業主任者に知らせなければならない。

施工管理法

(4) 運搬機械が，労働者の作業箇所に後進して接近するとき，又は，転落のおそれのあるときは，運転者自ら十分確認を行うようにさせなければならない。

《R3-12》

**解説**

**23** (3) 土止め支保工の部材の取付け等については，切りばり及び腹おこしは，脱落を防止するため，矢板，くい等に確実に取り付けるとともに，圧縮材（火打ちを除く）の継手は，**突合せ継手**とする。

**24** (1) 運搬機械，掘削機械，積込機械については，運行の経路，これらの機械の土石の積卸し場所への出入りの方法を定め，**関係労働者に周知**させなければならない。

(2) 記述は，正しい。

(3) 地山の崩壊又は土石の落下により労働者に危険を及ぼすおそれのあるときは，あらかじめ，土止め支保工を設け，防護網を張り，**労働者の立入り禁止措置**を講じなければならない。

(4) 掘削面の高さ 2 m 以上の場合，**地山の掘削作業主任者**に，作業の方法を決定し，作業を直接指揮すること。

**25** (1) 記述は，正しい。

(2) 労働者の**立入り禁止の措置**を講じなければならない。

(3) 関係労働者**全員に周知**させなければならない。

(4) **誘導員を配置して，誘導**させなければならない。

**試験によく出る重要事項**

**明り掘削の留意事項**

① **作業点検**：点検者を指名して，その日の作業前，大雨および中震（震度階級 4）以上の地震のとき，発破の後は点検する。

② **埋設物**：ガス導管が露出した場合，作業指揮者を指名し，その者の指揮で防護作業を行う。防護は，吊り防護・受け防護または移設を行う。

③ **危険防止**：埋設物・ブロック塀・擁壁などの建設物に近接して掘削を行う場合は，移設や補強などの危険防止の措置を行う。

④ **作業主任者**：高さ 2 m 以上の掘削は，地山の掘削作業主任者を選任する。

⑤ **手掘り掘削の制限事項**（右表）

| 地山の種類 | 掘削面の高さ | 掘削面の勾配 | 備考 |
|---|---|---|---|
| 岩盤または硬い粘土からなる地山 | 5 m 未満<br>5 m 以上 | 90° 以下<br>75° 以下 | |
| その他の地山 | 2 m 未満<br>2 ～ 5 m 未満<br>5 m 以上 | 90° 以下<br>75° 以下<br>60° 以下 | 掘削面とは，2 m 以上の水平段に区切られるそれぞれの掘削面をいう。 |
| 砂からなる地山 | 5 m 未満または 35° 以下 | | |
| 発破などにより崩壊しやすい状態の地山 | 2 m 未満または 45° 以下 | | |

注. 硬い粘土とは，標準貫入試験における $N$ 値が 8 以上の粘土をいう。

## ● 5·3·8 埋設物・架空線近接工事

出題頻度 低■■■■□□高

**26** 建設工事の労働災害防止対策に関する次の記述のうち，**適当でないもの**はどれか。

(1) ロープ高所作業では，メインロープ及びライフラインを設け，作業箇所の上方にある同一の堅固な支持物に外れないよう確実に緊結し作業する。

(2) 墜落のおそれがある人力のり面整形作業等では，親綱を設置し，要求性能墜落制止用器具を使用する。

(3) 工事現場における架空線等上空施設について，施工に先立ち現地調査を実施し，種類，位置（場所，高さ等）及び管理者を確認する。

(4) 上下作業は極力さけることとするが，やむを得ず上下作業を行うときは，事前に両者の作業責任者と場所，内容，時間等をよく調整し，安全確保をはかる。

《R4-9》

**27** 埋設物ならびに架空線に近接して行う工事の安全管理に関する次の記述のうち，**適当でないもの**はどれか。

(1) 埋設物が予想される箇所では，施工に先立ち，台帳に基づいて試掘を行い，埋設物の種類・位置・規格・構造などを原則として目視により確認する。

(2) 架空線に接触などのおそれがある場合は，建設機械の運転手などに工事区域や工事用道路内の架空線などの上空施設の種類・場所・高さなどを連絡し，留意事項を周知徹底する。

(3) 架空線の近接箇所で建設機械のブーム操作やダンプトラックのダンプアップを行う場合は，防護カバーや看板の設置，立入禁止区域の設定などを行う。

(4) 管理者の不明な埋設物を発見した場合には，調査を再度行って労働基準監督署に連絡し，立会いを求めて安全を確認した後に処置する。

《R2-22》

**28** 建設工事における埋設物ならびに架空線の防護に関する次の記述のうち，**適当でないもの**はどれか。

(1) 埋設物に近接する箇所で明り掘削作業を行う場合は，埋設物の損壊などにより労働者に危険を及ぼすおそれのあるときには，当該作業と同時に埋設物の補強を行わなければならない。

(2) 明り掘削で露出したガス導管の防護の作業については，当該作業を指揮する者を指名して，その者の直接の指揮のもとに作業を行わなければならない。

(3) 工事現場における架空線等上空施設については，施工に先立ち，種類・場所・高さ・管理者等を現地調査により事前確認する。

(4) 架空線等上空施設に近接した工事の施工にあたっては，架空線等と機械，工具，材料等について安全な離隔を確保する。

《R1-22》

**29** 埋設物並びに架空線に近接して行う工事の安全管理に関する次の記述のうち，**適当でない**ものはどれか。

(1) 事業者は，明り掘削作業により露出したガス導管の防護の作業については，当該作業の見張り員の指揮のもとに作業を行わせなければならない。

(2) 架空線の近接作業では，建設機械の運転手へ架空線の種類や位置について連絡し，ブーム旋回，立入禁止区域等の留意事項について周知徹底を行う。

(3) 掘削機械，積込機械及び運搬機械の使用によるガス導管や地中電線路等の損壊により労働者に危険を及ぼすおそれがある場合は，これらの機械を使用してはならない。

(4) 建設機械のブーム，ダンプトラックのダンプアップ等により架空線の接触・切断のおそれがある場合は，防護カバー・現場出入口での高さ制限装置・看板の設置等を行う。

《H30-23》

---

**解説**

**26** (1) ロープ高所作業では，メインロープ及びライフラインを設け，作業箇所の上方にある**別々の堅固な支持物**に外れないよう確実に緊結し作業する。

---

**27** (4) 管理者の不明な埋設物を発見した場合には，調査を再度行って管理者を確認し**当該管理者に連絡し，立会いを求め**安全を確認した後に処置する。

---

**28** (1) 埋設物に近接する箇所で明り掘削作業を行う場合は，埋設物の損壊などにより労働者に危険を及ぼすおそれのあるときは，**事前に埋設物の補強を行わなければ**ならない。

---

**29** (1) 事業者は，露出したガス導管の防護の作業については，**当該作業を指揮する者を指名して**，その指揮のもとに作業を行う。

---

**試験によく出る重要事項**

**埋設物**

1. 埋設物が予想される場所で土木工事を施工しようとするときは，施工に先立ち，埋設物管理者等が保管する台帳に基づいて試掘等を行い，その埋設物の種類，位置（平面・深さ），規格，構造等を原則として目視により確認しなければならない。なお，起業者又は施工者は，試掘によって埋設物を確認した場合においては，その位置等を道路管理者及び埋設物の管理者に報告しなければならない。

   この場合，深さについては，原則として標高によって表示しておくものとする。

2. 施工者は，工事施工中において，管理者の不明な埋設物を発見した場合，埋設物に関する調査を再度行い，当該管理者の立会を求め，安全を確認した後に処置しなければならない。

施工管理法

## ● 5・3・9　安全ネット・保護具・墜落防止

出題頻度　低■■■■■■高

**30**

建設工事における墜落災害の防止に関する次の記述のうち，事業者が講じなければならない措置として，労働安全衛生法令上，**正しいもの**はどれか。

(1) 高さ1.5 m以上の作業床の端，開口部等で墜落により労働者に危険を及ぼすおそれのある箇所には，囲い，手すり，覆い等を設けなければならない。

(2) 高さ3 m以上の箇所で囲い等の設置が困難又は作業上，囲いを取りはずすときは，防網を張り，労働者に要求性能墜落制止用器具を使用させなければならない。

(3) 高さ5 m以上の箇所での作業で，労働者に要求性能墜落制止用器具等を使用させるときは要求性能墜落制止用器具等の取付設備等を設け，異常の有無を随時点検しなければならない。

(4) 高さ2 m以上の箇所で作業を行なうときは，当該作業を安全に行なうため必要な照度を保持しなければならない。

《R5-12》

**31**

墜落による危険を防止するための安全ネット（防網）の使用上の留意点に関する次の記述のうち，**適当でないもの**はどれか。

(1) 人体又はこれと同等以上の重さを有する落下物による衝撃を受けたネットは，入念に点検したうえで使用すること。

(2) ネットが有毒ガスに暴露された場合等においては，ネットの使用後に試験用糸について，等速引張試験を行うこと。

(3) 溶接や溶断の火花，破れや切れ等で破損したネットは，その破損部分が補修されていない限り使用しないこと。

(4) ネットの材料は合成繊維とし，支持点の間隔は，ネット周辺からの墜落による危険がないものであること。

《R4-11》

**32**

墜落による危険を防止するための安全ネットの設置に関する次の記述のうち，**適当でないもの**はどれか。

(1) ネットの損耗が著しい場合，ネットが有毒ガスに暴露された場合等においては，ネットの使用後に試験用糸について，等速引張試験を行う。

(2) ネットの取付け位置と作業床等との間の許容落下高さは，ネットを単体で用いる場合も複数のネットをつなぎ合わせて用いる場合も，同一の値以下とする。

(3) ネットには，製造者名・製造年月・仕立寸法・新品時の網糸の強度等を見やすい箇所に表示する。

(4) ネットの支持点の間隔は，ネット周辺からの墜落による危険がないものでなければならない。

《R3-11》

**33**

保護具の使用に関する次の記述のうち，**適当でないもの**はどれか。

(1) 保護帽は，着装体のヘッドバンドで頭部に適合するように調節し，事故のとき脱げないようにあごひもは正しく締めて着用する。

(2) 防毒マスク及び防じんマスクは，酸素欠乏症の防止には全く効力がなく，酸素欠乏危険作業に用いてはならない。

(3) 手袋は，作業区分をもとに用途や職場環境に応じたものを使用するが，ボール盤等の回転する刃物に手などが巻き込まれるおそれがある作業の場合は使用してはならない。

(4) 安全靴は，作業区分をもとに用途や職場環境に応じたものを使用し，つま先部に大きな衝撃を受けた場合は，損傷の有無を確認して使用する。

《H29-15》

**解説**

**30** (1) **高さ2m以上**の作業床で，労働者に危険を及ぼすおそれのある箇所には，囲い，手すり，覆い等を設ける。

(2) **高さ2m以上**の箇所で囲い等の設置が困難又は作業上，囲いを取りはずすときは，防網を張り，要求性能墜落制止器具を使用させる。

(3) **高さ2m以上**で，要求性能墜落制止用具を使用させるときは，取付設備等を設け，異常の有無を随時点検しなければならない。

(4) 記述は，正しい。

**31** (1) 人体又はこれと同等以上の重さを有する落下物による衝撃を受けたネットは，**使用しない**。

**32** (2) ネットの取付け位置と作業床等との**許容落下高さ**は，ネット単体で用いる場合と複数のネットをつなぎ合わせて用いる場合は**異なる**。

**33** (4) 安全靴つま先部に大きな**衝撃を受けた場合**は，**使用しない**。

■試験によく出る重要事項■

**主な安全保護具**

① **保護帽**：建設現場では，保護帽の着用が義務づけられている。

② **墜落制止用器具**：2m以上の高所作業では，墜落などの危険を防止する手すりの設置または，墜落制止用器具の使用などが義務づけられている。

③ **安全靴**：次のような点検が義務づけられている。

(a)甲被（甲革）に破れはないか。(b)底表面が著しく摩耗していないか。(c)底表面を曲げてみて，細かい亀裂が入るような劣化が生じていないか。

④ **手袋**：用途や職場環境に応じた適切なものを使用する。ただし，ボール盤などの回転する刃物に巻き込まれる恐れがある場合は，使用しない。

⑤ **呼吸用保護具**（通称，マスク）

(a) **防塵マスク**：浮遊する粒子状物質（ダスト，ミスト，ヒュームなど）が対象。

(b) **防毒マスク**：有毒ガス，蒸気が対象。

⑥ **眼保護具**（保護メガネ）

## 5·4　品質管理

### ● 5·4·1　工種・管理項目・試験方法　　出題頻度 低■■■■□高

**1**　路床や路盤の品質管理に用いられる試験方法に関する次の記述のうち，**適当でないもの**はどれか。

(1)　修正CBR試験は，所要の締固め度における路盤材料の支持力値を知り，材料選定の指標として利用することを目的として実施する。

(2)　RIによる密度の測定は，現場における締め固められた路床・路盤材料の密度及び含水比を求めることを目的として実施する。

(3)　平板載荷試験は，地盤支持力係数K値を求め，路床や路盤の支持力を把握することを目的として実施する。

(4)　プルーフローリング試験は，路床，路盤の表面の浮き上がりや緩みを十分に締め固め，かつ不良箇所を発見することを目的として実施する。

《R5-15》

**2**　路床や路盤の品質管理に用いられる試験方法に関する次の記述のうち，**適当でないもの**はどれか。

(1)　突固め試験は，土が締め固められた時の乾燥密度と含水比の関係を求め，路床や路盤を構築する際における材料の選定や管理することを目的として実施する。

(2)　RIによる密度の測定は，路床や路盤等の現場における締め固められた材料の密度及び含水比を求めることを目的として実施する。

(3)　平板載荷試験は，地盤支持力係数K値を求め，路床や路盤の支持力を把握することを目的として実施しする。

(4)　プルーフローリング試験は，路床や路盤のトラフィカビリティーを判定することを目的として実施する。

《R4-15》

**3**　建設工事の品質管理における「工種」，「品質特性」及び「試験方法」に関する次の組合せのうち，**適当なもの**はどれか。

| ［工種］ | ［品質特性］ | ［試験方法］ |
|---|---|---|
| (1)　コンクリート工 | スランプ | 圧縮強度 |
| (2)　路盤工 | 締固め度 | 現場密度の測定試験 |
| (3)　アスファルト舗装工 | 安定度 | 平坦性試験 |
| (4)　土工 | たわみ量 | 平板載荷試験 |

《R2-28》

**4**

建設工事の品質管理における「工種」,「品質特性」及び「試験方法」に関する次の組合せのうち, **適当なもの**はどれか。

|  | [工種] | [品質特性] | [試験方法] |
|---|---|---|---|
| (1) | コンクリート工 | スランプ | 圧縮強度試験 |
| (2) | 路盤工 | 支持力 | CBR 試験 |
| (3) | アスファルト舗装工 | 安定度 | 平坦性試験 |
| (4) | 土工 | たわみ量 | 平板載荷試験 |

《R1-28》

**解説**

**1** (1) 修正 CBR 試験は, 所要の締固め度における路盤材料の乾燥密度を知り, **材料としての適否を判定**することを目的として実施する。

**2** (4) プルーフフローリング試験は, 路床や路盤の**たわみ量を判定**することを目的として実施する。

**3**〜**4** で出題された工種・管理項目・試験方法の正しい組合せは, 以下のとおりである。これより各問題の正解を導く。

|  | [工種] | [品質特性] | [試験方法] |
|---|---|---|---|
| ① | 土工 | 支持力値 | 平板載荷試験 |
| ② | コンクリート工 | スランプ | スランプ試験 |
| ③ | 路盤工 | 締固め度 | 現場密度試験 (**3**は(2)) |
| ④ | 路盤工 | 支持力 | CBR 試験 (**4**は(2)) |
| ⑤ | 路床工 | 締固め度 | RI による密度測定 |
| ⑥ | アスファルト舗装工 | 安定度 | マーシャル安定度試験 |
| ⑦ | アスファルト舗装工 | 平たん性 | 3 m のプロフィルメータの平たん性試験 |
| ⑧ | アスファルト舗装工 | たわみ量 | FWD による測定 |

上記①から⑧の組合せは, 土工, 舗装工でも出題されるので, おぼえておく。

**施工管理法**

━━━━━ **試験によく出る重要事項** ━━━━━

## アスファルト舗装の試験

| 管理項目（品質特性） | 試験名, 試験方法, 試験器具 |
|---|---|
| 平たん性 | 3 m プロフィルメータ |
| たわみ量 | プルーフフローリング試験, ベンケルマンビームによる測定 FWD (フォーリングウェイトデフレクトメータ) による測定 |
| 耐摩耗性 | ラベリング試験機 |
| 耐流動性 | ホイールトラッキング試験 |
| アスファルトの硬さ | 針入度試験 |
| アスファルト混合物の配合 | マーシャル安定度試験 |
| 動的摩擦係数 | 回転式すべり抵抗測定器 |

## ● 5·4·2　レディーミクストコンクリートの品質管理　出題頻度　低■■■■■高

**5**

レディーミクストコンクリートの受入れ検査に関する次の記述のうち，**適当でないもの**はどれか。

(1)　荷卸し時のフレッシュコンクリートのワーカビリティーの良否を，技術者による目視により判定した。

(2)　コンクリートのコンシステンシーを評価するため，スランプ試験を行った。

(3)　フレッシュコンクリートの単位水量を推定する試験方法として，エアメータ法を用いた。

(4)　アルカリシリカ反応対策を確認するため，荷卸し時の試料を採取してモルタルバー法を行った。

《R5-16》

**6**

JIS A 5308 に準拠したレディーミクストコンクリートの受入れ検査に関する次の記述のうち，**適当でないもの**はどれか。

(1)　スランプ試験を行ったところ，12.0 cm の指定に対して 10.0 cm であったため，合格と判定した。

(2)　空気量試験を行ったところ，4.5％の指定に対して 3.0％であったため，合格と判定した。

(3)　塩化物含有量の検査を行ったところ，塩化物イオン（Cl⁻）量として 1.0 kg/m³ であったため，合格と判定した。

(4)　アルカリシリカ反応対策について，コンクリート中のアルカリ総量が 2.0 kg/m³ であったため，合格と判定した。

《R4-16》

**7**

コンクリート標準示方書に規定されているレディーミクストコンクリートの受入れ検査項目に関する次の記述のうち，**適当でないもの**はどれか。

(1)　現場での荷卸し時や打ち込む前にコンクリートの状態に異常が無いか，目視で確かめる。

(2)　スランプ試験は，1 回／日，又は構造物の重要度と工事の規模に応じて 20 m³ 〜 150 m³ ごとに 1 回，及び荷卸し時に品質の変化が認められた時に行う。

(3)　圧縮強度試験は，1 回の試験結果が指定した呼び強度の強度値の 80 ％以上であることかつ，3 回の試験結果の平均値が指定した呼び強度の強度値以上であることを確認する。

(4)　フレッシュコンクリートの単位水量の試験方法には，加熱乾燥法やエアメータ法がある。

《R3-16》

施工管理法

**8** JIS A 5308 に準拠したレディーミクストコンクリートの受入れ検査に関する次の記述のうち，**適当でないもの**はどれか。

(1) スランプ試験を行ったところ，12.0 cm の指定に対して 14.0 cm であったため合格と判定した。

(2) スランプ試験を行ったところ，最初の試験では許容される範囲に入っていなかったが，再度試料を採取してスランプ試験を行ったところ許容される範囲に入っていたので，合格と判定した。

(3) 空気量試験を行ったところ，4.5 ％の指定に対して 6.5 ％であったため合格と判定した。

(4) 塩化物含有量の検査を行ったところ，塩化物イオン（Cl⁻）量として 0.30 kg/m³ であったため合格と判定した。

《R2-29》

**解説**

**5** (4) 請負者より，**試験成績書を提出**させ確認する。

**6** (3) 塩化物イオン（Cl⁻）量として 1.0 kg/m³ は**不合格**である。（塩化物イオン量は，0.3 kg/m³ 以下が合格）

**7** (3) 1 回の試験結果は，指定した呼び強度値の **85 ％以上**であること。

**8** (3) **空気量の許容値は±1.5 ％**である。4.5 ％の指定に対しては，6.5 ％は**不合格**である。

**━━━━━ 試験によく出る重要事項 ━━━━━**

**1. 受入れ検査**

① **検査項目**：強度・スランプ・空気量・塩化物含有量の 4 項目。

② **検査場所**：現場荷卸地点。塩化物含有量は，出荷時に工場で検査することが認められている。

③ **強度検査**：一般に，標準養生を行った円柱供試体の材齢 28 日における圧縮強度を標準とする。

　(a) 試験は 3 回行い，3 回のうち，どの 1 回の試験の結果も，**購入者が指定した呼び強度の値の 85 ％以上**であること。

　(b) かつ，3 回の試験の平均値は，**購入者が指定した呼び強度の値以上**であること。

④ **スランプ検査**：現場におけるコンクリートの軟らかさ，および，均等質なコンクリートかどうかを判断する。粗骨材の最大寸法の検査と合わせてワーカビリティも判定できる。

⑤ **空気量検査**：空気量は，コンクリートのワーカビリティ，強度・耐久性，凍結融解作用に対する抵抗性に影響を与える。

**2. 再生骨材**

　コンクリート構造物を解体したコンクリート塊を，破砕・磨砕・分級などの処理をして，コンクリート用骨材としたもの。処理の程度により，H，M，L に区分され，JIS A 5021，5022，5023 に規定されている。レディーミクストコンクリートには「コンクリート用再生骨材 H」に適合したものを使用できる。再生骨材 M を使用したコンクリートは，耐久性の面で懸念があるため，乾燥収縮や凍結融解を受けにくい部材への適用に限定される。

施工管理法

## ● 5·4·3 アスファルト舗装の品質管理

出題頻度 低■■■■■■高

**9**

道路のアスファルト舗装の品質管理に関する次の記述のうち，**適当でないもの**はどれか。

(1) 管理結果を工程能力図にプロットし，その結果が管理の限界をはずれた場合，あるいは一方に片寄っている等の結果が生じた場合，直ちに試験頻度を増して異常の有無を確かめる。

(2) 管理の合理化を図るためには，密度や含水比等を非破壊で測定する機器を用いたり，作業と同時に管理できる敷均し機械や締固め機械等を活用することが望ましい。

(3) 各工程の初期においては，品質管理の各項目に関する試験の頻度を適切に増し，その時点の作業員や施工機械等の組合せにおける作業工程を速やかに把握しておく。

(4) 下層路盤の締固め度の管理は，試験施工あるいは工程の初期におけるデータから，所定の締固め度を得るのに必要な転圧回数が求められた場合でも，密度試験を必ず実施する。

《R5-14》

**10**

道路のアスファルト舗装の品質管理に関する次の記述のうち，**適当でないもの**はどれか。

(1) 表層，基層の締固め度の管理は，通常は切取コアの密度を測定して行うが，コア採取の頻度は工程の初期は多めに，それ以降は少なくして，混合物の温度と締固め状況に注意して行う。

(2) 工事施工途中で作業員や施工機械等の組合せを変更する場合は，品質管理の各項目に関する試験頻度を増し，新たな組合せによる品質の確認を行う。

(3) 下層路盤の締固め度の管理は，試験施工や工程の初期におけるデータから，現場の作業を定常化して締固め回数による管理に切り替えた場合には，必ず密度試験による確認を行う。

(4) 管理結果を工程能力図にプロットし，その結果が管理の限界をはずれた場合，あるいは一方に片寄っている等の結果が生じた場合，直ちに試験頻度を増やして異常の有無を確認する。

《R4-14》

**11**

道路のアスファルト舗装の品質管理に関する次の記述のうち，**適当でないもの**はどれか。

(1) 各工程の初期においては，品質管理の各項目に関する試験の頻度を適切に増やし，その時点の作業員や施工機械等の組合せにおける作業工程を速やかに把握しておく。

(2) 工事途中で作業員や施工機械等の組合せを変更する場合は，品質管理の各項目に関する試験頻度を増し，新たな組合せによる品質の確認を行う。

(3) 管理の合理化をはかるためには，密度や含水比等を非破壊で測定する機器を用いたり，作業と同時に管理できる敷均し機械や締固め機械等を活用することが望ましい。

(4) 各工程の進捗に伴い，管理の限界を十分満足することが明確になっても，品質管理の各項目に関する試験頻度を減らしてはならない。

《R3-14》

**12** アスファルト舗装の品質管理に関する次の記述のうち，**適当でないもの**はどれか。

(1)　作業員や施工機械などの組合せを変更する場合は，試験の頻度は変えずに，新たな組合せによる品質の確認を行う。

(2)　管理結果を工程能力図にプロットし，その結果が管理の限界をはずれた場合，あるいは一方に片寄っているなどの結果が生じた場合，直ちに試験頻度を増して異常の有無を確かめる。

(3)　各工程の初期においては，各項目に関する試験の頻度を適切に増し，その時点の作業員や施工機械などの組合せにおける作業工程を速やかに把握する。

(4)　管理の合理化をはかるためには，密度や含水比などを非破壊で測定する機器を用いたり，作業と同時に管理できる敷均し機械や締固め機械などを活用する。

《R1-26》

**解説**

**9**　(4)　所定の締固め度を得るのに必要な転圧回数が求められた場合は，**密度試験は省略できる**。

**10**　(3)　下層路盤の締固め度の管理は，試験施工や工程の初期におけるデータから，現場の作業を定常化して締固め回数による管理に切り替えた場合には，必ず**走行回数の確認**を行う。

**11**　(4)　管理の限界を十分満足できることが明確になった場合は，**試験頻度を減らす**。

**12**　(1)　作業員や施工機械などの組合せを変更する場合は，**試験の頻度を増して**，品質の確認を行う。

施工管理法

═══ 試験によく出る重要事項 ═══

## アスファルト舗装の品質管理項目と試験方法

| 工種 | 区分 | 管理項目（品質特性） | 試　験　方　法 |
|---|---|---|---|
| 路盤 | 材料 | 粒度<br>含水比<br>最大乾燥密度・最適含水比<br>CBR | ふるい分け試験<br>含水比試験<br>締固め試験<br>CBR 試験 |
| | 施工 | 締固め度<br>支持力 | 現場密度の測定<br>平板載荷試験，CBR 試験 |
| 表層 | 施工 | 敷均し温度<br>安定度<br>厚さ<br>平たん性<br>混合割合<br>密度（締固め度） | 温度測定<br>マーシャル安定度試験<br>コア採取による測定<br>平たん性試験<br>混合割合試験<br>密度試験 |

## ● 5・4・4　盛土の品質管理

**13**

情報化施工と環境負荷低減への取組みに関する次の記述のうち，**適当でないもの**はどれか。

(1)　情報化施工では，電子情報を活用して，施工管理の効率化，品質の均一化，環境負荷低減等，施工の画一化を実現するものである。

(2)　情報化施工では，ブルドーザやグレーダのブレードを GNSS（全球測位衛星システム）や TS（トータルステーション）等を利用して自動制御することにより，工事に伴う $CO_2$ の排出量を抑制することができる。

(3)　施工の条件が当初より大幅に変わった場合は，最初の施工計画に従うよりも，現場の条件に合わせて，重機や使い方を変更した方が，環境負荷を低減できる。

(4)　情報化施工では，変動する施工条件に柔軟に対応して，資材やエネルギーを有効に利用することができるため，環境負荷を低減することにつながる。

《R3-17》

**14**

情報化施工における TS（トータルステーション）・GNSS（衛星測位システム）を用いた盛土の締固め管理に関する次の記述のうち，**適当でないもの**はどれか。

(1)　TS・GNSS を用いた盛土の締固め回数は，締固め機械の走行位置をリアルタイムに計測することにより管理する。

(2)　盛土材料を締め固める際には，モニタに表示される締固め回数分布図において，盛土施工範囲の全面にわたって，規定回数だけ締め固めたことを示す色になるまで締め固める。

(3)　盛土施工に使用する材料は，事前に土質試験で品質を確認し，試験施工でまき出し厚や締固め回数を決定した材料と同じ土質材料であることを確認する。

(4)　盛土施工のまき出し厚や締固め回数は，使用予定材料のうち最も使用量の多い種類の材料により，事前に試験施工で決定する。

《R2-27》

**15**

情報化施工における TS（トータルステーション）・GNSS（衛星測位システム）を用いた盛土の締固め管理に関する次の記述のうち，**適当でないもの**はどれか。

(1)　TS・GNSS を用いた盛土の締固め管理は，締固め機械の走行位置をリアルタイムに計測し転圧回数を確認する。

(2)　TS・GNSS を用いた盛土の締固め管理システムの適用にあたっては，地形条件や電波障害の有無などを事前に調査して，システムの適用の可否を確認する。

(3)　盛土施工に使用する材料は，試験施工でまき出し厚や締固め回数を決定した材料と同じ土質の材料であることを確認する。

(4)　盛土材料を締め固める際は，盛土施工範囲の代表エリアについて，モニタに表示される締固め回数分布図の色が，規定回数だけ締め固めたことを示す色になることを確認する。

《R1-27》

**16** 盛土の締固めの品質管理に関する次の記述のうち，**適当なもの**はどれか。

(1) TS（トータルステーション）・GNSS（衛星測位システム）を用いて，締固め機械の走行記録をもとに管理する方法は，品質規定方式の1つである。

(2) RI計器により密度を測定する方法は，品質規定方式の1つである。

(3) 砂置換法により密度を測定する方法は，工法規定方式の1つである。

(4) プルーフローリングを用いて変形量を測定する方法は，工法規定方式の1つである。

《H30-26》

**17** 盛土の締固めの品質管理における「品質管理項目」，「試験・測定方法」，「適用土質」の組合せとして，次のうち**適当でないもの**はどれか。

[品質管理項目]　　[試験・測定方法]　　　[適用土質]

(1) 強度・変形…………プルーフローリング……砂質土・粘性土

(2) 含水量………………RI法…………………砂質土・粘性土

(3) 強度・変形…………平板載荷試験……………礫質土・砂質土・粘性土

(4) 密度…………………現場CBR試験…………砂質土・粘性土

《H28-28》

---

**解説**

**13** (1) 情報化施工は，**高精度及び高効率な施工**を実現するものである。

**14** (4) まき出し厚や締固め回数は，**使用材料ごとに，**事前に**試験施工**で決定する。

**15** (4) 盛土施工範囲の**全エリア**について，**規定回数だけ締め固めたことを示す色になったこと**を確認する。

**16** (1) TS（トータルステーション）・GNSS（衛星測位システム）を用いて，締固め機械の走行記録をもとに管理する方法は，**工法規定方式**の1つである。

(2) 記述は，適当である。

(3) 砂置換法により密度を測定する方法は，**品質規定方式**の1つである。

(4) プルーフローリングを用いて変形量を測定する方法は，**品質規定方式**の1つである。

**17** (4) 密度は，**現場における土の単位体積質量試験**などを用いて測定する。

---

**試験によく出る重要事項**

**盛土の情報化施工**

① 盛土工におけるICT（情報通信技術）の導入目的は，測量を含む計測の合理化と効率化，施工の効率化と精度向上及び安全性の向上などである。

② 締固め機械の軌跡管理は，走行軌跡をTSやGNSSにより自動追跡し，工法規定方式の管理に用いられる。

③ ブルドーザやグレーダなどのマシンガイダンス技術は，3次元設計データを建設機械に入力しTSやGNSSの計測により施工精度を得るもので，丁張りを用いずに施工できる。

施工管理法

# 5·5 環境保全

## ● 5·5·1 工事に伴う環境保全対策

出題頻度 低■■■□□ 高

**1**
建設工事における近接施工での周辺環境対策に関する次の記述のうち，**適当でないもの**はどれか。

(1) リバース工法では，比重の高い泥水等を用いて孔壁の安定を図るが，掘削速度を遅くすると保護膜（マッドケーキ）が不完全となり孔壁崩壊の原因となる。

(2) 既製杭工法には，打撃工法や振動工法があるが，これらの工法は，周辺環境への影響が大きいため，都市部では減少傾向にある。

(3) 盛土工事による近接施工では，法先付近の地盤に深層撹拌混合処理工法等で改良体を造成することにより，盛土の安定対策や周辺地盤への側方変位を抑制する。

(4) シールド工事における掘進時の振動は，特にシールドトンネルの土被りが少なく，シールドトンネル直上又はその付近に民家等があり，砂礫層等を掘進する場合は注意が必要である。

《R5-18》

**2**
建設工事における騒音・振動対策に関する次の記述のうち，**適当でないもの**はどれか。

(1) 騒音・振動の防止対策については，騒音・振動の大きさを下げるほか，発生期間を短縮する等全体的に影響が小さくなるよう検討しなければならない。

(2) 騒音防止対策は，音源対策が基本だが，伝搬経路対策及び受音側対策をバランスよく行うことが重要である。

(3) 建設工事に伴う地盤振動に対する防止対策においては，振動エネルギーが拡散した状態となる受振対象で実施することは，一般に大規模になりがちであり効果的ではない。

(4) 建設機械の発生する音源の騒音対策は，発生する騒音と作業効率には大きな関係があり，低騒音型機械の導入においては，作業効率が低下するので，日程の調整が必要となる。

《R4-17》

**3**
建設工事にともなう騒音・振動対策に関する次の記述のうち，**適当でないもの**はどれか。

(1) 既製杭工法には，動的に貫入させる打込み工法と静的に貫入させる埋込み工法があるが，騒音・振動対策として，埋込み工法を採用することは少ない。

(2) 土工機械での振動は，機械の運転操作や走行速度によって発生量が異なり，不必要な機械操作や走行は避け，その地盤に合った最も振動の発生量が少ない機械操作を行う。

(3) 建設工事にともなう地盤振動は，建設機械の種類によって大きく異なり，出力のパワー，走行速度などの機械の能力でも相違することから，発生振動レベル値の小さい機械を選定する。

施工管理法

(4)　建設工事にともなう騒音の対策方法には，大きく分けて，発生源での対策，伝搬経路での対策，受音点での対策があるが，建設工事では，受音点での対策は一般的でない。

《R2-32》

**4**　建設工事に伴う環境保全対策に関する次の記述のうち，**適当でないもの**はどれか。

(1)　建設工事にあたっては，事前に地域住民に対して工事の目的，内容，環境保全対策などについて説明を行い，工事の実施に協力が得られるよう努める。

(2)　工事による騒音・振動問題は，発生することが予見されても事前の対策ができないため，地域住民から苦情が寄せられた場合は臨機な対応を行う。

(3)　土砂を運搬する時は，飛散を防止するために荷台のシートかけを行うとともに，作業場から公道に出る際にはタイヤに付着した土の除去などを行う。

(4)　作業場の内外は，常に整理整頓し建設工事のイメージアップをはかるとともに，塵あいなどにより周辺に迷惑がおよぶことのないように努める。

《H29-32》

### 解説

**1**　(1)　リバース工法では，**自然泥水**を用いて孔壁の安定を図る。

**2**　(4)　建設機械が発生する**音源の騒音と作業効率とはあまり関係はない**。低騒音型の機械の導入においては，**日程の調節なしで低騒音型機械と入れ替える**ことができる。

**3**　(1)　騒音・振動対策として，**埋込み工法を採用する**ことが多い。

**4**　(2)　工事による騒音・振動問題は，発生することが**予見されているなら，事前の対策を行う。**

## ● 5・5・2　水質汚染・土壌汚染対策

**5**
建設工事に伴い発生する濁水の処理に関する次の記述のうち，**適当なもの**はどれか。

(1)　発生した濁水は，沈殿池等で浄化処理して放流するが，その際，濁水量が多いほど処理が困難となるため，処理が不要な清水は，できるだけ濁水と分離する。

(2)　建設工事からの排出水が一時的なものであっても，明らかに河川，湖沼，海域等の公共水域を汚濁する場合，水質汚濁防止法に基づく放流基準に従って濁水を処理しなければならない。

(3)　濁水は，切土面や盛土面の表流水として発生することが多いことから，他の条件が許す限りできるだけ切土面や盛土面の面積が大きくなるよう計画する。

(4)　水質汚濁処理技術のうち，凝集処理には，天日乾燥，遠心力を利用する遠心脱水機，加圧力を利用するフィルタープレスやベルトプレス脱水装置等による方法がある。

《R5-17》

**6**
建設工事における土壌汚染対策に関する次の記述のうち，**適当でないもの**はどれか。

(1)　土壌汚染対策は，汚染状況（汚染物質，汚染濃度等），将来的な土地の利用方法，事業者や土地所有者の意向等を考慮し，覆土，完全浄化，原位置封じ込め等，適切な対策目標を設定することが必要である。

(2)　地盤汚染対策工事においては，工事車両のタイヤ等に汚染土壌が付着し，場外に出ることのないよう，車両の出口にタイヤ洗浄装置及び車体の洗浄施設を備え，洗浄水は直ちに場外に排水する。

(3)　地盤汚染対策工事においては，汚染土壌対策の作業エリアを区分し，作業エリアと場外の間に除洗区域を設置し，作業服等の着替えを行う。

(4)　地盤汚染対策工事における屋外掘削の場合，飛散防止ネットを設置し，散水して飛散を防止する。

《R4-18》

**7**
建設工事における水質汚濁対策に関する次の記述のうち，**適当なもの**はどれか。

(1)　SSなどを除去する濁水処理設備は，建設工事の工事目的物ではなく仮設備であり，過剰投資となったとしても，必要能力よりできるだけ高いものを選定する。

(2)　土壌浄化工事においては，投入する土砂の粒度分布によりSS濃度が変動し，洗浄設備の制約からSSは高い値になるので脱水設備が小型になる。

(3)　雨水や湧水に土砂・セメントなどが混入することにより発生する濁水の処理は，SSの除去及びセメント粒子の影響によるアルカリ性分の中和が主となる。

(4)　無機凝集剤及び高分子凝集剤の添加量は，濁水及びSS濃度が多くなれば多く必要となるが，SSの成分及び水質には影響されない。

《R2-33》

**8**
建設工事における水質汚濁対策に関する次の記述のうち，**適当なもの**はどれか。

(1) pH測定には，浸漬形と流通形の2種類があり，浸漬形はパイプラインに組み込むタイプである。

(2) 水質汚濁処理技術には，粒子の沈降，かくはん処理，中和処理，脱水処理がある。

(3) 濁水処理設備は，濁水中の諸成分（SS，pH，油分，重金属類，その他有害物質など）を河川又は下水の放流基準値以下まで下げるための設備である。

(4) 中和処理では，中和剤として硫酸，塩酸又は炭酸ガスが使用され，炭酸ガスを過剰供給すると強酸性となり危険である。

《R1-33》

解説

**5** (1) 記述は，適当である。

(2) 水質汚濁防止法及び**下水道法に基づく放流基準**に従って濁水を処理する。

(3) できるだけ切土面や盛土面の面積が**小さくなる**ように計画する。

(4) **凝集処理**には，天日乾燥，遠心力を利用する遠心脱水機は含まれない。

**6** (2) 地盤汚染対策工事においては，工事車両のタイヤ等に汚染土壌が付着し，場外に出ることのないよう，車両の出口にタイヤ洗浄装置及び車体の洗浄施設を備え，洗浄水は**処理を行って**場外に排水する。

**7** (1) 過剰投資にならないように，**必要能力のものを選定**する。

(2) 脱水設備は**大型**になる。

(3) 記述は，正しい。

(4) SSの成分及び水質にも**影響される**。

**8** (1) pH測定の**流通形は，パイプラインに組み込むタイプ**である。

(2) **水質汚濁処理技術**には，粒子の沈降，中和処理，脱水処理がある。**かくはん処理は含まない**。

(3) 記述は，適当である。

(4) 中和処理では，**炭酸ガスを過剰供給しても強酸性とはならない**。

試験によく出る重要事項

**濁水の排水基準**

土木工事から発生する濁水で排水基準を超えるおそれのある項目は，水素イオン濃度（pH），浮遊物質（SS），油分である。

処理方式は，凝集沈殿が主流である。

施工管理法

## ● 5·5·3　建設副産物·建設リサイクル法·資源有効利用促進法

**9** 建設工事で発生する建設副産物の有効利用及び廃棄物の適正処理に関する次の記述のうち，**適当なもの**はどれか。

(1)　元請業者は，建設工事の施工にあたり，適切な工法の選択等により，建設発生土の抑制に努め，建設発生土は全て現場外に搬出するよう努めなければならない。

(2)　元請業者は，当該工事に係る特定建設資材廃棄物の再資源化等に着手する前に，その旨を当該工事の発注者に書面で報告しなければならない。

(3)　排出事業者は，建設廃棄物の処理を他人に委託する場合は，収集運搬業者及び中間処理業者又は最終処分業者とそれぞれ事前に委託契約を書面にて行う。

(4)　伐採木，伐根材，梱包材等は，建設資材ではないが，「建設工事に係る資材の再資源化等に関する法律」による分別解体等・再資源化等の義務づけの対象となる。

《R5-19》

**10** 「建設工事に係る資材の再資源化等に関する法律」（建設リサイクル法）に関する次の記述のうち，**正しいもの**はどれか。

(1)　発注者に義務付けられている対象建設工事の事前届出に関し，元請負業者は，届出に係る事項について発注者に書面で説明しなければならない。

(2)　特定建設資材は，コンクリート，コンクリート及び鉄から成る建設資材，木材，アスファルト・コンクリート，プラスチックの品目が定められている。

(3)　対象建設工事の受注者は，分別解体等に伴って生じた特定建設資材廃棄物について，すべて再資源化をしなければならない。

(4)　解体工事業者は，工事現場における解体工事の施工に関する技術上の管理をつかさどる安全責任者を選任しなければならない。

《R4-19》

**11** 建設工事で発生する建設副産物の有効利用に関する次の記述のうち，**適当でないもの**はどれか。

(1)　元請業者は，建設副産物の発生の抑制，建設廃棄物の再資源化等に関し，発注者との連絡調整，管理及び施工体制の整備を行わなければならない。

(2)　元請業者は，分別されたコンクリート塊を破砕するなどにより，再生骨材，路盤材等として，再資源化をしなければならない。

(3)　元請業者は，分別された建設発生木材が，原材料として再資源化を行うことが困難な場合においては，当該工事現場内に埋立しなければならない。

(4)　元請業者は，施工計画の作成にあたっては，再生資源利用計画及び再生資源利用促進計画を作成するとともに，廃棄物処理計画の作成に努めなければならない。

《R3-19》

**12** 「建設工事に係る資材の再資源化等に関する法律」(建設リサイクル法) に関する次の記述のうち, **誤っているもの**はどれか。

(1) 建設資材廃棄物とは, 解体工事によって生じたコンクリート塊, 建設発生木材等や新設工事によって生じたコンクリート, 木材の端材等である。

(2) 伐採木, 伐根材, 梱包材等は, 建設資材ではないが, 建設リサイクル法による分別解体等・再資源化等の義務付けの対象となる。

(3) 解体工事業者は, 工事現場における解体工事の施工の技術上の管理をつかさどる, 技術管理者を選任しなければならない。

(4) 建設業を営む者は, 設計, 建設資材の選択及び施工方法等を工夫し, 建設資材廃棄物の発生を抑制するとともに, 再資源化等に要する費用を低減するよう努めなければならない。

《R2-34》

**解説**

**9** (1) 建設発生土は全て**現場内で使用する**ように努めなければならない。

(2) 特定建設資材廃棄物の**再資源化等が完了したら**, その旨を当該工事の発注者に書面で報告しなければならない。

(3) 記述は, 適当である。

(4) 分別解体・再資源化等の義務づけの**対象とならない**。

**10** (1) 記述は, 適当である。

(2) 特定建設資材は, コンクリート, コンクリート及び鉄から成る建設資材, 木材, アスファルト・コンクリートの**4品目**が定められている。

(3) 対象建設工事の受注者は, 分別解体等に伴って生じた特定建設資材廃棄物について, **再資源化または縮減**をしなければならない。

(4) 解体工事業者は, 工事現場における解体工事の施工に関する技術上の管理をつかさどる**技術管理者を選任**しなければならない。

**11** (3) 建設発生木材は, 再資源化が困難な場合は**熱回収にまわす**。

**12** (2) 伐採木, 伐根材, 梱包材等は, 建設リサイクル法による再資源化等の**対象とならない**。

**試験によく出る重要事項**

### 届け出工事

**分別解体等及び再資源化等が義務づけられる工事** (届出対象建設工事):分別解体等および再資源化等が義務づけられている対象建設工事は, 特定建設資材を用いた下表の4つの工事である。

| 工事の種類 | 規模の基準 |
|---|---|
| ① 建築物の解体 | 80㎡以上 (床面積) |
| ② 建築物の新築・増設 | 500㎡以上 (床面積) |
| ③ 建築物の修繕, 模様替 (リフォームなど) | 1億円以上 (請負代金) |
| ④ その他の工作物に関する工事 (土木工事など) | 500万円以上 (請負代金) |

施工管理法

## ● 5·5·4 廃棄物処理法

出題頻度 低■■■■■■高

**13**

「廃棄物の処理及び清掃に関する法律」に関する次の記述のうち, **誤っているもの**はどれか。

(1) 産業廃棄物収集運搬業者は, 産業廃棄物が飛散し, 及び流出し, 並びに悪臭が漏れるおそれのない運搬車, 運搬船, 運搬容器その他の運搬施設を有していなければならない。

(2) 排出事業者は, 産業廃棄物の運搬又は処分を業とする者に委託した場合, 産業廃棄物の処分の終了確認後, 産業廃棄物管理票 (マニフェスト) を交付しなければならない。

(3) 国, 地方公共団体, 事業者その他の関係者は, 非常災害時における廃棄物の適正な処理が円滑かつ迅速に行われるよう適切に役割分担, 連携, 協力するよう努めなければならない。

(4) 排出事業者が当該産業廃棄物を生ずる事業場の外において自ら保管するときは, 原則として, あらかじめ都道府県知事に届け出なければならない。　　《R5-20》

**14**

建設工事に伴う産業廃棄物 (特別管理産業廃棄物を除く) の処分に関する次の記述のうち, 廃棄物の処理及び清掃に関する法令上, **正しいもの**はどれか。

(1) 多量排出事業者は, 当該事業場に係る産業廃棄物の減量その他その処理に関する計画を作成し, 都道府県知事に提出しなければならない。

(2) 排出事業者が, 当該産業廃棄物を生ずる事業場の外において自ら保管するときは, あらかじめ当該工事の発注者へ届け出なければならない。

(3) 排出事業者は, 産業廃棄物の運搬又は処分を業とする者に委託した場合, 産業廃棄物の処分の終了後, 産業廃棄物管理票を交付しなければならない。

(4) 排出事業者は, 非常災害時に応急処置として行う建設工事に伴い生ずる産業廃棄物を事業場の外に保管する場合には, 規模の大小にかかわらず市町村長に届け出なければならない。　　《R4-20》

**15**

建設工事に伴う産業廃棄物 (特別管理産業廃棄物を除く) の処理に関する次の記述のうち, 廃棄物の処理及び清掃に関する法令上, **誤っているもの**はどれか。

(1) 産業廃棄物とは, 事業活動に伴って生じた廃棄物のうち, 燃え殻, 汚泥, 廃油, 廃酸, 廃アルカリ, 廃プラスチック類その他政令で定める廃棄物である。

(2) 産業廃棄物を生ずる事業者は, その運搬又は処分を他人に委託する場合, 受託者に対し, 産業廃棄物の種類及び数量, 受託した者の氏名又は名称を記載した産業廃棄物管理票を交付しなければならない。

(3) 事業者は, その産業廃棄物が運搬されるまでの間, 環境省令で定める産業廃棄物保管基準に従い, 生活環境の保全上支障のないようにこれを保管しなければならない。

施工管理法

(4) 産業廃棄物管理票交付者は，環境省令で定めるところにより，当該管理票に関する報告書を作成し，これを市町村長に提出しなければならない。

《R3-20》

**16** 建設工事にともなう産業廃棄物（特別管理産業廃棄物を除く）の処理に関する次の記述のうち，廃棄物の処理及び清掃に関する法令上，**誤っているもの**はどれか。

(1) 産業廃棄物の収集又は運搬時の帳簿には，収集又は運搬年月日，受入先での受入量，運搬方法及び最も多い運搬先の運搬量を記載しなければならない。

(2) 産業廃棄物収集運搬業者は，産業廃棄物が飛散し，及び流出し，並びに悪臭が漏れるおそれのない運搬車，運搬船，運搬容器その他の運搬施設を保有しなければならない。

(3) 産業廃棄物の運搬を委託するにあたっては，他人の産業廃棄物の運搬を業として行うことができる者に委託しなければならない。

(4) 産業廃棄物の運搬を受託した者は，当該運搬を終了したときは，交付された産業廃棄物管理票に定める事項を記入し，産業廃棄物管理票を交付した者にその写しを送付しなければならない。

《R1-35》

---

**解説**

**13** (2) 排出事業者は，産業廃棄物の運搬又は処分を業とする者に委託した場合は，**産業廃棄物の引渡し時に**，産業廃棄物管理票を交付しなければならない。

**14** (1) 記述は，適当である。

(2) 排出事業者が，当該産業廃棄物を生ずる事業場の外において自ら保管するときは，あらかじめ**都道府県知事**へ届け出なければならない。

(3) 排出事業者は，産業廃棄物の運搬又は処分を業とする者に委託した場合，産業廃棄物の**引渡し時に**，産業廃棄物管理票を交付しなければならない。

(4) 排出事業者は，非常災害時に応急処置として行う建設工事に伴い生ずる産業廃棄物を事業場の外に保管する場合には，**規模の大きな場合は都道府県知事に届け出**なければならない。（保管面積 300 m² 以上の場合に届け出る。）

**15** (4) 産業廃棄物管理票交付者は，当該管理表に関する報告書を作成し，**都道府県知事に提出**しなければならない。

**16** (1) 産業廃棄物の収集又は運搬時に，**すべての運搬先の運搬量を記載した産業廃棄物管理**を交付しなければならない。

---

**試験によく出る重要事項**

**産業廃棄物管理票の交付**

事業者は，産業廃棄物の運搬・処分を受託した者に対して，当該産業廃棄物の種類，数量，受託した者の氏名，を記載した**産業廃棄物管理表（マニフェスト）**を産業廃棄物の量にかかわらず交付しなければならない。

施工管理法

# 第6章 施工管理法
## （応用能力）

○令和3年度〜令和5年度の出題内容と出題数○

| | 出 題 内 容 | 年度 | 令和 5 | 令和 4 | 令和 3 | 計 |
|---|---|---|---|---|---|---|
| 施工計画 | 施工計画・仮設工事計画・調達計画 | | 1 | 1 | 1 | 3 |
| | 安全確保及び環境保全・土留め壁 | | 1 | 1 | | 2 |
| | 施工管理体制・施工体制台帳 | | 1 | 1 | 1 | 3 |
| | 建設機械の選定 | | | 1 | 1 | 2 |
| | 原価管理 | | 1 | | 1 | 2 |
| | 小計 | | 4 | 4 | 4 | 12 |
| 工程管理 | 工程管理全般 | | 1 | 1 | 1 | 3 |
| | 各種工程表 | | 1 | 1 | 1 | 3 |
| | 横線式工程表・工程管理曲線 | | 1 | | 1 | 2 |
| | 品質・工程・原価の関係 | | | 1 | | 1 |
| | 小計 | | 3 | 3 | 3 | 9 |
| 安全管理 | 車両系建設機械の災害防止 | | 1 | 1 | 1 | 3 |
| | 移動式クレーンの災害防止 | | 1 | 1 | 1 | 3 |
| | 埋設物・架空線の保護 | | 1 | 1 | 1 | 3 |
| | 労働者の健康管理 | | | | 1 | 1 |
| | 酸素欠乏の恐れのある工事 | | 1 | 1 | | 2 |
| | 小計 | | 4 | 4 | 4 | 12 |
| 品質管理 | 品質管理全般・土工事の品質管理 | | 1 | 1 | 1 | 3 |
| | 情報化施工 | | 1 | 1 | 1 | 3 |
| | コンクリートの施工・非破壊検査 | | | 2 | | 2 |
| | 鉄筋の組立検査・鉄筋の継手 | | 1 | | 1 | 2 |
| | プレキャスト部材の接合 | | 1 | | 1 | 2 |
| | 小計 | | 4 | 4 | 4 | 12 |
| | 合　　計 | | 15 | 15 | 15 | |

施工管理法

## 6·1 施工計画

### ● 6·1·1 施工計画・仮設工事計画・調達計画
出題頻度 低■■■□□□高

**1**

調達計画立案に関する下記の文章中の◯◯◯の(イ)〜(ニ)に当てはまる語句の組合せとして、**適当なもの**は次のうちどれか。

・資材計画では、特別注文品等、◯(イ)◯納期を要する資材の調達は、施工に支障をきたすことのないよう品質や納期に注意する。

・下請発注計画では、すべての職種の作業員を常時確保することは極めてむずかしいので、作業員を常時確保するリスクを避けてこれを下請業者に◯(ロ)◯するように計画することが多い。

・資材計画では、用途、仕様、必要数量、納期等を明確に把握し、資材使用予定に合わせて、無駄な費用の発生を◯(ハ)◯にする。

・機械計画では、機械が効率よく稼働できるよう◯(ニ)◯所用台数を計画することが最も望ましい。

|    | (イ) | (ロ) | (ハ) | (ニ) |
|----|------|------|------|------|
| (1) | 長い | 分散 | 最小限 | 平均化して |
| (2) | 短い | 集中 | 最大限 | 短期間のピークに合わせて |
| (3) | 短い | 集中 | 最大限 | 平均化して |
| (4) | 長い | 分散 | 最小限 | 短期間のピークに合わせて |

《R5-21》

**2**

仮設工事計画立案の留意事項に関する下記の文章中の◯◯◯の(イ)〜(ニ)に当てはまる語句の組合せとして、**適当なもの**は次のうちどれか。

・仮設工事の材料は、一般の市販品を使用して可能な限り規格を統一し、その主要な部材については他工事◯(イ)◯計画にする。

・仮設構造物設計における安全率は、本体構造物よりも割引いた値を◯(ロ)◯。

・仮設工事計画では、取扱いが容易でできるだけユニット化を心がけるとともに、◯(ハ)◯を考慮し、省力化が図れるものとする。

・仮設構造物設計における荷重は短期荷重で算定する場合が多く、また、転用材を使用するときには、一時的な短期荷重扱い◯(ニ)◯。

|    | (イ) | (ロ) | (ハ) | (ニ) |
|----|------|------|------|------|
| (1) | からの転用はさける | 採用してはならない | 資機材不足 | が妥当である |
| (2) | にも転用できる | 採用することが多い | 作業員不足 | は妥当ではない |
| (3) | からの転用はさける | 採用してはならない | 資機材不足 | は妥当ではない |
| (4) | にも転用できる | 採用することが多い | 作業員不足 | が妥当である |

《R4-21》

**3** 施工計画作成の留意事項に関する下記の文章中の ____ の(イ)～(ニ)に当てはまる語句の組合せとして，**適当なもの**は次のうちどれか。

・施工計画の作成は，発注者の要求する品質を確保するとともに，（イ）を最優先にした施工を基本とした計画とする。

・施工計画の検討は，これまでの経験も貴重であるが，新技術や（ロ）を取り入れ工夫・改善を心がけるようにする。

・施工計画の作成は，一つの計画のみでなく，いくつかの代替案を作り比較検討して，（ハ）の計画を採用する。

・施工計画の作成にあたり，発注者から指示された工程が最適工期とは限らないので，指示された工程の範囲内でさらに（ニ）な工程を探し出すことも大切である。

|  | (イ) | (ロ) | (ハ) | (ニ) |
|---|---|---|---|---|
| (1) | 工程 ………… | 新工法 ………… | 標準 ………… | 画一的 |
| (2) | 安全 ………… | 既存工法 ………… | 標準 ………… | 画一的 |
| (3) | 安全 ………… | 新工法 ………… | 最良 ………… | 経済的 |
| (4) | 工程 ………… | 既存工法 ………… | 最良 ………… | 経済的 |

《R3-21》

---

**解説**

**1** (1) (イ) 長い　(ロ) 分散　(ハ) 最小限　(ニ) 平均化して

**2** (2) (イ) にも転用できる　(ロ) 採用することが多い　(ハ) 作業員不足
(ニ) は妥当ではない

**3** (3) (イ) 安全　(ロ) 新工法　(ハ) 最良　(ニ) 経済的

---

**━━━━━━━━━━ 試験によく出る重要事項 ━━━━━━━━━━**

## 1. 仮設備計画

① **仮設計画**：仮設工事には，仮設構造物の設置・維持から撤去・後片付けまでを含む。

② **直接仮設と任意仮設**：工事に直接関係する**直接仮設**（取付け道路・プラント・電力・給水等）と，工事に直接関係しない**間接仮設**（現場事務所，宿舎，倉庫等）がある。

③ **指定仮設と任意仮設**：土留め，締切，築堤，迂回路等で，特に大規模で重要な仮設備については本工事と同様に取り扱われ，設計数量，設計図面，施工法，配置等が発注者から指定される場合がある。このような仮設備を**指定仮設**といい，変更契約の対象となる。

　これに対し，一般の契約上で一式計上され，特に条件が明示されず，施工業者の自主性と努力にゆだねられている仮設備を**任意仮設**といい，変更契約の対象にならない。

④ **安全率**：一般に，本体構造物より若干小さく設定する。

## 2. 仮設計画の留意点

① 一般の市販品を使用し規格を統一し，他工事への転用可能なものとする。

② 必要最小限のものとし，余裕をもたない。

③ 目的，期間に応じて構造を設計し，各種規則などの基準に合致するようにする。

④ 地形・現場条件を勘案して，作業の効率化を図る。

施工管理法

## ● 6·1·2　安全確保および環境保全・土留め壁

出題頻度　低■■□□□□高

**4** 工事の安全確保及び環境保全の施工計画立案時における留意事項に関する下記の①〜④の4つの記述のうち，**適当なものの数**は次のうちどれか。

① 施工機械の選定にあたっては，沿道環境等に与える影響を考慮し，低騒音型，低振動型及び排出ガスの低減に配慮したものを採用し，沿道環境に最も影響の少ない稼働時間帯を選択する等の検討を行う。

② 工事の着手にあたっては，工事に先がけ現場に広報板を設置し必要に応じて地元の自治会等に挨拶や説明を行うとともに，戸別訪問による工事案内やチラシ配布を行う。

③ 公道上で掘削を行う工事の場合は，電気，ガス及び水道等の地下埋設物の保護が重要であり，施工計画段階で調査を行い，埋設物の位置，深さ等を確認する際は労働基準監督署の立ち合いを求める。

④ 施工現場への資機材の搬入及び搬出等は，交通への影響をできるだけ減らすように，施工計画の段階で資機材の搬入経路や交通規制方法等を十分に検討し最適な計画を立てる。

(1) 1つ

(2) 2つ

(3) 3つ

(4) 4つ

《R5-22》

**5** 土留め壁を構築する場合における掘削底面の破壊現象に関する下記の文章中の □ の(イ)〜(ニ)に当てはまる語句の組合せとして，**適当なもの**は次のうちどれか。

・ボイリングとは，遮水性の土留め壁を用いた場合に水位差により上向きの浸透流が生じ，この浸透圧が土の有効重量を超えると，沸騰したように沸き上がり掘削底面の土が (イ) を失い，急激に土留めの安定性が損なわれる現象である。

・パイピングとは，地盤の弱い箇所の (ロ) が浸透流により洗い流され地中に水みちが拡大し，最終的にはボイリング状の破壊に至る現象である。

・ヒービングとは，土留め背面の土の重量や土留めに接近した地表面での上載荷重等により，掘削底面 (ハ) が生じ最終的には土留め崩壊に至る現象である。

・盤ぶくれとは，地盤が (ニ) のとき上向きの浸透流は生じないが (ニ) 下面に上向きの水圧が作用し，これが上方の土の重さ以上となる場合は，掘削底面が浮き上がり，最終的にはボイリング状の破壊に至る現象である。

|  | (イ) | (ロ) | (ハ) | (ニ) |
|---|---|---|---|---|
| (1) | 透水性 | 粘性土 | の隆起 | 透水層 |
| (2) | せん断抵抗 | 土粒子 | の隆起 | 難透水層 |
| (3) | 透水性 | 土粒子 | に陥没 | 難透水層 |
| (4) | せん断抵抗 | 粘性土 | に陥没 | 透水層 |

《R4-23》

**6** 仮設工事計画立案の留意事項に関する次の記述のうち，**適当でないもの**はどれか。

(1) 仮設工事計画は，本工事の工法・仕様などの変更にできるだけ追随可能な柔軟性のある計画とする。

(2) 仮設工事の材料は，一般の市販品を使用して可能な限り規格を統一し，その主要な部材については他工事にも転用できるような計画にする。

(3) 仮設工事計画では，取扱いが容易でできるだけユニット化を心がけるとともに，作業員不足を考慮し，省力化がはかれるものとする。

(4) 仮設工事計画は，仮設構造物に適用される法規制を調査し，施工時に計画変更することを前提に立案する。

《R1-8》

**7** 土留め壁を構築する場合における「土質」，「地下水」，「土留め工法」，「留意すべき現象」の一般的な組合せとして，次のうち**適当なもの**はどれか。

| ［土質］ | ［地下水］ | ［土留め工法］ | ［留意すべき現象］ |
|---|---|---|---|
| (1) 砂質土 | なし | 親杭横矢板 | ボイリング |
| (2) 硬い粘性土 | なし | 鋼矢板 | ヒービング |
| (3) 砂質土 | 高い | 親杭横矢板 | ボイリング |
| (4) 軟らかい粘性土 | 高い | 鋼矢板 | ヒービング |

《H28-7》

---

**解説**

**4** (3) 適当であるのは，①，②，④の３つである。

③ 公道上で掘削を行う場合は，施工計画段階で調査を行い，埋設物の位置，深さ等を確認する際は，**管理者の立ち合いを求める。**

**5** (2) (イ) せん断抵抗 (ロ) 土粒子 (ハ) の隆起 (ニ) 難透水層

**6** (4) 仮設工事計画では，施工時に**計画変更することがないように立案**する。

**7** (1) 砂質土で地下水がない場合は，**親杭横矢板工法を使用する**が，**ボイリングの検討は必要がない。**

(2) 硬い粘性土で地下水がない場合は，**ヒービングの検討は必要がない。**

(3) 砂質土で地下水が高い場合は，**鋼矢板工法を用い，ボイリングの検討を行う。**

(4) 組合せは，適当である。

施工管理法

## ● 6·1·3　施工管理体制・施工体制台帳

出題頻度 低■■■□□□ 高

**8**

施工管理体制に関する下記の文章中の□□□□の(イ)～(ニ)に当てはまる語句の組合せとして，**適当なもの**は次のうちどれか。

・元請負者は，すべての関係請負人の (イ) を明確にして，これらのすべてを管理・監督しつつ工事の適正な施工の確保を図ることが必要である。

・元請負者は，下請負人の名称，当該下請負人に係る (ロ) を記載した施工体制台帳を現場ごとに備え付け，発注者から請求があれば，閲覧に供しなければならない。

・元請負者は，下請負人に対して，その下請けした工事を他の建設業者に下請けさせた場合は，(ハ) の提出を書面で義務づけ，その書面を工事現場の見やすい場所に掲示しなければならない。

・元請負者は，各下請負人の施工分担関係を表示した (ニ) を作成し，工事関係者全員に施工分担関係がわかるように工事現場の見やすい場所に掲示しなければならない。

| | (イ) | (ロ) | (ハ) | (ニ) |
|---|---|---|---|---|
| (1) | 保証人 | 使用資機材及び金額等 | 再下請通知書 | 工程管理図 |
| (2) | 役割分担 | 工事の内容及び工期等 | 再下請通知書 | 施工体系図 |
| (3) | 保証人 | 工事の内容及び工期等 | 下請契約書 | 工程管理図 |
| (4) | 役割分担 | 使用資機材及び金額等 | 下請契約書 | 施工体系図 |

《R5-23》

**9**

公共工事における施工体制台帳に関する下記の文章中の□□□□の(イ)～(ニ)に当てはまる語句の組合せとして，**適当なもの**は次のうちどれか。

・下請業者は，請負った工事をさらに他の建設業を営む者に請け負わせたときは，施工体制台帳を修正するため再下請通知書を (イ) に提出しなければならない。

・施工体制台帳には，建設工事の名称，内容及び工期，許可を受けて営む建設業の種類，(ロ) 等を記載しなければならない。

・発注者から直接工事を請負った建設業者は，当該工事を施工するため，(ハ)，施工体制台帳を作成しなければならない。

・元請業者は，施工体制台帳と合わせて施工の分担関係を表示した (ニ) を作成し，工事関係者や公衆が見やすい場所に掲げなければならない。

| | (イ) | (ロ) | (ハ) | (ニ) |
|---|---|---|---|---|
| (1) | 発注者 | 健康保険の加入状況 | 一定額以上の下請金額の場合は | 施工体系図 |
| (2) | 元請業者 | 建設工事の作業手順 | 一定額以上の下請金額の場合は | 緊急連絡網 |
| (3) | 元請業者 | 健康保険の加入状況 | 下請金額にかかわらず | 施工体系図 |
| (4) | 発注者 | 建設工事の作業手順 | 下請金額にかかわらず | 緊急連絡網 |

《R4-22》

施工管理法

**10** 公共工事における施工体制台帳作成に関する下記の文章中の □ の(イ)～(ニ)に当てはまる語句の組合せとして，**適当なもの**は次のうちどれか。

・発注者から直接工事を請負った建設業者は，施工するために下請契約を締結する場合には，下請金額 (イ) ，施工体制台帳を作成しなければならない。

・施工体制台帳を作成する建設工事の下請負人は，その請負った工事を他の建設業を営む者に請け負わせたときは，再下請負通知書を (ロ) に提出しなければならない。

・施工体制台帳には，作成建設業者に関する許可を受けて営む建設業の種類， (ハ) の加入状況などを記載しなければならない。

・施工体制台帳を作成する建設業者は，当該工事における施工の分担関係を表示した (ニ) を作成し，工事関係者及び公衆が見やすい場所に掲示しなければならない。

|  | (イ) | (ロ) | (ハ) | (ニ) |
|---|---|---|---|---|
| (1) | が一定額以上の場合 | 発注者 | 健康保険等 | 工程表 |
| (2) | にかかわらず | 元請業者 | 健康保険等 | 施工体系図 |
| (3) | が一定額以上の場合 | 元請業者 | 建設業協会 | 施工体系図 |
| (4) | にかかわらず | 発注者 | 建設業協会 | 工程表 |

《R3-22》

---

**解説**

**8** (2) (イ) 役割分担 (ロ) 工事の内容及び工期等 (ハ) 再下請通知書 (ニ) 施工体系図

**9** (3) (イ) 元請業者 (ロ) 健康保険の加入状況 (ハ) 下請金額にかかわらず
(ニ) 施工体系図

**10** (2) (イ) にかかわらず (ロ) 元請業者 (ハ) 健康保険等
(ニ) 施工体系図（公共工事であることに注意）

---

━━━━━ 試験によく出る重要事項 ━━━━━

**施工体制台帳と施工体系図のポイント**

① 平成26年の法改正により，**公共工事**では，**元請けは下請金額にかかわらず，必ず施工体制台帳を作成**し，その写しを発注者に提出することとなったので注意を要する。

民間工事においては，**下請契約の総額が4000万円（建築一式工事は6000万円）以上**のものについては，**施工体制台帳を作成**する。

② 全ての下請負人の**名称**，**工事の内容**および**工期**，**技術者の氏名**などを記載し，現場ごとに備え置く。

③ 施工体制台帳は現場に常備し，発注者の要請のあるときは閲覧に供する。

④ 施工体制台帳から元請け・下請け関係を図に表し（これを**施工体系図**という），公衆の見やすい位置に掲示する。施工体系図は，現場の状況に応じて常時更新する。

⑤ 特定元方事業者は，下請負人に再下請負通知書の提出を通知し，これに基づき施工体制台帳を作成する。

⑥ 再下請業者は，再下請負通知書の提出を特定元方事業者に行う。

⑦ 施工体制台帳は，工事目的物を引き渡したときから**5年間**，担当営業所に**保管**しなければならない。

施工管理法

## ● 6・1・4 建設機械の選定

出題頻度 低■■□□□□高

**11**

施工計画における建設機械の選定に関する下記の文章中の ____ の(イ)～(ニ)に当てはまる語句の組合せとして，**適当なもの**は次のうちどれか。

- 建設機械の組合せ選定は，従作業の施工能力を主作業の施工能力と同等，あるいは幾分 (イ) にする。
- 建設機械の選定は，工事施工上の制約条件より最も適した建設機械を選定し，その機械が (ロ) 能力を発揮できる施工法を選定することが合理的かつ経済的である。
- 建設機械の使用計画を立てる場合には，作業量をできるだけ (ハ) し，施工期間中の使用機械の必要量が大きく変動しないように計画するのが原則である。
- 機械施工における (ニ) の指標として施工単価の概念を導入して，施工単価を安くする工夫が要求される。

| | (イ) | (ロ) | (ハ) | (ニ) |
|---|---|---|---|---|
| (1) | 高め | 最大の | 集中化 | 経済性 |
| (2) | 低め | 平均的な | 集中化 | 安全性 |
| (3) | 低め | 平均的な | 平滑化 | 安全性 |
| (4) | 高め | 最大の | 平滑化 | 経済性 |

《R4-24》

**12**

建設機械の選定に関する下記の文章中の ____ の(イ)～(ニ)に当てはまる語句の組合せとして，**適当なもの**は次のうちどれか。

- 建設機械は，機種・性能により適用範囲が異なり，同じ機能を持つ機械でも現場条件により施工能力が違うので，その機械が (イ) を発揮できる施工法を選定する。
- 建設機械の選定で重要なことは，施工速度に大きく影響する機械の (ロ) ，稼働率の決定である。
- 組合せ建設機械の選択においては，主要機械の能力を最大限に発揮させるために作業体系を (ハ) する。
- 組合せ建設機械の選択においては，従作業の施工能力を主作業の施工能力と同等，あるいは幾分 (ニ) にする。

| | (イ) | (ロ) | (ハ) | (ニ) |
|---|---|---|---|---|
| (1) | 最大能率 | 燃費能率 | 直列化 | 高め |
| (2) | 平均能率 | 作業能率 | 直列化 | 低め |
| (3) | 平均能率 | 燃費能率 | 並列化 | 低め |
| (4) | 最大能率 | 作業能率 | 並列化 | 高め |

《R3-24》

施工管理法

**13** 建設機械の選定に関する次の記述のうち，**適当でないもの**はどれか。

(1) 建設機械の選定は，作業の種類，工事規模，土質条件，運搬距離などの現場条件のほか建設機械の普及度や作業中の安全性を確保できる機械であることなども考慮する。

(2) 建設機械は，機種・性能により適用範囲が異なり，同じ機能を持つ機械でも現場条件により施工能力が違うので，その機械が最大能率を発揮できるように選定する。

(3) 組合せ建設機械は，最大の作業能力の建設機械によって決定されるので，各建設機械の作業能力に大きな格差を生じないように規格と台数を決定する。

(4) 組合せ建設機械の選択では，主要機械の能力を最大限に発揮させるため作業体系を並列化し，従作業の施工能力を主作業の施工能力と同等，あるいは幾分高めにする。

《R2-9》

**解説**

**11** (4) (イ) 高め　(ロ) 最大の　(ハ) 平滑化　(ニ) 経済性

**12** (4) (イ) 最大能率　(ロ) 作業能率　(ハ) 並列化　(ニ) 高め

**13** (3) 組合せ建設機械は，**最小の作業能力の建設機械**によって決定されるので，各建設機械の作業能力に大きな格差を生じないように規格と台数を決定する。

──── 試験によく出る重要事項 ────

**1. 機械計画**

① **平準化**：機械計画の立案は，機械が効率よく稼働できるよう，長期間の平準化を図り，所要台数を計画する。

② **組合せの能力**：組み合わせた建設機械の作業能力は，構成する機械のなかで，最小の作業能力の機械に左右される。

③ **主機械と従機械**：主機械の能力を十分発揮できるよう，従機械は主機械より若干高い能力を有する機械を選ぶ。

**2. 調達計画**

① 全体工期・工費への影響が大きいものから検討する。

② 資機材・作業量の過度の集中を避け，平準化するよう計画する。

③ 繰返し作業を多くして習熟度を増し，作業効率を上げる。

施工管理法

## ● 6·1·5　原価管理

出題頻度　低 ■■■□□□□ 高

**14**

工事原価管理に関する下記の①～④の 4 つの記述のうち，**適当なもののみを全てあげている組合せ**は次のうちどれか。

①　原価管理とは，工事の適正な利潤の確保を目的として，工事遂行過程で投入・消費される資材・労務・機械や施工管理等に費やされるすべての費用を対象とする管理統制機能である。

②　コストコントロールとは，施工計画に基づきあらかじめ設定された予定原価に対し品質よりも安価となることを採用し原価をコントロールすることにより，工事原価の低減を図るものである。

③　コストコントロールの結果，得られた実施原価をフィードバックし以降の工事に反映させ，工事の経済性向上を図る総合的な原価管理をコストマネジメントという。

④　原価管理は，品質・工程・安全・環境の各管理項目と並んで施工管理を行う上で不可欠な管理要素で，個々の項目の判断基準として費用対効果が常に考慮されるため重要である。

(1)　①②

(2)　③④

(3)　①③④

(4)　②③④

《R5-24》

**15**

工事の原価管理に関する下記の文章中の ____ の(イ)～(ニ)に当てはまる語句の組合せとして，**適当なもの**は次のうちどれか。

・原価管理は，工事受注後に最も経済的な施工計画を立て，これに基づいた ___(イ)___ の作成時点から始まって，管理サイクルを回し，___(ロ)___ 時点まで実施される。

・原価管理は，施工改善・計画修正等があれば修正 ___(イ)___ を作成して，これを基準として，再び管理サイクルを回していくこととなる。

・原価管理を有効に実施するには，管理の重点をどこにおくかの方針を持ち，どの程度の細かさでの ___(ハ)___ を行うかを決めておくことが必要である。

・施工担当者は，常に工事の原価を把握し，___(イ)___ と ___(ニ)___ の比較対照を行う必要がある。

|  | (イ) | (ロ) | (ハ) | (ニ) |
|---|---|---|---|---|
| (1) | 最終原価 | 設計変更 | 原価計算 | 実行予算 |
| (2) | 実行予算 | 設計変更 | 工事決算 | 最終原価 |
| (3) | 実行予算 | 工事決算 | 原価計算 | 発生原価 |
| (4) | 原価計算 | 最終原価 | 工事決算 | 発生原価 |

《R3-23》

施工管理法

**16** 工事の原価管理に関する次の記述のうち，**適当でないもの**はどれか。

(1) 原価管理は，天災その他不可抗力による損害について考慮する必要はないが，設計図書と工事現場の不一致，工事の変更・中止，物価・労賃の変動について考慮する必要がある。

(2) 原価管理は，工事受注後，最も経済的な施工計画をたて，これに基づいた実行予算の作成時点から始まって，工事決算時点まで実施される。

(3) 原価管理を実施する体制は，工事の規模・内容によって担当する工事の内容ならびに責任と権限を明確化し，各職場，各部門を有機的，効果的に結合させる必要がある。

(4) 原価管理の目的は，発生原価と実行予算を比較し，これを分析・検討して適時適切な処置をとり，最終予想原価を実行予算まで，さらには実行予算より原価を下げることである。

《R2-8》

解説

**14** (3) ①，③，④の記述は，適当である。

② 施工計画に基づきあらかじめ設定された**予定原価に対し品質を変えずより安価**となることを採用し原価をコントロールすることにより，工事原価の低減を図るものである。

**15** (3) (イ) 実行予算　(ロ) 工事決算　(ハ) 原価計算　(ニ) 発生原価

**16** (1) 原価管理は，**工事の変更・中止については考慮する必要はない**。物価，労賃の変動については考慮する必要がある。

**━━ 試験によく出る重要事項 ━━**

**1. 原価管理の PDCA サイクル**

　原価管理では，計画（Plan）で実行予算を作り，実行予算と実施原価（Do）の差異を見い出して分析（Check）し，分析結果に基づき修正などのフィードバック（Act）を行う。これにより原価を低減することが**原価管理の目的**である。

**2. 原価の圧縮**

① 原価比率の高い項目を優先し，その中で低減の容易な項目から順次実施する。

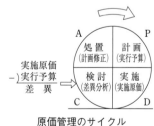

原価管理のサイクル

② 損出費用項目を洗い出し，その項目を重点的に改善する。

③ 実行予算より実施原価が超過する傾向にあるものは，購入単価，運搬費用などの原因となりうる要素を調査し，改善する。

施工管理法

# 6·2 工程管理

## ● 6·2·1　工程管理全般

出題頻度 低■■□□□□高

**1**

工程管理に関する下記の①～④の 4 つの記述 のうち, **適当なものの数**は次のうちどれか。

① 工程の設定においては, 施工のやり方, 施工の 順 序によって工期, 工費が大きく変動する恐れがあり, 施工手 順・組合せ機械の検討を経て, 最 も適正な施工方法を選定する。

② 工程計画は初期段階で設定した施工方法に基づき, 工事数 量 の正確な把握と作 業 可能日数及び作 業 能率を的確に推定し, 各部分工事の経済的な所要時間を見積もることから始める。

③ 作 業 可能日数は, 暦日による日数から 休 日と作 業 不可能日数を差し引いて求められ, 作 業 不可能日数は, 現場の地形, 地質, 気 象 等の自然 条 件や工事の技 術 的特性から推定する。

④ 各部分作 業 の時間見積りができたら, タイムスケール 上 に割付け, 全体の工期を 超 過した場合には投 入 する人数・機械台数の変更や工法の 修 正等の試行錯誤を繰り返し工期に収める。

(1)　1つ

(2)　2つ

(3)　3つ

(4)　4つ

《R5-25》

**2**

工程管理に関する下記の文 章 中 の＿＿＿の(イ)～(ニ)に当てはまる語句の組合せとして, **適当なもの**は次のうちどれか。

・施工計画では, 施工 順 序, 施工法等の施工の基本方針を決定し, ＿(イ)＿では, 手 順と日程の計画, 工程 表 の作成を 行 う。

・施工計画で決定した施工 順 序, 施工法等に基づき, ＿(ロ)＿では, 工事の指示, 施工監督を 行 う。

・工程管理の統制機能における ＿(ハ)＿では, 工程進 捗 の計画と実施との比較をし, 進 捗 報告を 行 う。

・工程管理の改善機能は, 施工の途 中 で基本計画を再 評 価し, 改善の余地があれば計画立案段階にフィードバックし, ＿(ニ)＿では, 作 業 の改善, 工程の促進, 再計画を 行 う。

|  | (イ) | (ロ) | (ハ) | (ニ) |
|---|---|---|---|---|
| (1) | 工程計画 | 工事実施 | 進度管理 | 立会検査 |
| (2) | 段階計画 | 工事監視 | 安全管理 | 是正措置 |
| (3) | 工程計画 | 工事実施 | 進度管理 | 是正措置 |
| (4) | 段階計画 | 工事監視 | 安全管理 | 立会検査 |

《R4-25》

施工管理法

**3** 工程管理に関する下記の文章中の□□□の(イ)～(ニ)に当てはまる語句の組合せとして適当なものは次のうちどれか。

・工程管理は，品質，原価，安全等工事管理の目的とする要件を総合的に調整し，策定された基本の (イ) をもとにして実施される。

・工程管理は，工事の施工段階を評価測定する基準を (ロ) におき，労働力，機械設備，資材等の生産要素を，最も効果的に活用することを目的とした管理である。

・工程管理は，施工計画の立案，計画を施工の面で実施する (ハ) と，施工途中で計画と実績を評価，欠陥や不具合等があれば処置を行う改善機能とに大別できる。

・工程管理は，工事の (ニ) と進捗速度を表す工程表を用い，常に工事の進捗状況を把握し (イ) と実施のずれを早期に発見し，必要な是正措置を講ずることである。

|    | (イ) | (ロ) | (ハ) | (ニ) |
|----|------|------|------|------|
| (1) | 統制機能 | 品質 | 工程計画 | 施工順序 |
| (2) | 工程計画 | 品質 | 統制機能 | 管理基準 |
| (3) | 工程計画 | 時間 | 統制機能 | 施工順序 |
| (4) | 統制機能 | 時間 | 工程計画 | 管理基準 |

《R3-25》

### 解説

**1** (4)　4つとも記述は，適当である。

**2** (3)　(イ)　工程計画　(ロ)　工事実施　(ハ)　進度管理　(ニ)　是正措置

**3** (3)　(イ)　工程計画　(ロ)　時間　(ハ)　統制機能　(ニ)　施工順序

### 試験によく出る重要事項

#### 1. 工程管理の手順

工程計画→実施→検討→処置　のサイクルを繰り返して実施する。

#### 2. 工程管理の留意事項

① 工程計画は，品質及び工期の契約条件を満足し，最も効率的かつ経済的な施工とする。

② 実施工程の進捗は，計画された予定工程よりもやや上回る進捗で管理することが望ましい。

③ 工程の進捗状況を全作業員に周知させることが望ましい。

④ 実施工程に遅れが生じたときには，労務・機械・資材を含めて総合的に検討する。

⑤ 実施工程を評価・分析し，その結果を計画工程の修正に合理的に反映させる。

施工管理法

## ● 6・2・2 各種工程表

出題頻度 低■■■□□□高

**4** 工程管理に用いられる各工程表の特徴に関する下記の文章中の____の(イ)～(ニ)に当てはまる語句の組合せとして、**適当なもの**は次のうちどれか。

・座標式工程表は、一方の軸に工事期間を、他の軸に工事量等を座標で表現するもので、____(イ)____工事では工事内容を確実に示すことができる。

・グラフ式工程表は、横軸に工期を、縦軸に各作業の____(ロ)____を表示し、予定と実績の差を直視的に比較でき、施工中の作業の進捗状況もよくわかる。

・バーチャートは、横軸に時間をとり各工種が時間経過に従って表現され、作業間の関連がわかり、工期に影響する作業がどれであるか____(ハ)____。

・ネットワーク式工程表は、1つの作業の遅れや変化が工事全体の工期にどのように影響してくるかを____(ニ)____。

| | (イ) | (ロ) | (ハ) | (ニ) |
|---|---|---|---|---|
| (1) | 路線に沿った | 出来高比率 | は掴みにくい | 正確に捉えることができる |
| (2) | 平面的に広がりのある | 工事費構成率 | も掴みやすい | 把握することは難しい |
| (3) | 平面的に広がりのある | 出来高比率 | は掴みにくい | 正確に捉えることができる |
| (4) | 路線に沿った | 工事費構成率 | も掴みやすい | 把握することは難しい |

《R5-26》

**5** 工程管理に使われる各工程表の特徴に関する下記の文章中の____の(イ)～(ロ)に当てはまる語句の組合せとして、**適当なもの**は次のうちどれか。

・トンネル工事のように工事区間が線上に長く、工事の進行方向が一定方向に進捗していく工事には____(イ)____が用いられることが多い。

・1つの作業の遅れや変化が工事全体の工程にどのように影響してくるかを早く、正確に把握できるのが____(ロ)____である。

・各作業の予定と実績との差を直視的に比較するのに便利であり、施工中の作業の進捗状況もよくわかるのが____(ハ)____である。

・各作業の開始日から終了日までの所要日数がわかり、各作業間の関連も把握することができるのが____(ニ)____である。

| | (イ) | (ロ) | (ハ) | (ニ) |
|---|---|---|---|---|
| (1) | バーチャート | グラフ式工程表 | ネットワーク式工程表 | ガントチャート |
| (2) | バーチャート | ネットワーク式工程表 | グラフ式工程表 | ガントチャート |
| (3) | 斜線式工程表 | グラフ式工程表 | ネットワーク式工程表 | バーチャート |
| (4) | 斜線式工程表 | ネットワーク式工程表 | グラフ式工程表 | バーチャート |

《R4-26》

施工管理法

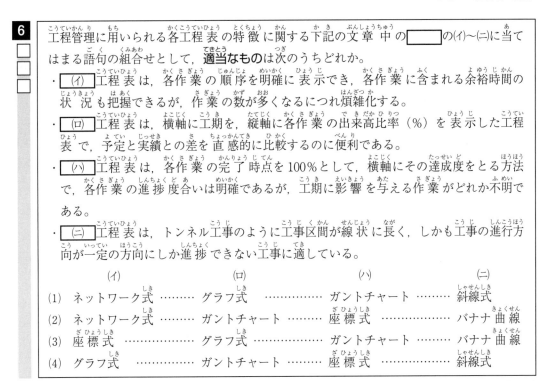

**6**

工程管理に用いられる各工程表の特徴に関する下記の文章中の□□□□の(イ)～(ニ)に当てはまる語句の組合せとして，**適当なものは**次のうちどれか。

・ (イ) 工程表は，各作業の順序を明確に表示でき，各作業に含まれる余裕時間の状況も把握できるが，作業の数が多くなるにつれ煩雑化する。

・ (ロ) 工程表は，横軸に工期を，縦軸に各作業の出来高比率（%）を表示した工程表で，予定と実績との差を直感的に比較するのに便利である。

・ (ハ) 工程表は，各作業の完了時点を100%として，横軸にその達成度をとる方法で，各作業の進捗度合いは明確であるが，工期に影響を与える作業がどれか不明である。

・ (ニ) 工程表は，トンネル工事のように工事区間が線状に長く，しかも工事の進行方向が一定の方向にしか進捗できない工事に適している。

| | (イ) | (ロ) | (ハ) | (ニ) |
|---|---|---|---|---|
| (1) | ネットワーク式 | グラフ式 | ガントチャート | 斜線式 |
| (2) | ネットワーク式 | ガントチャート | 座標式 | バナナ曲線 |
| (3) | 座標式 | グラフ式 | ガントチャート | バナナ曲線 |
| (4) | グラフ式 | ガントチャート | 座標式 | 斜線式 |

《R3-26》

**解説**

**4** (1) (イ) 路線に沿った　(ロ) 出来高比率　(ハ) は掴みにくい

(ニ) 正確に捉えることができる。

**5** (4) (イ) 斜線式工程表　(ロ) ネットワーク式工程表　(ハ) グラフ式工程表

(ニ) バーチャート

**6** (1) (イ) ネットワーク式　(ロ) グラフ式　(ハ) ガントチャート　(ニ) 斜線式

施工管理法

━━━━━━━━━━ **試験によく出る重要事項** ━━━━━━━━━━

**工程表別の特徴**

| 表示 | ガントチャート | バーチャート | ネットワーク | 曲線式 |
|---|---|---|---|---|
| 作業の手順 | 不明 | 漠然 | **判明** | 不明 |
| 作業に必要な日数 | 不明 | **判明** | **判明** | 不明 |
| 作業進行の度合い | **判明** | 漠然 | **判明** | **判明** |
| 工期に影響する作業 | 不明 | 不明 | **判明** | 不明 |
| 図表の作成 | **容易** | **容易** | 複雑 | やや難しい |
| 短期工事・単純工事 | **向** | **向** | 不向 | **向** |

## ● 6·2·3 横線式工程表・工程管理曲線, 品質・工程・原価の関係　出題頻度 低■■■□□□高

**7**

工程管理曲線（バナナ曲線）を用いた工程管理に関する下記の①～④の4つの記述のうち, **適当なもののみを全てあげている組合せ**は次のうちどれか。

① 工程計画は, 全工期に対して出来高を表すバナナ曲線の勾配が, 工事の初期→中期→後期において, 急→緩→急となるようにする。

② 実施工程曲線が限度内に進行を維持しながらも, バナナ曲線の下方限界に接近している場合は, 直ちに対策をとる必要がある。

③ 実施工程曲線がバナナ曲線の上方限界を超えたときは, 工程遅延により突貫工事が不可避となるので, 施工計画を再検討する。

④ 予定工程曲線がバナナ曲線の許容限界からはずれるときには, 一般的に不合理な工程計画と考えられるので, 再検討を要する。

(1)　①③

(2)　①④

(3)　②③

(4)　②④

《R5-27》

**8**

工程管理を行う上で, 品質・工程・原価に関する下記の文章中の[　　]の(イ)～(ニ)に当てはまる語句の組合せとして, **適当なもの**は次のうちどれか。

・一般的に工程と原価の関係は, 施工を速めると原価は段々安くなっていき, さらに施工速度を速めて突貫作業を行うと, 原価は[(イ)]なる。

・原価と品質の関係は, 悪い品質のものは安くできるが, 良いものは原価が[(ロ)]なる。

・一般的に品質と工程の関係は, 品質の良いものは時間がかかり, 施工を速めて突貫作業をすると, 品質は[(ハ)]。

・工程, 原価, 品質との間には相反する性質があり, [(ニ)]計画し, 工期を守り, 品質を保つように管理することが大切である。

|  | (イ) | (ロ) | (ハ) | (ニ) |
|---|---|---|---|---|
| (1) | ますます安く | さらに安く | かわらない | それぞれ単独に |
| (2) | 逆に高く | 高く | 悪くなる | これらの調整を図りながら |
| (3) | ますます安く | さらに安く | かわらない | これらの調整を図りながら |
| (4) | 逆に高く | 高く | 悪くなる | それぞれ単独に |

《R4-27》

**9** 工程管理に用いられる横線式工程表（バーチャート）に関する下記の文章 中の □ の
(イ)〜(ニ)に当てはまる語句の組合せとして，**適当なものは**次のうちどれか。

・バーチャートは，工種を縦軸にとり，工期を横軸にとって各工種の工事期間を横棒で
表現しているが，これは (イ) の欠点をある程度改良したものである。

・バーチャートの作成は比較的 (ロ) ものであるが，工事内容を詳しく表現すれば，か
なり高度な工程表とすることも可能である。

・バーチャートにおいては，他の工種との相互関係， (ハ) ，及び各工種が全体の工期に
及ぼす影響 等が明確ではない。

・バーチャートの作成における，各作業の日程を割り付ける方法としての (ニ) とは，
竣工期日から辿って着手日を決めていく手法である。

|  | (イ) | (ロ) | (ハ) | (ニ) |
|---|---|---|---|---|
| (1) | グラフ式工程表 | 容易な | 所要日数 | 順行法 |
| (2) | ガントチャート | 容易な | 手順 | 逆算法 |
| (3) | ガントチャート | 難しい | 所要日数 | 逆算法 |
| (4) | グラフ式工程表 | 難しい | 手順 | 順行法 |

《R3-27》

**解説**

**7** (4) ②，④　記述は，適当である。

　　① 工期の初期→中期→後期において，**緩→急→緩**となるようにする。

　　③ 実施工程曲線がバナナ曲線の**下方限界を超えたとき**は，工程遅延により突貫工事が
不可避となるので，施工計画を再検討する。

**8** (2) (イ) 逆に高く　(ロ) 高く　(ハ) 悪くなる　(ニ) これらの調整を図りながら

**9** (2) (イ) ガントチャート　(ロ) 容易な　(ハ) 手順　(ニ) 逆算法

施工管理法

**━━ 試験によく出る重要事項 ━━**

**工程と原価および品質の関係**

① 工程を早めると原価は安くなるが，さらに早めると上昇す
る。曲線 a

② 品質をよくすると，原価は高くなる。曲線 b

③ 品質をよくすると工程は遅くなる。曲線 c

④ 突貫工事は，費用がかかる。

⑤ 原価を最小とする工程が，最適工程である。

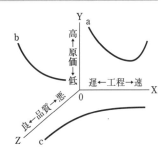

## 6·3 安全管理

### ● 6·3·1　車両系建設機械の災害防止

出題頻度　低■■■□□□高

**1**

車両系建設機械の災害防止のために事業者が講じるべき措置に関する下記の①～④の4つの記述のうち，労働安全衛生法令上，正しいものの数は次のうちどれか。

① 車両系建設機械を用いて作業を行うときは，あらかじめ，使用する車両系建設機械の種類及び能力，運行経路，作業の方法を示した作業計画を定め，作業を行わなければならない。

② 路肩，傾斜地等で車両系建設機械を用いて作業を行う場合で，当該車両系建設機械が転倒又は転落する危険性があるときは，誘導者を配置して誘導させなければならない。

③ 車両系建設機械を用いて作業を行うときは，運転中の車両系建設機械に接触することにより労働者に危険が生ずるおそれのある箇所に，労働者を立ち入らせてはならない。

④ 車両系建設機械の運転者が離席する時は，原動機を止め，又は，走行ブレーキをかける等の逸走を防止する措置を講じなければならない。

(1) 1つ

(2) 2つ

(3) 3つ

(4) 4つ

《R5-28》

**2**

車両系建設機械を用いる作業の安全確保のために事業者が講じるべき措置に関する下記の文章中の　　　　の(イ)～(ニ)に当てはまる語句の組合せとして，労働安全衛生規則上，正しいものは次のうちどれか。

・事業者は，車両系建設機械を用いて作業を行うときは，(イ)にブレーキやクラッチの機能について点検を行わなければならない。

・事業者は，車両系建設機械の運転について誘導者を置くときは，(ロ)合図を定め，誘導者に当該合図を行わせなければならない。

・事業者は，車両系建設機械の修理又はアタッチメントの装着若しくは取り外しの作業を行うときは，(ハ)を定め，作業手順の決定等の措置を講じさせなければならない。

・事業者は，車両系建設機械を用いて作業を行うときは，(ニ)以外の箇所に労働者を乗せてはならない。

| | (イ) | (ロ) | (ハ) | (ニ) |
|---|---|---|---|---|
| (1) | 作業の前日 | 一定の | 作業指揮者 | 乗車席 |
| (2) | 作業の前日 | 状況に応じた | 作業主任者 | 助手席 |
| (3) | その日の作業を開始する前 | 状況に応じた | 作業主任者 | 助手席 |

(4) その日の作業を開始する前 …… 一定の ………… 作業指揮者 ……… 乗車席

《R4-28》

**3**

建設機械の災害防止のために事業者が講じるべき措置に関する下記の文章中の□□□の(イ)～(ニ)に当てはまる語句の組合せとして，労働安全衛生法令上，**正しいものは次のうち**どれか。

・車両系建設機械の運転者が運転席を離れる際は，原動機を止め，□(イ)□，走行ブレーキをかける等の逸走を防止する措置を講じなければならない。

・車両系建設機械のブームやアームを上げ，その下で修理や点検を行う場合は，労働者の危険を防止するため，□(ロ)□，安全ブロック等を使用させなければならない。

・車両系荷役運搬機械等を用いた作業を行う場合，路肩や傾斜地で労働者に危険が生ずるおそれがあるときは，□(ハ)□を配置しなければならない。

・車両系荷役運搬機械等を用いた作業を行うときは，□(ニ)□を定めなければならない。

|  | (イ) | (ロ) | (ハ) | (ニ) |
|---|---|---|---|---|
| (1) | かつ | 保護帽 | 警備員 | 作業主任者 |
| (2) | かつ | 安全支柱 | 誘導者 | 作業指揮者 |
| (3) | 又は | 保護帽 | 誘導者 | 作業主任者 |
| (4) | 又は | 安全支柱 | 警備員 | 作業指揮者 |

《R3-28》

---

**解説**

**1** (3) 正しいのは3つ。①，②，③の記述は，正しい。

④ 車両系建設機械の運転者が離席する時は，**原動機を止め，かつ，走行ブレーキをかける**等の逸走を防止する措置を講じなければならない。

---

**2** (4) (イ) その日の作業を開始する前　(ロ) 一定の　(ハ) 作業指揮者　(ニ) 乗車席

---

**3** (2) (イ) かつ　(ロ) 安全支柱　(ハ) 誘導者　(ニ) 作業指揮者

---

**車両系建設機械の安全作業**

① **制限速度**：最高速度が10 km/hを超える作業をするときは，予め，地形・地質に応じた適正な制限速度を定める。

② **運転者の離席**：バケット・ジッパなどの作業装置を地上におろし，原動機を止め，走行ブレーキをかける。

③ **路肩・急傾斜地作業**：機械の前進方向を常に山側に向ける。クローラは法肩と直角にする。

④ **旋回**：バックホウのバケットを，ダンプトラックの運転席の上を通過させない。旋回角度はできるだけ小さくする。

⑤ **立入禁止**：機械に接触の恐れがある場所や作業範囲に，労働者を立ち入らせない。作業区域は，ロープ柵・赤旗などで表示する。

## ● 6·3·2 移動式クレーンの災害防止

出題頻度 低■■■□□□高

**4**

移動式クレーンの災害防止のために事業者が講じるべき措置に関する下記の文章中の □□□ の(イ)～(ニ)に当てはまる語句の組合せとして，労働安全衛生規則及びクレーン等安全規則上，正しいものは次のうちどれか。

・移動式クレーンの運転者及び玉掛けをする者が当該移動式クレーンの □(イ)□ を常時知ることができるよう，表示その他の措置を講じなければならない。

・移動式クレーンの運転について一定の合図を定め，合図を行う者を □(ロ)□ して，その者に合図を行わせなければならない。

・移動式クレーンを使用する作業において，クレーン上部旋回体と接触するおそれのある箇所や □(ハ)□ の下に労働者を立ち入らせてはならない。

・強風のため，移動式クレーンの作業の実施について危険が予想されるときは，当該作業を □(ニ)□ しなければならない。

|  | (イ) | (ロ) | (ハ) | (ニ) |
|---|---|---|---|---|
| (1) | 定格荷重 | 複数名確保 | クレーンのブーム | 注意して実施 |
| (2) | 最大つり荷重 | 指名 | クレーンのブーム | 中止 |
| (3) | 最大つり荷重 | 複数名確保 | つり上げられている荷 | 注意して実施 |
| (4) | 定格荷重 | 指名 | つり上げられている荷 | 中止 |

《R5-29》

**5**

移動式クレーンの安全確保に関する措置のうち，下記の文章中の □□□ の(イ)～(ニ)に当てはまる語句の組合せとして，クレーン等安全規則上，正しいものは次のうちどれか。

・移動式クレーンの運転者は，荷をつったままで運転位置を □(イ)□ 。

・移動式クレーンの定格荷重とは，フックやグラブバケット等のつり具の重量を □(ロ)□ 荷重をいい，ブームの傾斜角や長さにより変化する。

・事業者は，アウトリガーを有する移動式クレーンを用いて作業を行うときは，原則としてアウトリガーを □(ハ)□ に張り出さなければならない。

・事業者は，移動式クレーンを用いる作業においては，移動式クレーンの運転者が単独で作業する場合を除き，□(ニ)□ を行う者を指名しなければならない。

|  | (イ) | (ロ) | (ハ) | (ニ) |
|---|---|---|---|---|
| (1) | 離れてはならない | 含む | 最大限 | 合図 |
| (2) | 離れてはならない | 含まない | 最大限 | 合図 |
| (3) | 離れて荷姿を確認する | 含む | 必要最小限 | 監視 |
| (4) | 離れて荷姿を確認する | 含まない | 必要最小限 | 監視 |

《R4-29》

施工管理法

**6** 移動式クレーンの災害防止のために事業者が講じるべき措置に関する下記の文章中の □□□□ の(イ)～(ニ)に当てはまる語句の組合せとして，クレーン等安全規則上，**正しいもの**は次のうちどれか。

・クレーン機能付き油圧ショベルを小型移動式クレーンとして使用する場合，車両系建設機械の運転技能講習を修了している者を，クレーン作業の運転者として従事させることが　(イ)　。

・強風のため，移動式クレーンの作業の実施について危険が予想されるときは，当該作業を　(ロ)　しなければならない。

・移動式クレーンの運転者及び玉掛けをする者が当該移動式クレーンの　(ハ)　を常時知ることができるよう，表示その他の措置を講じなければならない。

・移動式クレーンを用いて作業を行うときは，　(ニ)　に，巻過防止装置，過負荷警報装置等の機能について点検を行わなければならない。

| | (イ) | (ロ) | (ハ) | (ニ) |
|---|---|---|---|---|
| (1) | できる | 特に注意して実施 | 定格荷重 | その作業の前日まで |
| (2) | できない | 特に注意して実施 | 最大つり荷重 | その日の作業を開始する前 |
| (3) | できる | 中止 | 最大つり荷重 | その作業の前日まで |
| (4) | できない | 中止 | 定格荷重 | その日の作業を開始する前 |

《R3-29》

## 解説

**4** (4) (イ) 定格荷重　(ロ) 指名　(ハ) つり上げられている荷　(ニ) 中止

**5** (2) (イ) 離れてはならない　(ロ) 含まない　(ハ) 最大限　(ニ) 合図

**6** (4) (イ) できない　(ロ) 中止　(ハ) 定格荷重　(ニ) その日の作業を開始する前

## 試験によく出る重要事項

### 移動式クレーン

① **定格荷重**：ブームの傾斜角および長さ，または，ジブの上におけるトロリの位置に応じて，負荷させることができる最大の荷重から，フック・グラブバケットなどのつり具の重量に相当する荷重を差し引いた荷重のこと。定格荷重は，ジブの長さ・傾斜角によって変化する。

② **定格総荷重**：定格荷重につり具の重量を加えたもの。

③ **運転資格**：つり上げ荷重5t以上はクレーン運転士免許所得者，1～5t未満（小型移動式クレーン）は技能講習修了者，0.5～1t未満は特別教育受講者。0.5t未満は，なし。

④ **作業中の離席**：運転者は，つり荷を行ったまま運転席を離れてはならない。離れるときは，つり荷を地上へ降ろしてからとする。地盤状況の確認は，クレーン運転者の仕事。

⑤ **運転上の留意事項**

(a) 強風時は，作業を中止し，転倒防止を図る。

(b) 単独で運転するときは，合図を定めなくてよい。

(c) アウトリガーは，最大限に張り出す。

(d) 1箇月に一度，自主点検を行う。

施工管理法

## ● 6・3・3　埋設物・架空線の防護

出題頻度　低■■■□□□高

**7**

工事中の埋設物の損傷等の防止のために行うべき措置に関する下記の①〜④の4つの記述のうち，建設工事公衆災害防止対策要綱上，**適当なもののみを全てあげている組合せ**は次のうちどれか。

① 発注者又は施工者は，施工に先立ち，埋設物の管理者等が保管する台帳と設計図面を照らし合わせて位置を確認した上で，細心の注意のもとで試掘等を行い，その埋設物の種類，位置，規格，構造等を原則として目視により確認しなければならない。

② 発注者又は施工者は，試掘等によって埋設物を確認した場合においては，その位置や周辺地質の状況等の情報を道路管理者及び埋設物の管理者に報告しなければならない。

③ 発注者又は施工者は，埋設物に近接して工事を施工する場合には，あらかじめその埋設物の管理者及び関係機関と協議し，埋設物の防護方法，立会の有無，緊急時の連絡先及びその方法等を決定するものとする。

④ 発注者又は施工者は，埋設物の位置，名称，管理者の連絡先等を記載した標示板を取り付ける等により明確に認識できるようにし，近隣住民に確実に伝達しなければならない。

(1)　①②

(2)　①②③

(3)　②③④

(4)　③④

《R5-30》

**8**

工事中の埋設物の損傷等の防止のために行うべき措置に関する下記の文章中の□□□の(イ)〜(ニ)に当てはまる語句の組合せとして，建設工事公衆災害防止対策要綱上，**正しいもの**は次のうちどれか。

・発注者又は施工者は，施工に先立ち，埋設物の管理者等が保管する台帳と設計図面を照らし合わせ，細心の注意のもとで試掘等を行い，原則として　(イ)　をしなければならない。

・施工者は，管理者の不明な埋設物を発見した場合，必要に応じて　(ロ)　の立会いを求め，埋設物に関する調査を再度行い，安全を確認した後に措置しなければならない。

・施工者は，埋設物の位置が掘削床付け面より　(ハ)　等，通常の作業位置からの点検等が困難な場合には，原則として，あらかじめ点検等のための通路を設置しなければならない。

・発注者又は施工者は，埋設物の位置，名称，管理者の連絡先等を記載した標示板の取付け等を工夫するとともに，　(ニ)　等に確実に伝達しなければならない。

| | (イ) | (ロ) | (ハ) | (ニ) |
|---|---|---|---|---|
| (1) | 写真記録 | 労働基準監督署 | 低い | 工事関係者 |
| (2) | 目視確認 | 労働基準監督署 | 高い | 近隣住民 |
| (3) | 写真記録 | 専門家 | 低い | 近隣住民 |

(4) 目視確認 ……… 専門家 ……………………… 高い ………… 工事関係者 《R4-30》

**9** 建設工事における埋設物ならびに架空線の防護に関する下記の文章中の ☐ の(イ)〜(ニ)に当てはまる語句の組合せとして，**適当なもの**は次のうちどれか。

・明り掘削作業で，掘削機械・積込機械・運搬機械の使用に伴う地下工作物の損壊により労働者に危険を及ぼすおそれのあるときは，これらの機械を ☐(イ)☐ 。

・明り掘削で露出したガス導管のつり防護等の作業には ☐(ロ)☐ を指名し，作業を行わなければならない。

・架空線等上空施設に近接した工事の施工にあたっては，架空線等と機械，工具，材料等について ☐(ハ)☐ を確保する。

・架空線等上空施設に近接して工事を行う場合は，必要に応じて ☐(ニ)☐ に施工方法の確認や立会いを求める。

|  | (イ) | (ロ) | (ハ) | (ニ) |
|---|---|---|---|---|
| (1) | 使用してはならない | 作業指揮者 | 安全な離隔 | その管理者 |
| (2) | 特に注意して使用する | 作業指揮者 | 確実な絶縁 | 労働基準監督署 |
| (3) | 使用してはならない | 監視員 | 確実な絶縁 | 労働基準監督署 |
| (4) | 特に注意して使用する | 監視員 | 安全な離隔 | その管理者 |

《R3-30》

**解説**

**7** (2) ①，②，③の記述は，適当である。

④ 発注者又は施工者は，埋設物の位置，名称，管理者の連絡先等を記載した標示板を取り付ける等により明確に認識できるようにし，**工事関係者に確実に伝達**しなければならない。

**8** (4) (イ) 目視確認 (ロ) 専門家 (ハ) 高い (ニ) 工事関係者

**9** (1) (イ) 使用してはならない (ロ) 作業指揮者 (ハ) 安全な離隔 (ニ) その管理者

施工管理法

━━━━━━━ 試験によく出る重要事項 ━━━━━━━

**埋設物**

1. 埋設物が予想される場所で土木工事を施工しようとするときは，施工に先立ち，埋設物管理者等が保管する台帳に基づいて試掘等を行い，その埋設物の種類，位置（平面・深さ），規格，構造等を原則として目視により確認しなければならない。なお，起業者又は施工者は，試掘によって埋設物を確認した場合においては，その位置等を道路管理者及び埋設物の管理者に報告しなければならない。

この場合，深さについては，原則として標高によって表示しておくものとする。

2. 施工者は，工事施工中において，管理者の不明な埋設物を発見した場合，埋設物に関する調査を再度行い，当該管理者の立会を求め，安全を確認した後に処置しなければならない。

## ●6·3·4　酸素欠乏のおそれのある工事

出題頻度　低■■□□□□高

**10** 酸素欠乏のおそれのある工事を行う場合，事業者が行うべき措置に関する下記の①～④の4つの記述のうち，酸素欠乏症等防止規則上，**正しいものの数**は次のうちどれか。

① 酸素欠乏危険場所においては，その作業の前日に，空気中の酸素の濃度を測定し，測定日時や測定方法及び測定結果等の記録を一定の期間保存しなければならない。

② 酸素欠乏危険作業に労働者を従事させる場合で，爆発，酸化等を防止するため換気することができない場合又は作業の性質上換気することが著しく困難な場合は，同時に就業する労働者の人数と同数以上の空気呼吸器等を備え，労働者に使用させなければならない。

③ 酸素欠乏危険作業に労働者を従事させるときは，労働者を当該作業を行う場所に入場させ，及び退場させる時に，保護具を点検しなければならない。

④ 酸素欠乏危険場所又はこれに隣接する場所で作業を行うときは，酸素欠乏危険作業に従事する労働者以外の労働者が当該酸素欠乏危険場所に立ち入ることを禁止し，かつ，その旨を見やすい箇所に表示しなければならない。

(1) 1つ

(2) 2つ

(3) 3つ

(4) 4つ

《R5-31》

**11** 酸素欠乏のおそれのある工事を行う際，事業者が行うべき措置に関する下記の文章中の　　　　の(イ)～(ニ)に当てはまる語句の組合せとして，酸素欠乏症等防止規則上，**正しいもの**は次のうちどれか。

・事業者は，作業の性質上換気することが著しく困難な場合，同時に就業する労働者の　(イ)　の空気呼吸器等を備え，労働者にこれを使用させなければならない。

・事業者は，第一種酸素欠乏危険作業に係る業務に労働者を就かせるときは，　(ロ)　に対し，酸素欠乏症の防止等に関する特別教育を行わなければならない。

・事業者は，酸素欠乏危険作業に労働者を従事させるときは，入場及び退場の際，　(ハ)　を点検しなければならない。

・事業者は，第二種酸素欠乏危険作業に労働者を従事させるときは，　(ニ)　に，空気中の酸素及び硫化水素の濃度を測定しなければならない。

| | (イ) | (ロ) | (ハ) | (ニ) |
|---|---|---|---|---|
| (1) | 人数と同数以上 | 当該労働者 | 人員 | その日の作業を開始する前 |
| (2) | 人数分 | 当該労働者 | 保護具 | その作業の前日 |
| (3) | 人数分 | 作業指揮者 | 保護具 | その日の作業を開始する前 |
| (4) | 人数と同数以上 | 作業指揮者 | 人員 | その作業の前日 |

《R4-31》

**12** 酸素欠乏等のおそれのある汚水マンホールの改修工事を行う場合，事業者の行う措置に関する次の記述のうち，酸素欠乏症等防止規則上，**誤っているもの**はどれか。

(1) 酸素欠乏・硫化水素危険作業主任者技能講習を修了した者のうちから酸素欠乏危険作業主任者を選任する。

(2) 労働者が酸素欠乏症等にかかって転落するおそれがあるときは，労働者に安全帯等を使用させる。

(3) 当該箇所は，硫化水素の発生のおそれがある箇所なので，酸素濃度に代わり硫化水素濃度を測定した上で作業に着手させる。

(4) 作業を開始するにあたり，当該作業場における空気中の酸素濃度などを測定するため必要な測定器具を準備する。

《H26-23》

**解説**

**10** (2) ②，④の２つの記述は，正しい。

① 酸素欠乏危険場所においては，**その日の作業を開始する前**に，空気中の酸素の濃度を測定する。

③ 労働者を当該作業を行う場所に入場させ，及び退場させる時に，**人員を点検**しなければならない。

**11** (1) (イ) 人数と同数以上　(ロ) 当該労働者　(ハ) 人員　(ニ) その日の作業を開始する前

**12** (3) 硫化水素の発生するおそれがある箇所では，**酸素濃度と硫化水素濃度の両方を測定**した上で作業に着手する。

=== 試験によく出る重要事項 ===

### 酸素欠乏症等の防止

① **酸素欠乏症等**：空気中の酸素濃度が 18% 未満，および，硫化水素濃度が 10 ppm を超える空気の吸入による酸素欠乏症または硫化水素中毒の状態。

② **作業主任者**：酸素欠乏危険場所での作業には，酸素欠乏危険作業主任者を選任する。

③ **作業主任者の職務**：

(a) 作業の方法を決定し，指揮する。

(b) 空気中の酸素・硫化水素濃度を測定する。測定は，⑦その日の作業開始前，④作業員が作業を行う場所を離れた後，再び作業を開始する前，⑨作業員の身体，換気装置などに異常があったとき，行う。

(c) 測定器具・換気装置などの器具・設備の点検。

(d) 空気呼吸器などの使用状況の監視。

④ **立入り禁止**：酸素欠乏危険場所には，関係者以外の者の立入りを禁止し，その旨を見やすい箇所に表示する。

⑤ **換気**：空気中の酸素濃度を 18% 以上（第２種酸素欠乏危険作業に係わる作業場では，硫化水素の濃度を 10 ppm 以下）に保つよう換気する。換気には，爆発火災や酸素中毒を予防するために，純酸素を用いない。

⑥ **人員点検**：当該場所に入場・退場する人員を点検する。

施工管理法

## ● 6·3·5　労働者の健康管理

出題頻度　低■□□□□□高

**13** 労働者の健康管理のために事業者が講じるべき措置に関する下記の文章中の◯◯◯◯の(イ)〜(ニ)に当てはまる語句の組合せとして，**適当なもの**は次のうちどれか。

・休憩時間を除き一週間に40時間を超えて労働させた場合，その超えた労働時間が一月当たり80時間を超え，かつ，疲労の蓄積が認められる労働者の申出により，□(イ)□による面接指導を行う。

・常時に特定粉じん作業に従事する労働者には，粉じんの発散防止・作業場所の換気方法・呼吸用保護具の使用方法等について□(ロ)□を行わなければならない。

・一定の危険性・有害性が確認されている化学物質を取り扱う場合には，事業場における□(ハ)□が義務とされている。

・事業者は，原則として，常時使用する労働者に対して，□(ニ)□以内ごとに，医師による健康診断を行わなければならない。

|  | (イ) | (ロ) | (ハ) | (ニ) |
|---|---|---|---|---|
| (1) | 医師 | 技能講習 | リスクマネジメント | 1年 |
| (2) | 医師 | 特別の教育 | リスクアセスメント | 1年 |
| (3) | カウンセラー | 技能講習 | リスクアセスメント | 3年 |
| (4) | カウンセラー | 特別の教育 | リスクマネジメント | 3年 |

《R3-31》

**14** 労働安全衛生法令上，事業者が行うべき労働者の疾病予防及び健康管理に関する次の記述のうち，**誤っているもの**はどれか。

(1) 酸素欠乏症等のおそれのある業務に労働者を就かせるときは，当該労働者に代わりその者を指揮する職長を対象とした特別の教育を行わなければならない。

(2) 常時使用する労働者の雇い入れ時は，医師による健康診断から3ヶ月を経過しない者で診断結果を証明する書面の提出を受けた場合を除き，所定の項目について健康診断を行う必要がある。

(3) さく岩機等の使用によって身体に著しい振動を与える業務等に常時従事する労働者に対し，当該業務への配置替えの際及び6ヶ月以内ごとに医師による健康診断を行う必要がある。

(4) ずい道等の坑内作業等に常時労働者を従事させる場合は，原則として有効な呼吸用保護具を使用させなければならない。

《R2-23》

施工管理法

**15**

☐
☐
☐

労働者の健康管理のために事業者が講じるべき措置に関する次の記述のうち，労働安全衛生法令上，**誤っているもの**はどれか。

(1) 事業者は，原則として常時使用する労働者に対し，1年以内ごとに1回，定期に，医師による健康診断を行わなければならない。

(2) 休憩時間を除き1週間当たり40時間を超えて労働させた場合におけるその超えた時間が1月当たり100時間を超え，かつ，疲労の蓄積が認められる労働者の申出により，保健所のカウンセラーによる面接指導を行わなければならない。

(3) 一定の危険性・有害性が確認されている化学物質を取り扱う場合には，事業場におけるリスクアセスメントが義務づけられている。

(4) 事業者は，常時特定粉じん作業に係る業務に労働者を就かせるときは，粉じんの発散防止及び作業場所の換気方法，呼吸用保護具の使用方法等について特別の教育を行わなければならない。

《R1-23》

**解説**

**13** (2) (イ) 医師　　(ロ) 特別の教育　　(ハ) リスクアセスメント　　(ニ) 1年

**14** (1) **酸素欠乏症**等のおそれのある業務に労働者を就かせるときは，当該労働者を対象とした**特別の教育**を行わなければならない。

**15** (2) 休憩時間を除き，1週間当たり40時間を超えて労働させた場合におけるその超えた時間が1ヶ月当たり80時間を超え，かつ，疲労の蓄積が認められる労働者から申出があった場合，**医師による面接指導**を行わなければならない。

=== 試験によく出る重要事項 ===

1. **土木工事における死亡災害の発生原因**は，墜落，建設機械等による災害，飛来・落下によるものが建設業の3大災害といわれている。

2. **安全衛生教育**：以下のような場合に安全教育を行う。
   ① 作業員を雇い入れたとき（新規雇入時教育）
   ② 作業内容を変更したとき（新規雇入時教育の準用）
   ③ 厚生労働省令で定める危険または有害な業務につかせるとき
   ④ 新任の職長，その他作業員を直接指導または監督するようになったとき（職長教育）

施工管理法

## 6·4　品質管理

### ● 6·4·1　品質管理全般・土木工事の品質管理　出題頻度　低■■■□□□高

**1**

品質管理に関する下記の①～④の4つの記述のうち，**適当なもののみを全てあげている組合せ**は次のうちどれか。

① 品質は必ずある値付近にばらつくので，設計値を十分満足するような品質を実現するためには，ばらつき度合いを考慮し，余裕を持った品質を目標とする必要がある。

② 品質管理は，施工計画立案の段階で管理特性を検討し，それを完成検査時にチェックする考え方である。

③ 品質管理は，品質特性や品質標準を決め，作業標準に従って実施し，できるだけ早期に異常を見つけ品質の安定をはかるために行う。

④ 品質特性を決める場合には，構造物の品質に及ぼす影響が小さく，測定しやすい特性であること等に留意する。

(1)　①②　　　　(3)　②③

(2)　①③　　　　(4)　②④　　　　　　　　　　　　　　　　《R5-32》

**2**

土木工事の品質管理に関する下記の文章中の　　　の(イ)～(ニ)に当てはまる語句の組合せとして，**適当なもの**は次のうちどれか。

・品質管理の目的は，契約約款，設計図書等に示された規格を十分満足するような構造物等を最も　(イ)　施工することである。

・品質　(ロ)　は，構造物の品質に重要な影響を及ぼすもの，工程に対して処置をとりやすいようにすぐに結果がわかるもの等に留意して決定する。

・品質　(ハ)　では，設計値を十分満たすような品質を実現するため，品質のばらつきの度合いを考慮して，余裕を持った品質を目標にしなければならない。

・作業標準は，品質　(ハ)　を実現するための　(ニ)　での試験方法等に関する基準を決めるものである。

|  | (イ) | (ロ) | (ハ) | (ニ) |
|---|---|---|---|---|
| (1) | 早く | 標準 | 特性 | 完了後の検査 |
| (2) | 早く | 特性 | 標準 | 完了後の検査 |
| (3) | 経済的に | 特性 | 標準 | 各段階の作業 |
| (4) | 経済的に | 標準 | 特性 | 各段階の作業 |

《R4-32》

**3**

品質管理に関する下記の文章中の　　　の(イ)～(ニ)に当てはまる語句の組合せとして，**適当なもの**は次のうちどれか。

・品質管理は，ある作業を制御していく品質の統制から，施工計画立案の段階で　(イ)　を検討し，それを施工段階でつくり込むプロセス管理の考え方である。

・工事目的物の品質を一定以上の水準に保つ活動を ［ロ］ 活動といい，品質の向上や品質の維持管理を行う品質管理よりも幅広い概念を含んでいる。

・品質特性を決める場合には，構造物の品質に重要な影響を及ぼすものであること，［ハ］ しやすい特性であること等に留意する。

・設計値を十分満足するような品質を実現するためには，［ニ］ を考慮して，余裕を持った品質を目標としなければならない。

| | (イ) | (ロ) | (ハ) | (ニ) |
|---|---|---|---|---|
| (1) | 管理特性 | 品質保証 | 測定 | ばらつきの度合い |
| (2) | 調査特性 | 維持保全 | 推定 | ばらつきの度合い |
| (3) | 管理特性 | 品質保証 | 推定 | 最大値 |
| (4) | 調査特性 | 維持保全 | 測定 | 最大値 |

《R3-32》

---

**解説**

**1** (2) ①，③の記述は，適当である。

② 施工計画立案の段階で**管理特性**を検討し，それを**施工段階でチェック**する考え方である。

④ 品質特性を決める場合は，構造物の**品質に及ぼす影響が大きく**，測定しやすい特性であること等に留意する。

---

**2** (3) (イ) 経済的に (ロ) 特性 (ハ) 標準 (ニ) 各段階の作業

---

**3** (1) (イ) 管理特性 (ロ) 品質保証 (ハ) 測定 (ニ) ばらつきの度合い

---

**━━ 試験によく出る重要事項 ━━**

## 品質特性

### 1. 品質特性の選定条件

① 工程（作業）の状態を総合的に表すもの。

② 最終の品質に重要な影響を及ぼし，出来上がりを左右するようなもの。

③ 早期に結果が出るもの。　　④ 測定しやすいもの。

⑤ 工程に対して，処置が容易にできるもの。

⑥ 真の特性の代わりに代用特性や工程要因を用いる場合は，真の特性との関係が明確であること。

### 2. PDCAサイクル

PDCAサイクルは，計画（Plan）・実行（Do）・評価（Check）・改善（Act）のプロセスを順に実施し，このプロセスをらせん状に繰り返すことによって，品質の維持・向上，および，継続的な業務改善活動を推進するマネジメント手法である。

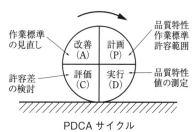

PDCA サイクル

施工管理法

## ● 6·4·2　情報化施工

出題頻度　低■■■□□□高

**4**

情報化施工における TS（トータルステーション），GNSS（全球測位衛星システム）を用いた盛土の締固め管理に関する下記の文章中の　　　の(イ)〜(ニ)に当てはまる語句の組合せとして，**適当なもの**は次のうちどれか。

・盛土材料を締め固める際には，モニタに表示される締固め回数分布図において，盛土施工範囲の　(イ)　について，規定回数だけ締め固めたことを示す色になるまで締め固める。

・盛土施工に使用する材料は，事前の土質試験で品質を確認し，試験施工でまき出し厚や　(ロ)　を決定したものと同じ土質の材料であることを確認する。

・TS・GNSS を用いた盛土の締固め管理は，締固め機械の走行位置を　(ハ)　に計測し，　(ロ)　を確認する。

・TS・GNSS を用いた盛土の締固め管理システムの適用にあたっては，　(ニ)　や電波障害の有無等を事前に調査して，システムの適用の可否を確認する。

|  | (イ) | (ロ) | (ハ) | (ニ) |
|---|---|---|---|---|
| (1) | 代表ブロック | 締固め度 | 施工完了後 | 地形条件 |
| (2) | 全面 | 締固め度 | リアルタイム | 地質条件 |
| (3) | 全面 | 締固め回数 | リアルタイム | 地形条件 |
| (4) | 代表ブロック | 締固め回数 | 施工完了後 | 地質条件 |

《R5-33》

**5**

情報化施工における TS（トータルステーション）・GNSS（全球測位衛星システム）を用いた盛土の締固め管理に関する下記の文章中の　　　の(イ)〜(ニ)に当てはまる語句の組合せのうち，**適当なもの**は次のうちどれか。

・盛土材料をまき出す際は，盛土施工範囲の全面にわたって，試験施工で決定したまき出し厚　(イ)　のまき出し厚となるように管理する。

・盛土材料を締め固める際は，盛土施工範囲の全面にわたって，　(ロ)　だけ締め固めたことを示す色がモニタに表示されるまで締め固める。

・TS・GNSS を用いた盛土の締固め管理システムの適用にあたっては，地形条件や電波障害の有無等を　(ハ)　調査し，システムの適用可否を確認する。

・TS・GNSS を用いて締固め機械の走行記録をもとに，盛土の締固め管理をする方法は，　(ニ)　の一つである。

|  | (イ) | (ロ) | (ハ) | (ニ) |
|---|---|---|---|---|
| (1) | 以下 | 規定回数 | 事前に | 品質規定 |
| (2) | 以上 | 規定時間 | 施工開始後に | 品質規定 |
| (3) | 以上 | 規定時間 | 施工開始後に | 工法規定 |
| (4) | 以下 | 規定回数 | 事前に | 工法規定 |

《R4-33》

施工管理法

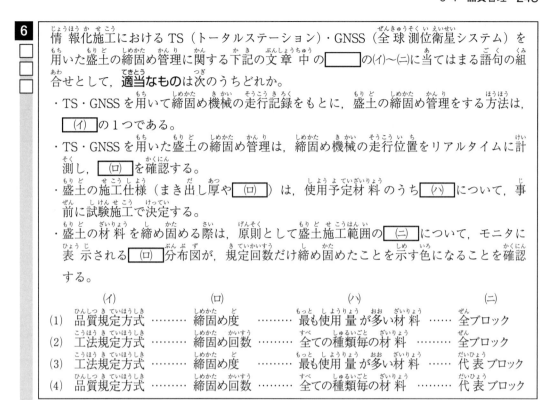

6 情報化施工における TS（トータルステーション）・GNSS（全球測位衛星システム）を用いた盛土の締固め管理に関する下記の文章中の ☐ の(イ)～(ニ)に当てはまる語句の組合せとして，**適当なもの**は次のうちどれか。

・TS・GNSS を用いて締固め機械の走行記録をもとに，盛土の締固め管理をする方法は，☐(イ) の１つである。

・TS・GNSS を用いた盛土の締固め管理は，締固め機械の走行位置をリアルタイムに計測し，☐(ロ) を確認する。

・盛土の施工仕様（まき出し厚や ☐(ロ)）は，使用予定材料のうち ☐(ハ) について，事前に試験施工で決定する。

・盛土の材料を締め固める際は，原則として盛土施工範囲の ☐(ニ) について，モニタに表示される ☐(ロ) 分布図が，規定回数だけ締め固めたことを示す色になることを確認する。

|  | (イ) | (ロ) | (ハ) | (ニ) |
|---|---|---|---|---|
| (1) | 品質規定方式 | 締固め度 | 最も使用量が多い材料 | 全ブロック |
| (2) | 工法規定方式 | 締固め回数 | 全ての種類毎の材料 | 全ブロック |
| (3) | 工法規定方式 | 締固め度 | 最も使用量が多い材料 | 代表ブロック |
| (4) | 品質規定方式 | 締固め回数 | 全ての種類毎の材料 | 代表ブロック |

《R3-33》

---

**解説**

**4** (3) (イ) 全面　(ロ) 締固め回数　(ハ) リアルタイム　(ニ) 地形条件

**5** (4) (イ) 以下　(ロ) 規定回数　(ハ) 事前に　(ニ) 工法規定

**6** (2) (イ) 工法規定方式　(ロ) 締固め回数　(ハ) 全ての種類毎の材量　(ニ) 全ブロック

---

**━━━━━ 試験によく出る重要事項 ━━━━━**

**盛土の情報化施工**

① 盛土工における ICT（情報通信技術）の導入目的は，測量を含む計測の合理化と効率化，施工の効率化と精度向上及び安全性の向上などである。

② 締固め機械の軌跡管理は，走行軌跡を TS や GNSS により自動追跡し，工法規定方式の管理に用いられる。

③ ブルドーザやグレーダなどのマシンガイダンス技術は，3次元設計データを建設機械に入力し TS や GNSS の計測により施工精度を得るもので，丁張りを用いずに施工できる。

施工管理法

## ● 6・4・3　コンクリートの施工・非破壊検査

**7**

鉄筋コンクリート構造物の品質管理におけるコンクリート中の鉄筋位置を推定する非破壊試験に関する下記の文章中の　　　　の(イ)～(ニ)に当てはまる語句の組合せとして，適当なものは次のうちどれか。

・かぶりの大きい橋梁下部構造の鉄筋位置を推定する場合，　(イ)　が，　(ロ)　より適する。

・　(イ)　は，コンクリートが　(ハ)　，測定が困難になる可能性がある。

・　(ロ)　において，かぶりの大きさを測定する場合，鉄筋間隔が設計かぶりの　(ニ)　の場合は補正が必要になる。

|  | (イ) | (ロ) | (ハ) | (ニ) |
|---|---|---|---|---|
| (1) | 電磁波レーダ法 | 電磁誘導法 | 乾燥しすぎていると | 1.5 倍以上 |
| (2) | 電磁誘導法 | 電磁波レーダ法 | 水を多く含んでいると | 1.5 倍以上 |
| (3) | 電磁波レーダ法 | 電磁誘導法 | 水を多く含んでいると | 1.5 倍以下 |
| (4) | 電磁誘導法 | 電磁波レーダ法 | 乾燥しすぎていると | 1.5 倍以下 |

《R4-34》

**8**

コンクリートの施工の品質管理に関する下記の文章中の　　　　の(イ)～(ニ)に当てはまる語句の組合せとして，適当なものは次のうちどれか。

・打込み時の材料分離を防ぐためには，　(イ)　シュートの使用を標準とする。

・棒状バイブレータにより締固めを行う際，スランプ12 cmのコンクリートでは，一箇所あたりの締固め時間は，　(ロ)　程度とすることを標準とする。

・コンクリートを打ち重ねる場合，上層のコンクリートの締固めでは，棒状バイブレータが下層のコンクリートに　(ハ)　ようにして締め固める。

・コンクリートの仕上げは，締固めが終わり，上面にしみ出た水が　(ニ)　状態で行う。

|  | (イ) | (ロ) | (ハ) | (ニ) |
|---|---|---|---|---|
| (1) | 縦 | 5～15 秒 | 10 cm 程度入る | なくなった |
| (2) | 縦 | 50～70 秒 | 10 cm 程度入る | なくなった |
| (3) | 斜め | 5～15 秒 | 入らない | 残った |
| (4) | 斜め | 50～70 秒 | 入らない | 残った |

《R4-35》

**9** コンクリート構造物の品質や健全度を推定するための試験に関する次の記述のうち，**適当でないもの**はどれか。

(1) コンクリート構造物から採取したコアの圧縮強度試験結果は，コア供試体の高さhと直径dの比の影響を受けるため，高さと直径との比を用いた補正係数を用いている。

(2) リバウンドハンマによるコンクリート表層の反発度は，コンクリートの含水状態や中性化の影響を受けるので，反発度の測定結果のみでコンクリートの圧縮強度を精度高く推定することは困難である。

(3) 超音波法は，コンクリート中を伝播する超音波の伝播特性を測定し，コンクリートの品質やひび割れ深さなどを把握する方法である。

(4) 電磁誘導を利用する試験方法は，コンクリートの圧縮強度及び鋼材の位置，径，かぶりを非破壊的に調査するのに適している。

《R1-31》

---

**解説**

**7** (3) (イ) 電磁波レーダ法　(ロ) 電磁誘導法　(ハ) 水を多く含んでいると　(ニ) 1.5 倍以下

**8** (1) (イ) 縦　(ロ) 5 ～ 15 秒　(ハ) 10cm程度入れる　(ニ) なくなった

**9** (4) 電磁誘導を利用する方法は，鋼材の位置，径，かぶりを調査するのに用いる。コンクリートの**圧縮強度は測定できない**。

---

**試験によく出る重要事項**

**1. 非破壊検査法**

| 検査項目 | 検査法 |
|---|---|
| 強度・弾性係数 | 反発度法（テストハンマ法）・衝撃弾性波法・超音波法・引抜法 |
| ひび割れ | 超音波法・AE 法・X 線法 |
| 空隙・剝離 | 衝撃弾性波法・超音波法・打音法・赤外線法（サーモグラフィ法）・電磁波レーダ法・X 線法 |
| 鉄筋腐食 | 自然電位法(電気化学的方法)・X 線法・分極抵抗法 |
| 鉄筋かぶり・径 | 電磁誘導法・電磁波レーダ法 |

**2. 反発度法**（テストハンマ，リバウンドハンマ）**による測定**

① 検査前に専用アンビルでハンマの精度を確認する。

② 測定場所は，20 cm × 20 cm 以上の平滑面を選ぶ。

③ 測定点は，出隅から 3 cm 以上内側の場所で，各測定点間の距離は 3 cm 以上離す。

④ 測定面は，カーボンランダムストーンなどで平滑にする。コンクリート表面上に仕上層や塗装などが施されている場合は，これを除去し，コンクリート表面を露出する。

⑤ コンクリート表面が濡れている，または湿っている場合は，同じコンクリートを気乾状態で測定した場合と比較すると，反発が小さくなる。濡れていたり，湿っている場合は測定を避ける。

⑥ 測定面に垂直に打点する。

⑦ 一般的には，1 箇所の測定場所における（20 cm × 20 cm 以上）20 点の平均値を求める。平均値より ± 20％を超える数値を異常値とみなして削除し，残りの測定値で評価する。

施工管理法

## ● 6・4・4　鉄筋の組立検査・鉄筋の継手

出題頻度　低 ■■□□□□ 高

**10**

鉄筋の組立ての検査に関する下記の①～④の4つの記述のうち，**適当なものの数**は次のうちどれか。

① 鉄筋の平均間隔を求める際には，配置された10本程度の鉄筋間隔の平均値とする。

② 型枠に接するスペーサは，原則として，コンクリート製あるいはモルタル製とする。

③ 鉄筋のかぶりは，鉄筋の中心から構造物表面までの距離とする。

④ 設計図書に示されていない組立用鉄筋や金網等も，所定のかぶりを確保する。

(1) 1つ

(2) 2つ

(3) 3つ

(4) 4つ

《R5-34》

**11**

機械式鉄筋継手に関する下記の文章中の□□□の(イ)～(ニ)に当てはまる語句の組合せとして，**適当なもの**は次のうちどれか。

・機械式鉄筋継手には，継手用スリーブと鉄筋がグラウトを介して力を伝達するモルタル充填継手や，内面にねじ加工されたカプラーによって接合する □(イ)□ 鉄筋継手がある。

・機械式鉄筋継手の継手単体の特性は，一方向引張試験や弾性域正負繰返し試験時の引張強度や □(ロ)□ によって確認される。

・モルタル充填継手の施工にあたり，鉄筋の挿入長さが十分であることを，□(ハ)□ で確認する。

・施工後のモルタル充填継手では，モルタルが排出孔から □(ニ)□ ことを確認する。

| | (イ) | (ロ) | (ハ) | (ニ) |
|---|---|---|---|---|
| (1) | 竹節 | 座屈強度 | マーキング位置 | 排出していない |
| (2) | 竹節 | すべり量 | ノギス | 排出していない |
| (3) | ねじ節 | 座屈強度 | ノギス | 排出している |
| (4) | ねじ節 | すべり量 | マーキング位置 | 排出している |

《R3-34》

**12** 鉄筋の継手に関する次の記述のうち，**適当でないもの**はどれか。

(1) 重ね継手は，所定の長さを重ね合わせて，焼なまし鉄線で複数箇所緊結する継手で，継手の信頼度を上げるためには，焼なまし鉄線を長く巻くほど継手の信頼度が向上する。

(2) 手動ガス圧接の技量資格者の資格種別は，圧接作業を行う鉄筋の種類及び鉄筋径によって種別が異なっている。

(3) ガス圧接で圧接しようとする鉄筋両端部は，鉄筋冷間直角切断機で切断し，また圧接作業直前に，両側の圧接端面が直角かつ平滑であることを確認する。

(4) 機械式継手のモルタル充てん継手では，継手の施工前に，鉄筋の必要挿入長さを示す挿入マークの位置・長さなどについて，目視又は必要に応じて計測により全数確認する。

《R2-30》

---

**解説**

**10** (3) ①，②，④の３つの記述は，適当である。

③ 鉄筋のかぶりは，**鉄筋の表面から構造物表面までの距離**とする。

---

**11** (4) (イ) ねじ節　　(ロ) すべり量　　(ハ) マーキング位置　　(ニ) 排出している。

---

**12** (1) 重ね継手での焼なまし鉄線の巻く長さは，**できるだけ短くする。**

---

**試験によく出る重要事項**

## 組み立てた鉄筋の配置

| 項目 | 判定基準 | 検査方法 | 時期・回数 |
|---|---|---|---|
| 継手および定着の位置・長さ | 設計図書どおりであること | スケールなどによる測定および目視 | 組立後および組立後長期間経過したとき |
| かぶり | 継手を含め，全ての位置で耐久性照査時で設定したかぶり以上あること | | |
| 有効高さ | 許容誤差：設計寸法の±3％または±30 mmのうち，小さいほうの値（標準） | | |
| 中心間隔 | 許容誤差：±20 mm（標準） | | |

施工管理法

## ● 6·4·5　プレキャスト部材の接合

出題頻度

**13**

プレキャストコンクリート構造物の施工におけるプレキャスト部材の接合に関する下記の①〜④の4つの記述のうち，**適当なもののみを全てあげている組合せ**は次のうちどれか。

① 部材の接合にあたっては，接合面の密着性を確保するとともに，接合部の断面やダクトを正確に一致させておく必要がある。

② ダクトの接合部に塗布する接着剤は，十分な量をダクト内に流入させる。

③ 接着剤の取扱いについては，製品安全シート（SDS）に従った安全対策を講じる。

④ モルタルやコンクリートを接合材料として用いる場合は，これらを打ち込む前に，接合面のコンクリートを乾燥状態にしておく必要がある。

(1)　①②

(2)　①③

(3)　②④

(4)　③④

《R5-35》

**14**

プレキャストコンクリート構造物の接合施工に関する下記の文章中の [　] の(イ)〜(ニ)に当てはまる語句の組合せとして，**適当なもの**は次のうちどれか。

・プレキャストコンクリートの接合面に用いるエポキシ樹脂接着剤は，コンクリート温度が [ (イ) ] と粘度が高くなり硬化反応も遅くなることから，使用温度に適したものを選んで使用する。

・プレキャストコンクリートの接合面に接着剤を用いる場合は，施工前に接合面を十分に [ (ロ) ] させる。

・プレキャストコンクリートの接合面にモルタルを打ち込んで接合する場合は，施工前に接合面を十分に [ (ハ) ] させる。

・シールドのセグメント等で用いられる [ (ニ) ] により接合する方法は，部材の製造や接合時に，高精度な寸法管理や設置管理が必要になる。

|  | (イ) | (ロ) | (ハ) | (ニ) |
|---|---|---|---|---|
| (1) | 高すぎる | 乾燥 | 吸水 | モルタル充填継手 |
| (2) | 高すぎる | 吸水 | 乾燥 | ボルト締め |
| (3) | 低すぎる | 乾燥 | 吸水 | ボルト締め |
| (4) | 低すぎる | 吸水 | 乾燥 | モルタル充填継手 |

《R3-35》

**解説**

**13** (2) ①，③の記述は，適当である。

　　② ダクトの接合部に塗布する接着剤は，ダクト内に**流入しないように**塗布する。

　　④ モルタルやコンクリートを接合材料として用いる場合は，これらを打ち込む前に，接合面のコンクリートを**湿潤状態**にしておく必要がある。

**14** (3) (イ) 低すぎる　　(ロ) 乾燥　　(ハ) 吸水　　(ニ) ボルト締め

[著　者] 髙瀬　幸紀（たかせ　ゆきのり）

【略歴】
1971 年　北海道大学工学部土木工学科　卒業
　同年　住友金属工業（株）入社
　　　　土木橋梁営業部長，東北支社長，北海道支社長を歴任
2003 年　住友金属建材（株）取締役，常務取締役を歴任
2006 年　日鐵住金建材（株）常務取締役，顧問を歴任
2009 年　高瀬技術士事務所　所長

（技術士　建設部門）


佐々木　栄三（ささき　えいぞう）

【略歴】
1969 年　岩手大学工学部資源開発工学科　卒業
　　　　東京都港湾局に勤務（以下，都市計画局，下水道局，
　　　　清掃局を歴任）
2002 年　東京都港湾局担当部長
2005 年　東京都退職
　　　　技術士　衛生工学部門，技術士　建設部門，
　　　　一級土木施工管理技士

令和6年（2024）年度版　第一次検定

1級土木施工管理技士　出題分類別問題集

2023 年 12 月 25 日　初　版　印　刷
2024 年 1 月 15 日　初　版　発　行

著　者　　髙　瀬　幸　紀
　　　　　佐　々　木　栄　三
発行者　　澤　崎　明　治

（印　刷）新日本印刷㈱　　（製　本）㈱ブロケード
　　　　　　　　　　　　　（トレース）丸山図芸社

発行所　　株式会社　市ヶ谷出版社
　　　　　東京都千代田区五番町5番地
　　　　　電話　03-3265-3711（代）
　　　　　FAX　03-3265-4008
　　　　　http://www.ichigayashuppan.co.jp

ISBN 978-4-86797-302-8